『玉』见中国

玉器文化与中华文明

石洪波——著

四川人民出版社

图书在版编目（CIP）数据

“玉”见中国：玉器文化与中华文明 / 石洪波著. 成都：四川人民出版社, 2024. 9. -- ISBN 978-7-220-13795-2

Ⅰ. TS933.21

中国国家版本馆CIP数据核字第2024YS0025号

YU JIAN ZHONGGUO
YUQI WENHUA YU ZHONGHUA WENMING

“玉”见中国——玉器文化与中华文明

石洪波　著

出 版 人	黄立新
项目策划	章　涛
执行统筹	邹　近
特约策划	樊文龙
责任编辑	王卓熙　唐　虎
图文编辑	樊文龙
封面设计	邵晓锋
版式设计	张迪茗
内文排版	樊文龙
责任校对	林　泉
责任印制	周　奇
出版发行	四川人民出版社（成都三色路238号）
网　　址	http：//www.scpph.com
E-mail	scrmcbs@sina.com
新浪微博	@四川人民出版社
微信公众号	四川人民出版社
发行部业务电话	（028）86361653　86361656
防盗版举报电话	（028）86361653
印　　刷	成都市东辰印艺科技有限公司
成品尺寸	170mm × 230mm
印　　张	22.5
字　　数	386千
版　　次	2024年9月第1版
印　　次	2024年9月第1次印刷
书　　号	ISBN 978-7-220-13795-2
定　　价	138.00元

赏中国玉器之美

悟中华文化之魂

CONTENTS

目录

金甌

Jade Culture
and
Chinese Civilization

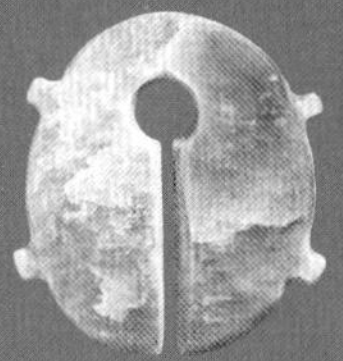

·第一章·

多元发生

中华大地上
玉器的最初面貌

故宫玉器专家杨伯达先生认为，玉器最早应该可以追溯到一万年前，这是有道理的。大约在一万年前，中国社会离开旧石器时代，进入新石器时代，最重要的标志就是磨制、打孔等新的石器制作技术出现。玉原本是石的一种，在旧石器时代可能难以区别；但到了新石器时代，磨制技术使得美玉的光华闪耀出来，打孔技术使得玉饰可以穿绳佩戴，玉从此脱颖而出，成为有别于石器的另外一类独立器物，且具有了远超石器的更多功能。

最新的考古发现已经逐渐在证明这个判断是正确的。2019年，黑龙江饶河小南山遗址发现的玉器年代测定距今约9200—8600年，再次将中国玉器的出现往前推了一千年。更有趣的是，小南山玉器还发现了仅用于玉器制作的砂绳切割技术，这种独立技术表明，玉器制作在当时极有可能已经成为独立的手工业生产部门。1-1

1-1 小南山遗址出土玉环

黑龙江省文物考古研究所藏。2017年黑龙江省饶河县小南山遗址出土。自2015年以来，小南山遗址发掘出土玉器120余件，加上以往发现，总数超过200件。种类包括玉玦、环、管、珠、扁珠、璧饰、锛形坠饰和斧等，构成了迄今所知中国最早的玉文化组合面貌，尤其玦饰、管、璧饰等，对其后的东亚玉器文化产生了巨大的影响。在加工工艺上，小南山发现玉器上多见砂绳切割技术留下的弯曲条形痕迹，为目前世界上最早的同类发现，比中美洲同类技术早6000多年。

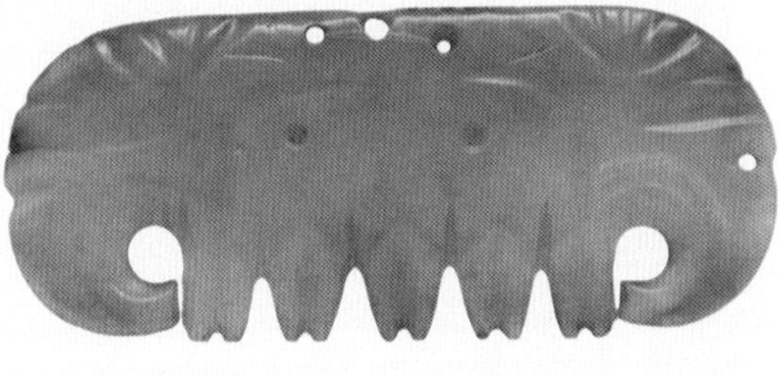

1-2

1-3

1-1

1-2 兽形佩·红山文化

中国国家博物馆藏。长11厘米，宽4.7厘米。神面形玉佩是红山文化标志性玉器之一。双面均有纹饰，正中用粗阴线刻出神面纹，圆眼为内凹式，下有长齿五组，左右两端卷曲成勾云形角状，为神化了的兽面形。顶部钻有三孔，右侧钻有一孔。

1-3 玦形玉猪龙·红山文化

中国国家博物馆藏。20世纪80年代辽宁省凌源县（今凌源市）牛河梁遗址出土。高7.2厘米，宽5.2厘米。此器在新石器时代红山文化中多有发现，因为它的头像猪首（也有学者称其为熊首），身如三星他拉玉龙，不是现实世界生存的动物，是猪、龙合体的器物，故称其为『玦形玉猪龙』。造型奇特，眼部、吻部被夸张夸大，身体粗壮，磨制光润，有鲜明的时代风格和艺术特色。

自此以后的新石器时代，中国人在广袤的大地上创造了无数璀璨的玉器文化，中国古代玉器从一开始便展露出了辉煌灿烂的绝美面貌。其典型代表，当属辽河流域的红山玉器与太湖流域的良渚玉器。

红山玉器略早，距今约6000—5000年，其高峰时期约在5500年前。以玉龙、兽形佩、勾云形器、斜口筒形器等为代表类型的红山玉器首次在世人面前展示出装饰、工具、礼器三个基本类型俱全的玉器阵列。1-2 玉龙又称玉猪龙，以1971年发现于内蒙古自治区翁牛特旗的赛沁塔拉（原名三星他拉）玉龙最为代表，因而其又被称为“中华第一玉龙”。自此以后，以西辽河流域为中心，包括内蒙古东部、辽宁西部、河北北部等在内的广大地区不断有新的考古发现，越来越多的红山文化玉器展现出优美的身姿。赛沁塔拉玉龙只是玉龙的一种类型，猪首、蛇身，矫健而修长，因开口较大，又被称为C形龙；除此之外，还有同样猪首、蛇身的圆雕玉龙，其开口较小，形似玉玦，又被称为玦形龙；最后一种且较少发现的是平面猪龙，只有正面呈现出猪首形象。1-3 这些玉猪龙具有共同的特征：大

1-4 玉猪龙·红山文化

辽宁省博物馆藏。辽宁省建平县征集。高15.7厘米，宽10.4厘米。此件是已知红山文化玉猪龙中体形较大、形制较规整的，为白色蛇纹页岩制成，肥首大耳，圆睛，吻部前突，口微张，獠牙外露，身体蜷曲如环，扁圆厚重。

眼、立耳、扁横嘴，但更重要的可能是猪龙所代表的意义。猪是古人最早驯养的家畜之一，在红山文化的时代可能已经成为社会财富的最主要象征；龙则是古人的神话创造物，创造之时被赋予行云布雨的能力，使得它被认为在很大程度上影响着农业生产的收获。猪龙的结合在某种意义上指代的就是当时社会的主要经济部门，即畜牧业和农业。玉器脱胎于石器，又高于石器，似乎具有古人无法解释的神性。所以，玉猪龙可能是红山社会中那些掌握着主要权力与财富的统治者的象征，是阶级分化的典型实证，当然也证明红山文化已经步入文明时代。1-4

兽形佩数量不少，可能是红山人对野外猛兽的抽象勾勒，野兽居中，大眼、排齿，两侧有勾云雕饰，透露着威严而神秘的气息。野兽奔跑在大地之上，勾云漂浮于天空之中，佩戴这种玉器的人或许因此而具有了主宰天空与大地的神性。由兽形佩演化而来的勾云形器基本上抛弃了对野兽的凶猛的刻画，着重对勾云进行抽象描绘，增加了装饰性，似乎也是红山人艺术思维提升的象征。1-5

箍形玉器（斜口筒形器）是红山玉器的独有器物类型，基本器型是中空的圆筒，上端呈斜口，下端基本平齐，两侧往往钻有小孔。这种特殊的器物造型奇特，用途也众说纷纭，因大多出土时位于头骨下方或胸部，一般认为可能是古人的束发器。1-6

除以上几类典型外，红山人还制作出了更多的玉器，璧、环、玦、镯等均有发现，尤其是大量写实动物造型的玉器，较好地展示了红山社会中的动物构成，是今天的人们了解红山人生活环境和审美情趣的重要参照。1-7

良渚玉器略晚，距今约5300—4200年，主要分布在太湖流域，以太湖以东的遗址最为密集。与红山玉器一样，良渚玉器同样具有三类基本玉器阵列，但礼器却蔚为大宗，玉琮又是礼器的主要器型。在良渚文化的几乎所有的遗址中都能发现玉琮，虽然材质五花八门，从一节到十几节的高度也参差不齐，但其基本造型具有明

1-5 | 1-8
1-6 1-7

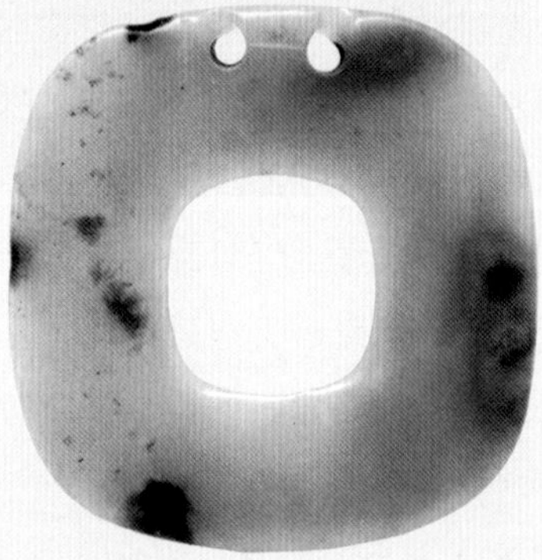

1-5 勾云形玉佩·红山文化

辽宁省博物馆藏。辽宁省凌源市牛河梁遗址N16-79M2出土。长22.5厘米，宽11.5厘米。此佩玉质淡绿中泛黄，器表微见土渍痕，通体抛光，整体呈长方形，中部弯弧状镂空，凸显一勾角，左右两侧各外伸一对勾角，上下侧边缘各外伸两、三个圆弧状小凸，正面琢磨出与形制相应的浅凹槽纹路，背面平整且分布有四组竖向斜穿隧孔。

1-6 箍形玉器·红山文化

中国国家博物馆藏。高14.8厘米。箍形玉器以青色玉料制成，呈椭圆中空的筒状。顶部较大，作斜口形式。底部略小，口部平直。器壁较薄，口部边缘尤显锋利。考古发现证明此类玉器只在红山文化的中心大墓或高等级墓葬中存在。它们多位于男性墓主的头部下方，有的器物口部还有两个小孔可以系绳或插发笄，由此确认是人们用来固定发式的发箍。箍形玉器兼具实用与装饰功能，使用时可将头发束在一起套在筒状的箍内并挽成发髻，再戴在头上作为玉冠饰物。

1-7 玉璧·红山文化

中国国家博物馆藏。宽8.3厘米，长8.2厘米。红山文化除少量圆形璧外，还独有外廓和中心孔为圆角方形或四角为直角的方璧，一般中间厚、四周薄，通体素面无纹，边缘打磨如刃状。除中心大孔外，璧边缘通常还钻有1—3个小孔。

1-8 玉琮·良渚文化

中国国家博物馆藏。高49.7厘米。玉琮由碧玉制成，内圆外方，上大下小，中有穿孔，共19节，是目前国内所见最高的玉琮。玉琮四边的兽面纹已经高度符号化，近顶端阴刻有日月纹图案，器身局部残留有制作时的切割痕迹。

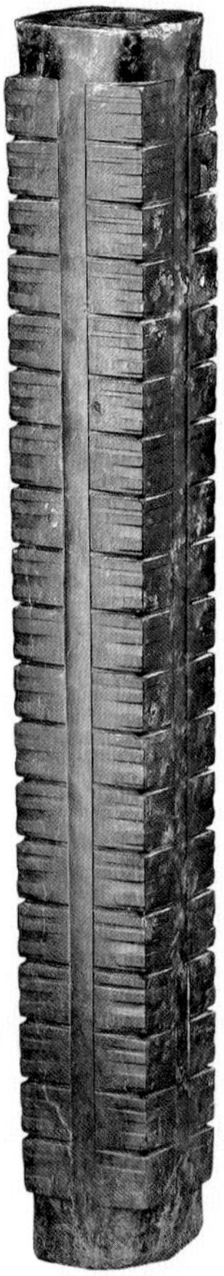

显的规定性：中间是中空的圆柱形，外围是方形，上下两端因圆柱形略高而出射。1-8

更能显示出统一规定性的是，以玉琮为主的大多数玉器上都雕琢有相同的神人兽面纹（或称神徽）。这种纹饰一般由上下两部分组成。上部是一个头戴介字形夸张羽冠的神人形象，头部呈倒梯形，大眼、蒜头鼻，张嘴露齿。神人双手左右伸开，向下扣住下部的猛兽。1-9 猛兽亦显得十分夸张，巨大而狰狞的双眼，扁平的嘴里有一排锋利的牙齿，长毛尖爪更显出它的凶猛。有趣的是，猛兽大眼之间的横梁似乎指代某种驯服之后的轭具。整体来看，这个纹饰或许是良渚社会掌握政治权力的部落酋长或掌握宗教权力的巫师的身份象征，甚至可能寓示此人身兼酋长和巫师的双重身份，以夸张的造型和对猛兽的驯服显示了他独一无二的社会地位。1-10

在所有的玉琮中，反山遗址12号墓出土的“玉琮王”最具代表性，其形制规整，是所有玉琮中最标准的；体形硕大，重达6.5公斤，在所有已出土玉琮中最重；其上雕琢的神人兽面纹最为标准，是今天的人们了解这种纹饰细部的最可靠参照。更有趣的是，这座墓葬还出土了一件玉钺，因造型规整、体形硕大且唯一雕琢有神人兽面纹而称为“钺王”。1-11“钺王”的出土特征提供了良渚社会统治者“权杖”的信息：木柄加上玉钺瑁、玉钺镦和玉钺。木柄上端嵌入有榫的玉钺瑁，中部用绳索通过穿孔绑着玉钺，下端则嵌入有榫的玉钺敦，这就是良渚社会统治者手中的“权杖”。由于“琮王”和“钺王”同出于反山12号墓，人们有理由相信，其墓主可能是良渚社会发展历史上最主要、影响最大的部落首领。1-12 此外，同反山12号墓一样的是，14号墓、16号墓以及瑶山7号墓的玉钺均位于墓主尸骨的左手，表明良渚时代的部落首领应该就是左手持这种玉钺，与后来商代末期武王伐纣之时“左杖黄钺”（《尚书·牧誓》）的方法惊人地一致，说明先秦时期的统治者使用权力象征物的方法具有明显的传承。

1-9
1-10
1-11
1-12 1-13

1-9 兽面纹玉琮·良渚文化

浙江省博物馆藏。高9厘米。器物比较轻薄，外方内圆的特征不是很明显，整件器形略似筒形器。外壁浅浅的棱线上对称分布着四组神人兽面像，每组神人兽面的纵向组合较特别，为兽面—神人—神人—兽面，与一般的组合规律不同，一般为神人在上，兽面在下，且彼此间隔。

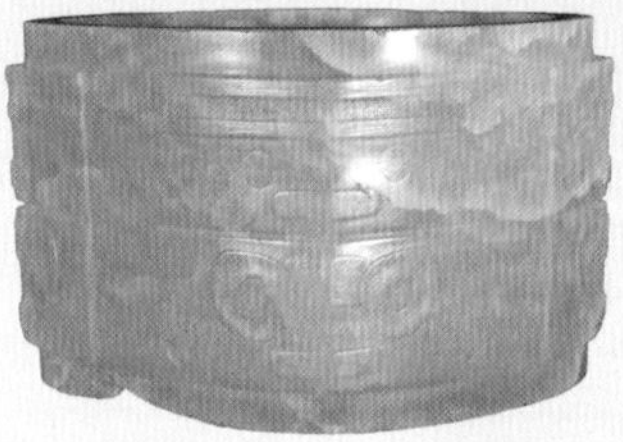

1-10 神像飞鸟纹玉琮·良渚文化

上海博物馆藏。1982年上海市青浦县（今青浦区）福泉山出土。高5厘米，宽6.6厘米。玉呈青绿色，质地上乘。整器外方内圆，分上下两节。以四角为中心，各雕琢一组简化的神面和兽面的复合图像，图像左右两侧还各饰一飞鸟。纹样刻画精细，手法高超，是同类器中的佳品。

1-11 神人兽面纹玉钺·良渚文化

浙江省博物馆藏。1986年浙江省余姚市良渚文化反山墓葬M12出土。通长17.9厘米。整体呈「风」字形，两侧略向内凹弧，左右不对称。钻孔左部较为粗糙，隐约可见捆扎痕迹或刻画痕迹。钻孔较小。在刃角上各雕刻图像，两面对称。上角为正面的浅浮雕神人兽面纹，下角为浅浮雕的鸟形象。另有钺瑁、钺镦以及钺柲上镶嵌的玉粒合为一套。

1-12 玉钺瑁·良渚文化

浙江省博物馆藏。1986年浙江省余姚市良渚文化反山墓葬M12出土。钺瑁前端高3.6厘米，后端高4.7厘米，最宽8.4厘米，最厚1.35厘米。南瓜黄，外形如舰首，上侧分割为不等长的高低两个略为弧凹的顶面，下侧平整。底面稍偏一侧钻挖一扁卯孔。两端弧尖，两侧略向内凹。偏上处有一周弧脊线。

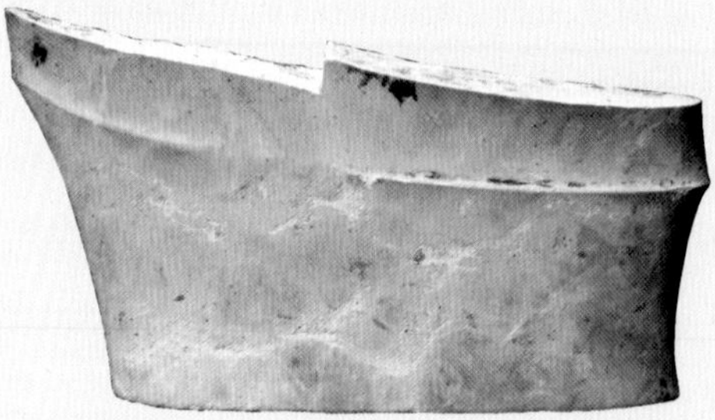

红山文化所在的区域正是中国传统的岫玉产区，因而该文化也大量使用了本地的岫玉。而良渚文化所在的区域并没有优质的玉矿，所以，总体上来看，良渚玉器在质地上显得略差。即便如此，玉琮和神人兽面纹的高度统一性表明，良渚人在玉器制作上突破了材质的局限，将玉器拔高到了红山玉器所不及的社会地位上。从这一点来看，晚于红山文化的良渚文化在社会分层方面更加明显，神人兽面纹与以莫角山宫殿为核心的良渚古城、水坝系统一起构成了五千年良渚文明的辉煌图景。1-13

1-13 良渚古城城址核心区及城内外重要遗址点分布图

良渚古城遗址内外分布着许多山：莫角山、乌龟山、卞家山、狮子山、塘山，许多其实是人工堆筑而成。据测算，良渚古城遗址和外围水利工程所需的土石方量共计1005万立方米，而古埃及吉萨金字塔群所需土石方量则为504万立方米。

仅次于红山与良渚玉器者，还有黄河流域的齐家玉器、龙山玉器，江淮流域的凌家滩玉器，长江中游的石家河玉器等，它们虽在规模上略逊一筹，但无不自具特色。齐家玉器的玉兵器独树一帜；龙山玉器则受北部的红山玉器、南部良渚玉器的双重影响，形成了圭、璋、戈、璇玑等独特的礼器组合；1-14 凌家滩玉器玉版与玉龟壳组合器的出土震惊世人，最近更是有大型玉璜与龙首形玉器出土，典型的八角星纹仿佛在诉说着远古中国人独特的宇宙观；1-15 石家河玉器似乎集中原与太湖流域风格于一炉，中华第一玉凤以及人首形佩、虎面佩、蝉形佩等代表性玉器展示出了石家河时代人们的社会生活面貌。1-16 近年来，南山遗址的考古发现破除了黄河中游的仰韶文化系统玉器表现不突出的旧观念，以独山玉为主要材料的大型玉石生产"基地"表明，位于中原中心地区的仰韶文化也具有强大的玉器制作能力。

石家河遗址

石家河是中国长江中游地区迄今发现的分布面积最大、保存最为完整的新石器时代聚落遗址，距今已有7000余年历史。该遗址位于湖北省天门市石家河镇。遗址占地面积约8平方千米，由40处地点组成。20世纪70至80年代，先后出土石器、陶器、骨器、粳稻和青铜器等文物数万件，并发现陶祖这一原始社会父系氏族时期的重要标志性文物，经专家鉴定，具有极高的历史文化和艺术鉴赏价值。国家文物主管部门认定其为中国南方最大的新石器时代村落遗址。石家河遗址及由它命名的石家河文化代表长江中游地区史前文化发展的最高水平，在中华民族文明起源与发展史上占有十分重要的地位。

1-14
1-15
1-16

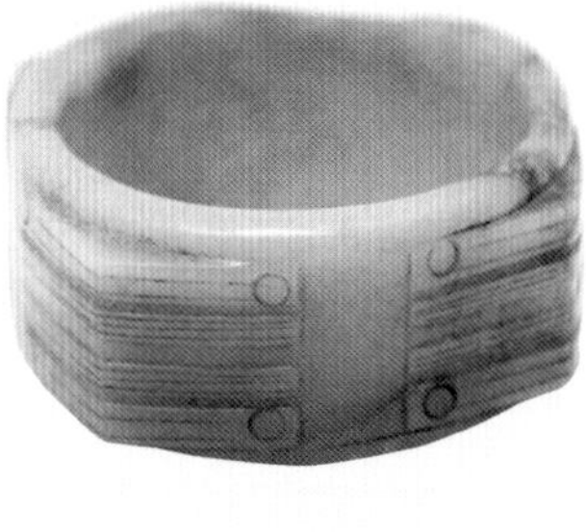

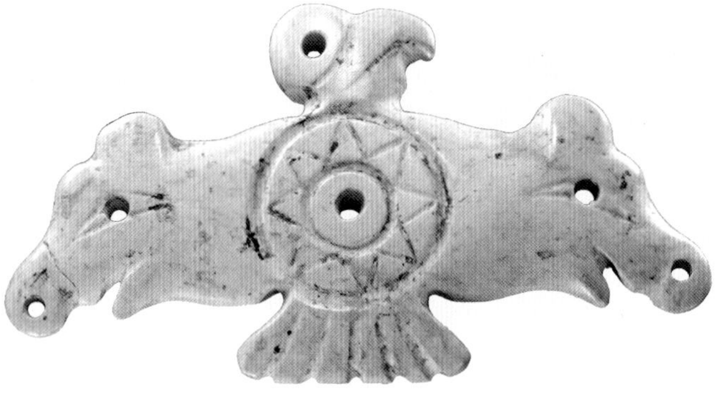

1-14 兽面纹玉琮·龙山文化

中国国家博物馆藏。宽8.4厘米，高3.6厘米。青玉，此器为内圆外方的柱体，短射，分上下两节，每节一组兽面纹。兽面的冠状饰位于两节中部，鼻、眼等纹饰则刻画在冠的上下，从而形成上下相背的兽面形象。

1-15 玉鹰·凌家滩文化

安徽博物院藏。1998年安徽省含山县凌家滩遗址29号墓出土。宽6.3厘米，高3.6厘米。透闪石玉雕刻而成，玉色白中泛青绿点。玉鹰呈展翅欲飞状，两翼伸展，翼端雕刻一猪首动物形象，鸟首朝向一侧，上面钻一圆孔为眼，鸟喙弯钩突出明显，尾部平展。整个鸟形的胸部正中钻有一孔并刻有大小两个圆圈，中间装饰八角星纹。

1-16 凤形佩·石家河文化

中国国家博物馆藏。1955年湖北省天门市石家河镇罗家柏岭遗址出土。最大径4.7厘米。鸡骨白色，首尾相衔团凤形。双面镂空透雕，长冠尖喙，短翅长尾，爪卧腹下。纹饰使用减地凸起阳线的琢刻技法，腰琢圆孔，可系佩此器，造型秀美，线条遒劲流畅，非常注重细部的刻画，采用透雕、阳线和阴刻等技法，代表了石家河文化琢玉水平。玉凤形佩是新石器时代中最精美的一件，有很高的历史艺术价值。

第一讲

玉玦：远古中国人共同的审美见证

中国古代玉器作为一种独立且成熟的器类首先出现在新石器时代，甫一现世便展现出辉煌灿烂的面貌，覆盖面广、数量多、内涵丰富，如今已成为探讨中华文明起源阶段特征的主要依据之一。玉玦是新石器时代较早出现的一种装饰物，在主要文化遗址中几乎都有发现，而且其主要功能有着惊人的相似性，即同为耳饰。它是远古中国人共同审美的见证，蕴含着中华文明统一性的最初基因。

玉玦一般是指带缺口的环形玉器，在8000年前的兴隆洼遗址中已发现多件，大多成对出现。

在176号房址的北部，考古人员发现了117号墓葬，墓葬中有一对环形玉玦。这一对玉玦呈圆环形，直径2.8—2.9厘米，有缺口，但圆形不太规整，玉质是黄绿色。重要的是，这一对玉玦的位置就在墓主的左右耳部，缺口均朝上，这是玉玦功能为耳饰的有力证据。1-17

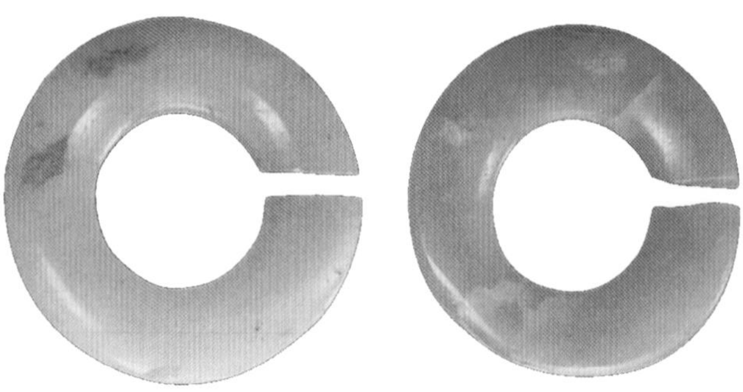

1-17 **玉玦·兴隆洼文化**

中国社会科学院考古研究所藏。内蒙古自治区敖汉旗兴隆洼遗址117号居室墓出土。左直径2.9厘米，孔径1.4厘米；右直径2.8厘米，孔径1.3厘米。黄绿色，其中一件有红褐色沁斑。两件玉玦均呈圆环状，一侧有一道缺口，靠近内侧边缘磨薄，起一周棱线，外缘略弧，通体抛光。

1-18 玉玦·兴隆洼文化

中国社会科学院考古研究所藏。内蒙古自治区敖汉旗兴隆洼遗址130号墓出土。直径4.77厘米。

1-19 玉玦·兴隆洼文化

中国社会科学院考古研究所藏。1994年内蒙古自治区敖汉旗兴隆洼遗址135号墓出土。黄绿色玉质，较规范的圆形，孔径大于肉宽，一件直径5.94厘米，一件直径6.05厘米。玉玦缺口呈V形，切割面较平，是用片具切割而成的。

1-17 | 1-18 1-19 1-20

1-20 玉玦·兴隆洼文化

台北故宫博物院藏。高2.4厘米，外径2.5厘米。兴隆洼文化耳饰玦的形制多样，或似圆筒，或似圆柱。缺口多用线切割法制作，器表歪斜不平。此件可能在明晚期至清初被不同程度的染色。

130号墓葬也出土了一对玉玦，同样位于墓主的两耳边，同样是黄绿色玉质。有趣的是，这一对玉玦基本完全“成对”了，其外形、颜色、尺寸、重量，甚至做工都相差无几，直径均为4.77厘米，厚0.73—0.74厘米，重量23克，圆环相当工整，打磨得光滑圆润。这一对玉玦说明，那时的人们已经有了明确的审美追求，反映出清晰的“成双成对”观念。1-18

1994年，在135号墓葬又出土了一对黄绿色玉玦，也在头骨附近。不过，这一对玉玦做工更加规范，尺寸是兴隆洼遗址中最大的，专家们称之为“玦王”。1-19

兴隆洼文化是红山文化的源头之一，当红山文化发达的玉器尚未出现之时，兴隆洼遗址中已经发现了不少成熟的玉器。专家们认为，兴隆洼文化作为东北地区最早发现成熟玉玦的文化遗址，对于玉玦的定型起到了重要作用。在此以后，玉玦便向四面八方传播开去，向北、向东传到俄罗斯，向东南传到日本，更主要的是，向南、西南传播到了中原地区，甚至一直传播到东南、华南、西南地区，到达越南。1-20

1-21 1-22 1-23 | 1-24 1-25

1-23 玉玦·商后期

台北「中研院」历史语言研究所藏。河南省安阳市侯家庄西北冈遗址墓1550－49出土。直径3.9厘米。为蟠龙之侧面，口为一长槽，中为一穿，两者相连而实不连，色淡白。

1-22 四凸玉玦·卑南文化

台湾史前文化博物馆藏。台湾省台东县卑南文化遗址出土。玉质不透明，呈翠绿色，外形椭圆，带四个小突起，圆核中央带一圆形穿孔与长形缺口。本件系利用旋截剩下之玉核废料再加工制成，内孔径小，位于器体中央偏上方，以双面钻旋，缺口亦由两面锯磨而成，器身外缘则经过修磨呈椭圆形，四个突起十分短小，与器身相连处有浅浅的凹槽。

1-21 玉玦·凌家滩文化

安徽省文物考古研究所藏。外径4.3厘米，内径2.1厘米，玦口宽0.3厘米，厚0.3厘米。出土时位于墓主头部西端。灰白色泛青，间较多绿色斑点。扁平圆形，外边沿呈方形，内边呈斜边，器表打磨光滑。凌家滩玉玦材质多为透闪石和玉髓，使用方法可能是夹在耳垂上佩戴。

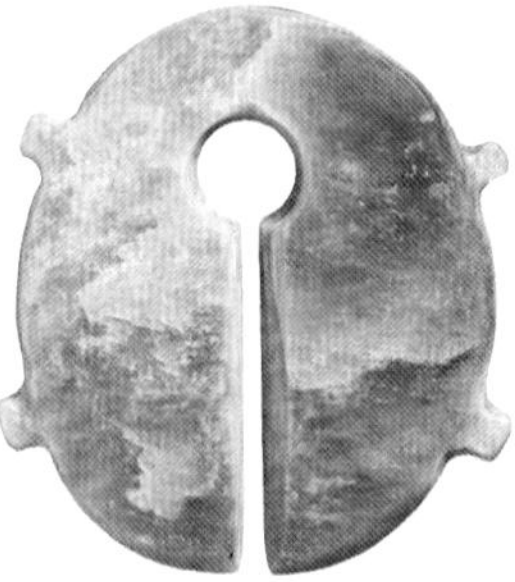

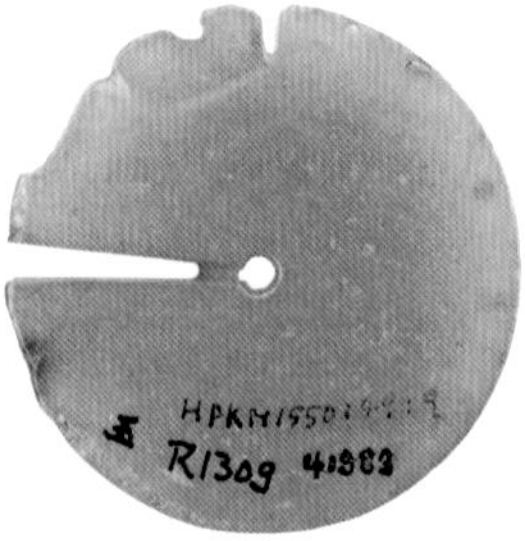

可能正因为这样的传播，玉玦在今天所发现的中国版图内新石器时代文化遗址中几乎都能看到，遍布全国。除东北地区外，还出现在黄河流域的大汶口文化、龙山文化、仰韶文化、陶寺文化、石峁文化等，1-21 江淮流域的北阴阳营文化、凌家滩文化等，长江流域的河姆渡文化、马家浜文化、崧泽文化、良渚文化、大溪文化等，珠江流域的石峡文化，台湾地区的卑南文化等。这些玉玦的外形基本一致，均是带缺口的环形；出土情况十分相似，几乎都是位于耳部，均为耳饰。1-22 这说明，在新石器时代玉文化的广泛传播中，至少在玉玦这种玉器上，远古中国人在耳饰上达成了一致，形成了共同的审美观。

不过，玉玦在传播过程中也不是一成不变的。时代较晚的良渚文化中已经很少见到玉玦，有些外形已经发生了变化，石家河文化中更是几乎不见玉玦。到了夏商西周三代时期，玉玦虽然依旧有不少用作耳饰，且仍是带缺口的环形玉器，1-23 但其功能大有增加，可以用作发饰、佩饰，也可以用作葬玉，放在口中或握在手中。可能因为这个时期人们具有了明显的宗教意识，而玉向来被认为是能与神灵沟通的媒介，所以，像玉玦这种常见的饰物也具有了祭祀的功能。1-24

玉玦功能变化最大的时期是春秋战国时期。这个时期礼崩乐坏、诸侯蜂起，原本西周王朝用以维持统治的礼制崩溃，新的制度还没建立起来，社会处在混乱无序的状态当中，这也影响到了玉器的制作。有的玉器在使用时僭越了原本的礼制，如玉组佩；有的玉器则失去了原有的功能，进而产生了新的变化，玉玦就是其中的代表。1-25

玦成为一种重要的佩饰玉，而且往往寓意佩玦之人要有决断，由此又延伸出断绝的含义。《荀子》载：“聘人以珪，问士以璧，召人以瑗，绝人以玦，反绝以环。”在荀子所在的战国时期，人与人之间的很多交往都可以通过玉器来实现，比如派遣使者出使他国访问要用珪，咨询国事要用璧，召见臣下要用瑗，断绝关系用玦，恢复关系用环。1-26 这几件玉器中，玦和环所代表的含义正好相反。唐代人杨倞注释说：“古者臣有罪，待放于境，三年不敢去，与之环则还，与之玦则绝，皆所以见意

1-24 龙纹玉玦·西周

韩城市梁带村芮国遗址博物馆藏。陕西省韩城市梁带村遗址26号墓出土。青玉，微透明，受沁呈浅棕黄色斑纹。正面外缘斜削，呈弧形面，单面饰双首缠尾龙纹，龙首有角，卷鼻张口，圆形目，背面平齐。

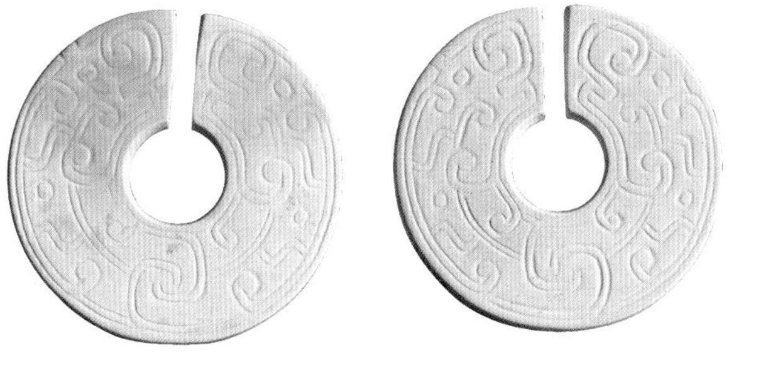

1-25 龙纹玉玦·春秋

上海博物馆藏。直径3.1厘米。春秋战国各种龙纹造型千姿百态，争奇斗艳，或一首双身，或双首一身，或三龙纠结于一处。龙纹玉玦采用阴刻的手法，在缺口两端对称琢制双龙首，且共用一身，形成「双首一身」的形式。单独的玉龙往往作为组玉佩中的组件，有「C」形、「S」形、「W」形三种基本造型。「C」形玉龙全身弯曲，尾部末端处回折，躯体部分以「人」字纹装饰，每毫米有四至五根线条，工艺十分精湛。

1-26 云纹玉玦·战国早期

湖北省博物馆藏。1978年湖北省随县（今随州市）擂鼓墩曾侯乙墓出土。直径3.2厘米。玉色呈青白色，局部有『糖』『柳』。制作稍差，单面雕刻云纹，仅外边缘阴线刻斜线纹，另一面素面。

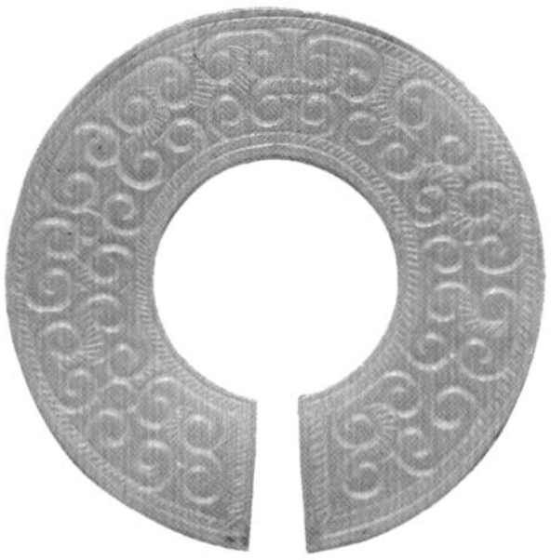

1-26 1-27 1-28

也。”古代的时候要是有臣下犯罪，会待在边境上三年不离开。要是君主给送来一个玉环，那就可以回归朝堂；要是君主送来玉玦，那就寓意断绝君臣关系。1-27

玦的这个新意义有历史事件可以证明。秦朝末年，刘邦、项羽等起兵反秦，并拥立楚怀王为共同的首领。楚怀王跟他们约定，谁先攻入关中覆灭秦朝，谁就封关中王。结果，刘邦首先攻入关中，接受了秦王子婴的投降。项羽虽然取得巨鹿决战的胜利，但毕竟被秦军拖住了，晚于刘邦到达关中。那时刘邦处于弱势，只有十万军队，项羽却拥兵四十万。为此，刘邦请项羽的叔叔项伯说情，亲赴鸿门宴，向项羽解释。在鸿门宴上，项羽的谋士范增几次举起手中的玉玦，劝项羽趁机动手除掉刘邦这个竞争对手。他举起玉玦的意思就是劝项羽赶紧下决断，断绝与刘邦的关系。可惜，项羽犹豫不决，让刘邦趁机逃脱，埋下了自己覆灭的隐患。1-28

秦汉以后，玉玦几乎不再出现，即便偶然发现，也仅仅是作为小件佩饰品使用，不再作为耳饰或断绝关系的信物等。

1-27 绞丝纹玉环·战国

美国弗利尔美术馆藏。据传河南省洛阳市金村墓葬出土。直径7厘米。青玉，此器圆环形，其上以斜阴线琢刻相互不交叉的粗线绞丝纹。绞丝纹又称绳纹、扭丝纹等，因其纹线形如扭曲的束丝而得名。春秋战国时期是绳纹玉的鼎盛时期，均为贵族使用，绳纹较细密，是真正的绞丝纹玉器。

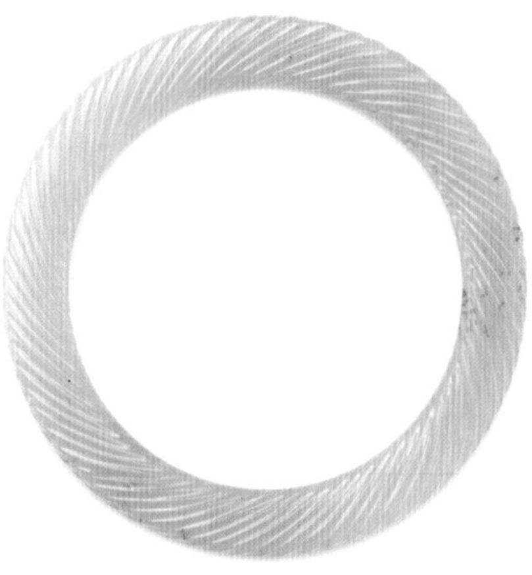

1-28 徐州戏马台鸿门宴浮雕壁画

第二讲

『中华第一玉龙』：玉器首现龙图腾

作为北方玉器文化的中心，红山文化遗址早在20世纪初便已初露端倪，但直到70年代才发现了第一件玉器。谁能想到，这件偶然发现的玉器竟然具有惊人的典型性，是红山文化玉器最突出的代表，因此被称为“中华第一玉龙”，其造型、内涵以及可能的用途，无愧于为中国人最早的龙图腾。

这件玉龙的材质是墨绿色岫玉，圆雕，呈“C”形，身体中部有一个穿孔，以此孔悬挂，头尾恰好处于同一水平线。梭形眼，蛇身，猪鼻，马鬃。通体光素无纹，局部有细密的方格网状纹。整体与甲骨文中的“龙”字十分相似，由中国国家博物馆收藏。1-29

红山是指赤峰市东北郊金英河畔的一座山，传说是因违犯天规的仙女不小心打翻了胭脂盒而被染成了红色，蒙语称为乌兰哈达，即“红色的山峰”。1908年，日本学者鸟居龙藏首次在红山发现了一些文化遗存。抗日战争前后，梁思永先生以及日

1-29 | 1-30

1-29 玉龙·红山文化

中国国家博物馆藏。1971年内蒙古翁牛特旗赛沁塔拉村出土。高26厘米。关于龙的起源说法不一，有蜥蜴说、鳄鱼说，至于龙首则有来自马首、牛首或猪首之说。这件玉龙是中国已发现的时代较早的龙的形象之一，从其首部特征看，吻部较长，鼻部前突，并上翘起棱，端面截平，有两个并排的鼻孔，似有猪首特征。这件玉龙用黑绿色玉制成，琢磨精细，具有相当高的艺术价值。

1-30　赤峰市红山

红山遗址群位于内蒙古赤峰市城东北3千米红山北麓。红山遗址群有红山文化居住地遗址2处，夏家店下层文化祭祀遗址2处，夏家店下层文化和夏家店上层叠压文化居住遗址2处，夏家店上层文化石棺墓地2处，日本人1935年发掘的红山后遗址1处，北京大学考古专业师生1956年调查和试掘的山前遗址1处。

本侵略者都在此进行过考察。新中国成立后，尹达先生在《中国新石器文化》一书中将这一文化遗址定名为红山文化。1-30

1971年8月，在辽宁省昭乌达盟翁牛特旗赛沁塔拉村，村民张凤祥在村子后面的果园里干活的时候，偶然发现了一个石洞，从洞中摸出了一样坚硬的东西，比较沉，像是废弃的铁钩子。他也没在意，就顺手拿回家给7岁的弟弟张凤良玩。那时候孩子们的玩具少，张凤良就用绳子绑着这个“铁钩子”，在地上拖着玩。经过不断摩擦，这个东西外面的泥土和杂质被磨掉了，在阳光的照耀下，渐渐显现出玉质的光泽。张凤祥发现后，就将这件东西送到了翁牛特旗文化馆，一位名叫王志富的干部用30元征集了这件文物，办理了入库登记手续。到了1984年，随着红山文化遗址中玉器的不断出土，文化馆负责人贾鸿恩想起了这件当初征集的物品，便将它带到北京，请著名考古学家苏秉琦先生鉴定，最终得出结论，这是国内首次发现的红山文化

1-31　1-32　1-33

1-31　大玉龙·红山文化

故宫博物院藏。其玉料为淡绿色老岫岩玉。龙体较粗大，卷曲，呈『C』形。此玉龙因其吻前伸，前端凸且翘，因此又有人称之为玉猪龙。其造型夸张、奇特，兼具写实与抽象手法，结构虽简洁，却满盈着生命力，质朴而粗犷，是早期氏族艺术的代表作。

1-32　玉猪龙·红山文化

朝阳博物馆藏。高14.7厘米，宽9.8厘米，厚4.3厘米。玉猪龙近似玉玦形，头上有两角，两角略宽，面部有纹饰，近似人面形，中间有一大孔，玉猪龙后有一小穿孔。

1-33　玉龙·红山文化

朝阳博物馆藏。通高18.2厘米。墨绿色玉质，雕刻、磨制抛光，体卷曲，平面形状如『C』形，龙体横截面为椭圆形。龙首较短小，吻前伸略上弯曲，嘴紧闭，双眼突起，用浅雕文琢出眼嘴，颈脊起一长鬣，鬣形随龙体弯曲，尾部上扬。边缘打磨成刃状，内外缘间打磨出浅凹形纹，龙体大部光素无纹。龙体中部有一个对钻孔。

玉猪龙，因而被称为“中华第一玉龙”。1-31

随着考古发掘的不断进行，红山文化范围内发现的玉器越来越多，作为典型器物之一的玉龙也不断出土。按照器型划分，红山玉龙大体上有三种：第一种称作“C”形龙，外形与“中华第一玉龙”相似，身材修长纤细，脑后有长鬣；第二种称作玦形龙，外形是玉玦，但身体是猪龙合体，猪首与龙尾在玦口分开；第三种称作圆雕玉龙，呈环形，往往身体较大，猪首与龙尾相连。虽然外形有别，但同样的猪首龙身、大圆眼睛、扁长嘴唇以及丫形脑袋似乎表明，红山时代的人们刻意对玉龙有着共同的设计。1-32

这种共同的设计或许寓意着共同的宗教思维。在农业已有一定发展水平但依然过分依赖天时的红山社会，祈雨（或停雨）活动必然是关系整个社会发展的大事。龙在中国人的神话中向来被设计为与雨相关，而猪在那时早已被驯化成家畜，甚至是最主要的家庭财富。可以想象，当干旱、洪涝等自然灾害发生之时，无力应对的人们只能将自己最珍视的财富拿出来作为牺牲，向神灵祈求祛除灾害；即便无灾无害，亦可祈求未来风调雨顺。于是，龙和猪便结合起来，雕琢在神异的玉石之上，成为掌握神权的部落巫师祈求神灵的媒介。1-33

“中华第一玉龙”并不是最早的龙形象，在它之前，龙已经在石器、陶器等器物上有所体现；但它的载体却是玉，远古中国人无法科学解释玉的出现，只能定义为天地之精华，这条龙因此具有了非比一般的神性。从这个意义上说，“中华第一玉龙”堪称中国人最早的龙图腾。

苏秉琦先生的“满天星斗说”

“满天星斗说”是考古学家苏秉琦先生对于中华文明起源的重要论述，他认为中华文明的起源“不似一支蜡烛，而像满天星斗”。苏秉琦先生认为中国数以千计的新石器遗址可以分为六大板块，一是以仰韶文化为代表的中原文化，也就是传统意义上的黄河文化中心；二是以泰山地区大汶口文化为代表的山东、苏北、豫东地区的文化，其突出特点是不同于仰韶文化红陶的黑陶文化；三是湖北及其相邻地区，其代表是巴蜀文化和楚文化；四是长江下游地区，最具代表性的是浙江余姚的河姆渡文化；五是南方地区，从江西的鄱阳湖到广东的珠江三角洲；六是从陇东到河套再到辽西的长城以北地区，最具代表性的是内蒙古赤峰的红山文化和甘肃的大河湾文化。

第三讲

良渚玉琮王：佐证五千年文明

位于太湖流域的良渚文化遗址是实证中华五千年文明的突出代表，良渚玉器与古城、水利系统等是最主要的证据。在数量惊人的良渚玉器中，玉琮蔚为大宗。其中，出土于反山遗址12号墓的“玉琮王”因其标准的外形和纹饰，成为人们了解玉琮功能与良渚社会的一把钥匙。

这件玉琮王是浙江省博物馆的镇馆之宝。此器通高8.9厘米，重约6.5千克。外方内圆，上下端为圆筒形射，射径约17厘米；中有对钻圆孔，孔径3.8—5厘米。通体黄白色，略有紫红色瑕斑。四面皆有4.2厘米宽的竖槽，四个转角处以线刻和浅浮雕的方法勾勒出8组兽面纹，竖槽内又细琢出8组神人兽面纹图案。由于形体硕大，独有繁复的纹饰，为良渚文化玉琮之首，故称“玉琮王”。1-34

这件器物其实只有两节，并不算最高，良渚玉琮甚至有高达十多节的。但它用料最多，器形最大、最重，做工最精美。它不仅早早被列入禁止出国（境）展览文物行列，还经常在各类各级媒体“出镜”，早已是文物界的“一线演员”。

1-34 | 1-35

它最大的特点当然是其纹饰。最初出土的时候，玉琮王全身糊满了泥土，考古人员甚至第一时间都没有发现它4个面的竖槽内还有细密的纹饰。恰恰是这4个竖槽内的8个纹饰，被称为代表良渚文化的神人兽面纹（或神徽），是所有良渚文物上最精致、最典型的。神人兽面纹主要由两部分组成，上半

1-35　玉琮王纹饰

1-34　玉琮王・良渚文化

浙江省博物馆藏。1986年浙江省余姚市良渚文化反山遗址M12出土。

部是一个头戴羽冠的神人形象，下半部则是一个凶猛的野兽形象。神人头戴弓形的冠，脸呈倒梯形，眼睛、鼻子、嘴巴刻画得十分突出。野兽有巨大的双眼，血盆大口中显露出尖利的牙齿。整体看上去，就像是一个驾驭着长毛猛兽的神仙，可能是良渚文化部落的酋长，或者是掌握着宗教权力的巫师。令人惊奇的是，整幅图案需要至少上百条阴刻线条，在1毫米的宽度内要精细地刻绘出四五条笔直平行的细线，排列极为精密，绝不交叉重合，每条仅有0.1—0.2毫米，就算用放大镜观察，这些线条之间的距离都大致相同。这种技艺堪称鬼斧神工，在新石器时代的物质生产条件下，足见当时玉器雕琢技艺之高。1-35

1-36 玉琮·良渚文化

台北故宫博物院藏。高15.8厘米。从考古资料可知，发展约千年的良渚文化可分早晚二期，其间最大的改变就是原本套在手腕或手臂上的玉方镯，突然蜕变成高方、厚重、孔小、纹简，无法套戴于腕的玉器。一些与天象有关的符号，只刻在圆璧与这种方柱形玉器上。强烈显示后者就是『玉琮』，二者应是成组祭祀天地的礼器。此件为清宫旧藏，全器琢成六节双圈带短眼角的小眼面纹，短横棱雕方转的回纹以示鼻头。

良渚玉器是新石器时代南方的玉器代表，而玉琮则是良渚玉器数量最多、制作最精美、器型最统一的玉器种类。玉琮在良渚文化之前的薛家岗文化等中就已经出现，但真正发展成熟，应该就是在良渚文化时期。这种内圆外方的玉器可能是古人宇宙观的一种具现，外围的方形代表着大地，中空的圆柱代表着与天神的沟通渠道，正是古代中国人最早的宇宙观念“天圆地方说”的体现。1-36

时至今日，良渚文化遗址还在不断发掘，越来越多的成果不断地证实着中华文明五千年的绵延。良渚玉琮和其他玉器上规范而统一的神人兽面纹体现着良渚时代人们的共同的社会信仰，莫角山宫殿的三重建筑体系证明了中国古人的宫殿建筑样式在良渚时代已具雏形，外围庞大的水利系统证明良渚人具备了初步的抗衡自然灾害的能力。古城、水坝、统一的社会信仰等元素，是中华文明自证五千年的独有方式。

良渚有文字吗？

据不完全统计，良渚遗址在考古发掘中，在陶器、石器上共发现刻画符号656个，分布在554件器物上，符号种类超过340种。尤其是2003年至2004年，考古人员在庄桥坟遗址的发掘中，共发现240件器物上有刻画符号。但是目前学者对于这些符号是否为文字尚有争议，许倬云认为良渚刻画符号不是文字，而可能是族徽；李学勤则认为这些刻画符号是古文字，并解读出14个字；古文字学家裘锡圭也认同这些刻画符号是文字，但不是汉字的“祖先”。良渚刻画符号究竟是不是文字呢，恐怕还需要更多的考古证据来揭示。

第四讲 绿松石龙：龙图腾的延续

2002年春，中国社会科学院二里头考古工作队在偃师二里头遗址宫殿区3号墓中发现了一件3700年前的大型绿松石龙形器。这件器物方形大头，蛇身，蜷尾，总长约70厘米。除了两只眼睛和鼻梁部分用白玉之外，其余地方均用绿松石粘贴在一块红漆木板上形成，总共有2000多片。该器物原由中国社会科学院考古所洛阳工作站收藏，现保存在二里头夏都遗址博物馆。

从现有的夏代玉器来看，将绿松石这种颜色鲜艳的玉石仔细琢磨后粘贴或镶嵌在其他物品表面是很常见的，不少青铜器上都有镶嵌。这件绿松石龙出土的时候，用来黏合绿松石和红漆木板的有机物已经在漫长的埋藏过程中完全朽坏了，但绿松石片保存了下来。这2000多片绿松石均经过仔细打磨，做成方形、长方形、梯形、三角形以及其他几何形状，目的应该是完整不留空白地覆盖下面的木板。这些绿松石片直径在2—9毫米，厚度约1毫米，要打磨到如此程度，对玉雕技术要求非常高。1-37

1-37 **绿松石龙·二里头文化**
二里头夏都遗址博物馆藏。2002年河南省偃师市二里头遗址VT15M3出土。龙长64.5厘米，中部最宽处4厘米。

1-38 嵌绿松石兽面纹铜牌·二里头文化

二里头夏都遗址博物馆藏。2002年偃师二里头遗址VM3出土。一组3件，此为其中一件，和绿松石龙出自同一墓葬。器身以青铜铸出主体框架，呈四角钝圆，略呈亚腰形，两侧各有对称环纽。其上以数百片绿松石拼合镶嵌出兽面纹，加工精巧，丝丝入扣。铜牌出土时安放在墓主人的胸部，从两侧有对称的穿孔纽可见，穿缀系于主人胸前，应是作为沟通天地神人等的重要载体。

这是考古发掘中第一件绿松石龙形器，出土的时候位于墓主人的骨架上，器首在胸前偏右，尾部位于腿骨左侧。这种执器方式与墓主人生前应该一致，他生前可能就是斜拿着这件龙形器向普通人展示自己崇高的地位或者与神灵沟通的能力。这个人可能就是传说中的“御龙氏”，负责主持夏朝的图腾祭祀。史书记载，夏代有一位君主叫孔甲，他曾经很偶然地抓住了两条龙，一雄一雌。于是，他就命一个叫刘累的人专门来饲养这两条龙，并赐予他一个贵族封号“御龙氏”。后来雌龙死掉了，刘累就把龙肉加工成美食送给孔甲吃，孔甲吃了以后十分高兴，因为这龙肉太好吃了！便要求刘累继续贡献这种美食，刘累很害怕，生怕孔甲知道雌龙已死的事情，后来就跑掉了。据说，现在刘姓的祖先就是这位“御龙氏”刘累。1-38

一般认为，出土绿松石龙的二里头遗址是夏代这个中国古代历史上第一个有史可考的朝代的遗迹，其年代与史书记载的夏代大约相当。从二里头遗址的考古发掘情况来看，宫殿区、居民区、手工业区（如铸铜、制玉）、墓葬区等较为完备，极有可能是夏代中晚期的中心统治区域，即夏都所在地。区域内部显示出了较为明显的社会阶级结构，较为严整的城市布局、居葬合一的生活场景等，皆可为证。

2004年，考古工作者在宫殿区以南发现了一处绿松石废料的集中堆积坑，明显有切割、琢磨痕迹的绿松石料达数千枚，这儿很可能就是制玉作坊所在地，体现了夏代制玉过程中对绿松石的大规模运用。也只有这样的规模的作坊，才有可能在3700年前制作出如此复杂的绿松石龙。它是夏代玉器最为典型的代表，是中国人的龙图腾继“中华第一玉龙”之后在夏代的延续，是中华文明持续不断裂的重要一环。

Jade Culture
and
Chinese Civilization

·第二章·

一体聚合

文明起源的礼玉因素

值得注意的是，包括中国大陆东北、华北、西北、江南、华南、东南地区，以及台湾地区（卑南文化）在内的中国版图内，新石器时代的文化遗址几乎都有玉器出土，而且几乎都有同样一种玉饰——玉玦；从出土情况来看，所有的玉玦几乎都具有同样的功能，即作为耳饰。这在一定程度上表明，在新石器时代，生活在中国这块热土上的人们已经具有了共同的审美价值，串起这种审美价值的正是玉玦所代表的玉器文化。

然而，这种并不复杂的耳饰只是中华大地上的古代文明趋向一元的极小侧面，玉器出土的信息还提供了多元趋向一体的更多深层次证据，这就是礼玉的使用。

凌家滩遗址位于安徽省马鞍山市含山县的凌家滩村，自1985年以来进行了多次系统的调查和发掘。1987年6月，安徽省文物考古研究所等单位联合对这个墓地进行了第一次发掘，共发现了4座墓葬，其中的4号墓共有随葬品138件，包含玉器100件，这些玉器大多集中放置在墓主的胸口部位，其中，居于这些玉器正中央的一对玉龟甲和玉版引起了广泛关注，可以说是凌家滩玉器最初且最典型的代表。2-1

玉龟甲分背甲和腹甲两块，尺寸差不多，长9.4厘米，宽7.5厘米，合起来高4.6厘米。背甲前端有4个孔，两侧各有2个孔；腹甲前端有1个孔，两侧也各有2个孔。很显然，两侧的孔对应非常工整，可以穿绳连在一起，而前端的4+1孔应该是为了串联居于背甲和腹甲之中的某个物品。2-2 这个物品很可能就是玉版。玉版长11厘米，宽8.2厘米，厚0.2—0.4厘米，基本是长方形。四面都有打孔，长的一段有9个孔，其中2个孔挨在一起，可能原本是打1个孔；宽的两面各有5个小孔。玉版的正中间有刻出一幅图形，分为三层，最外层是指向四角的尖锥形；中层是指向八方的尖锥形，一共12个尖锥，都精细地刻画了叶脉；里层是则是“井”字形。此外，这块玉版的三个面是带榫

2-2 2-3
2-1 2-4

2-1 三角形叶饰·凌家滩文化

故宫博物院藏。长10.3厘米，宽6.1厘米，厚3厘米，两面精磨，一面琢磨叶脉纹，一面平整光滑。正面以一条竖阴刻线作为叶茎，两侧有18组对称阴刻线斜向分布，象征叶脉。有专家认为，『三角叶形饰』的性质与圭相同，是象征权力的玉礼器。

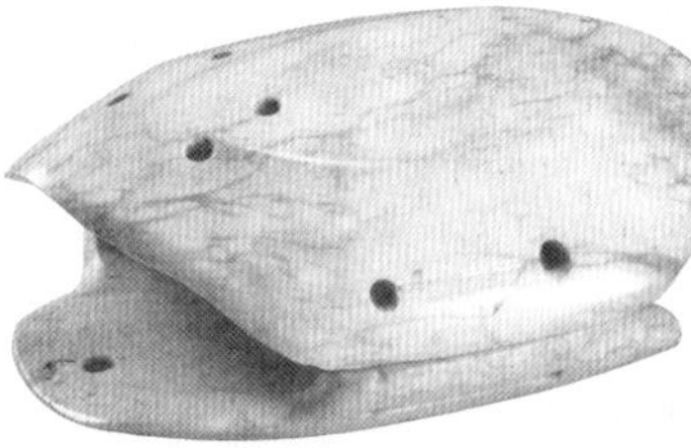

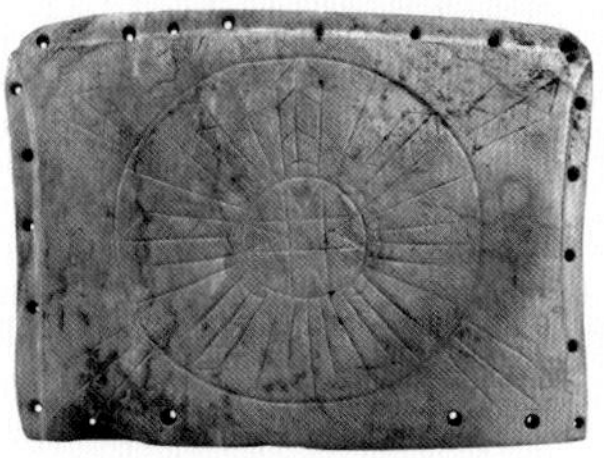

2-3 **玉版·凌家滩文化**
故宫博物院藏。1987年安徽含山凌家滩遗址M4出土。

2-2 **玉龟甲·凌家滩文化**
故宫博物院藏。1987年安徽含山凌家滩遗址M4出土。

的，明显可以三面镶嵌到某个物体中（如木制品），然后再以插销穿过孔加以固定。2-3

1987年秋，凌家滩遗址进行了第二次发掘。1998年10—11月进行了第三次发掘，揭开了凌家滩遗址的整体面貌。第二次发掘确认的人工建筑就是祭坛，证明这里是墓地环绕祭坛的格局。除了祭坛之外，这一次还发掘了29座墓葬，出土了大批精美的玉器，越是大型的墓葬，出土玉器就越多，证明凌家滩文化时代已经具有了明显的阶级分化。最具代表性的有两件玉器。2-4 第一件出自M16，是一条首尾相连的团龙，直径4.4厘米，厚0.2厘米，吻部突出，阴刻出嘴、鼻子和身上的纹饰，眼睛是圆点，头上有双角，尾部有圆孔，可以穿绳。这条龙是江淮地区第一条玉龙，所以有“江淮第一玉龙”的美称。另外一件代表性玉器是一只鹰，出自M29，长8.4厘米，高3.5厘米，厚0.3厘米。这只鹰十分特殊：其一，它的双翅是动物形象，一般认为是猪；其二，它的身体正中间刻画有同心圆的纹饰，同心圆之间是八角星纹，仔细一看，又像是“井”字形。

2-4 **玉龙·凌家滩文化**
安徽省文物考古研究所藏。1998年安徽含山凌家滩遗址M16出土。

玉鹰与之前发现的玉版在纹饰上的相似性给了专家们很多的思考空间。有人根据《周易》“河出图，洛出书”的记载，认为玉版可能与传说中的“河图洛书”有关系，因为河图洛书与“八卦”的关系非常密切，八角星纹会不会就是古人早期的宇宙观，是八卦的起源？李学勤先生就曾写文章指出，这种八角星纹可能是“巫”的象征，是指古人类中那些既懂得一定天文知识，又被认为能够沟通神灵的巫师。这些人在当时的社会中具有特殊的身份地位，因而能够使用带有身份象征的玉器进行陪葬。

2000年10—11月，凌家滩遗址进行了第四次发掘。2007年5—7月，进行了第五次发掘。这一次发掘最重要的发现是祭坛东南方的一座墓葬，编号为07M23。这座墓葬是一座保存基本完好的新石器时代墓葬，也是凌家滩遗址所发现的规模最大、随葬品最为丰富的墓葬，出土遗物330件，包括200件玉器。比较有特色的是：第一，在墓葬顶部发现了一件长72厘米、宽32厘米、重达88公斤的玉雕野猪，是新石器时代所发现的形体最大、最重的猪形玉雕。2-5 这件玉猪是利用玉料的自然形态运用抽象技法雕琢而成，嘴部有明显的刻画，两个鼻孔，嘴两侧有向上弯曲的长长獠牙，耳朵向上竖起。头部部位简单修饰，基本保持玉料的原貌。这只玉猪应该是财富和权力的象征，表明了墓主人特殊的身份地位。第二，在墓主腰部正中位置，放置有1件玉龟和2件一端平口、一端斜口的玉龟状扁圆形器物。玉龟的背甲有2个孔，腹甲相对位置有1个孔；2件扁圆形器在上腹面的平口一端对钻3个小孔。专家们认为，这3件器物应该是一套组合器，呈扇形放置在墓主腰部，中空的腹腔内均放置有1件或2件玉签，应该就是占卜工具，在一定程度上证实了第一次发掘的玉龟甲的用途。2-6

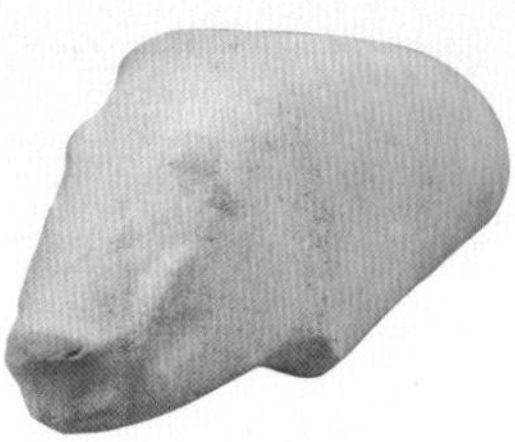

2-5 玉猪·凌家滩文化
安徽省文物考古研究所藏。2007年安徽含山凌家滩遗址出土。

2008年以后，凌家滩遗址仍然在不断地进行系统的调查和探测，在2013—2017年间进行的5次发掘初步确定了内、外两条壕沟。2020—2022年，凌家滩遗址的发掘仍在不断进行。2022年底披露的考古发现证实，东南方向的红烧土遗迹区域年代为凌家滩文化最为鼎盛的时期（距今5500—5350年），可能是凌家滩社会生活区的大型公共活动场所，甚至可能就是当时社会中政治、宗教、军事领袖展示自己权力的区域。2-7 在墓葬祭

2-6　**玉龟状盒和玉签·凌家滩文化**

安徽省文物考古研究所藏。2007年安徽含山凌家滩遗址出土。

2-6
2-7
2-5

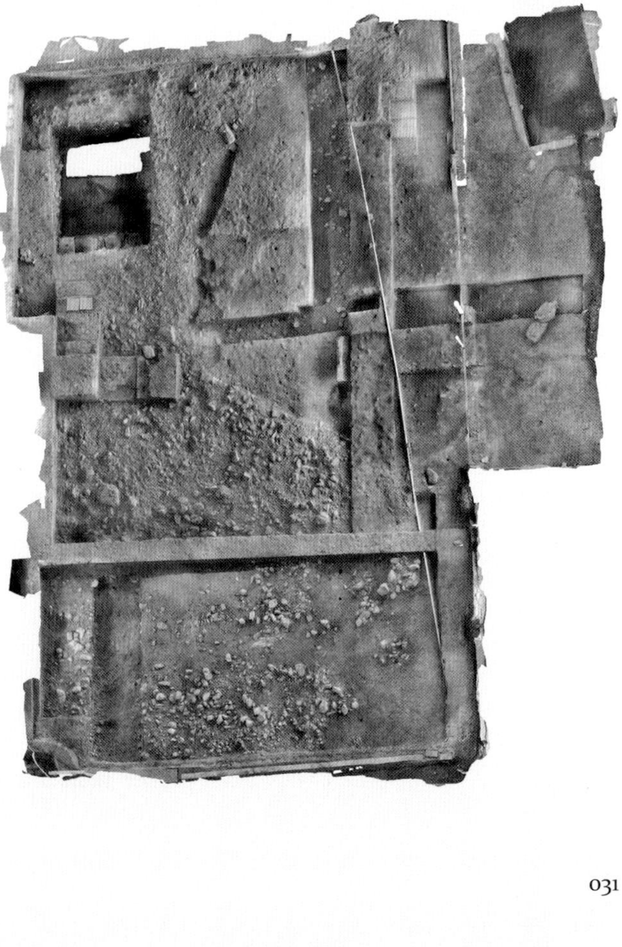

2-7　**凌家滩遗址2020—2022年发掘区全景**

发掘区位于岗地东南角、内壕中部，以大面积的红烧土堆积为特点。2020年批准揭露面积500平方米，初步了解了遗迹的部分边界和局部剖面。2021年批准发掘面积为1000平方米，主要对该处遗迹的四界进行了完整揭露，并选择少量区域进行了解剖发掘（对北部红烧土堆积较薄的区域进行发掘，发掘面积约300平方米，对红烧土遗迹南北、东西各布1米宽的探沟进行解剖发掘，发掘面积约100平方米），确定了该大型红烧土遗迹的范围、局部结构和堆积特点。2022年对该遗迹的北部西侧区域进行发掘，揭露面积500平方米，了解到西侧同样存在一处大型台基，与红烧土遗迹共同组成一处超大型的公共建筑。

祀区西侧的休息广场发现了祭祀坑，这座祭祀坑出土了140多件石器、70多件玉器和40多件陶器，玉器大多为小型饰品，但其中有两件引起了极大关注。一件是玉璜，外径达23.6厘米，是凌家滩遗址到目前为止所发现的最大的玉璜。2-8 另一件是龙首形玉器，龙首为猪龙造型，另一端为尖锥形，造型前所未见，奇特非凡，似乎有红山文化玉猪龙的影响。2-9

综合80年代以来的发掘情况看，凌家滩遗址是一个拥有包含壕沟、祭坛、墓葬、生活区等在内的完整社会结构的文化遗址。两重壕沟是凌家滩社会的保护措施。外围壕沟有对外防御功能，还能蓄水和倾倒垃圾。内层壕沟与南部的河流构成了一个大体呈梯形的封闭区域，中心是大型公共建筑，类似于后世都城中皇宫的外围，保护的应该是社会中掌握了政治、宗教等方面权力的核心人员。在内层壕沟的周边还分布了数个生活区，这应该是凌家滩社会中中低层人员的生活区域。在内外层壕沟之间的祭祀区以及围绕祭祀区的墓葬区则是凌家滩时代的人们安葬和纪念先人的场所，体现了浓厚的祖先崇拜氛围。2-10

与凌家滩遗址居、葬、祭祀合一的格局有所不同，红山文化的牛河梁遗址将安葬与祭祀独立于居住区以外。

2-9 龙首形玉器·凌家滩文化
安徽省文物考古研究所藏。2020—2022年安徽含山凌家滩遗址出土。

2-8 玉璜·凌家滩文化
安徽省文物考古研究所藏。2020—2022年安徽含山凌家滩遗址出土。

2-8 2-9 | 2-10

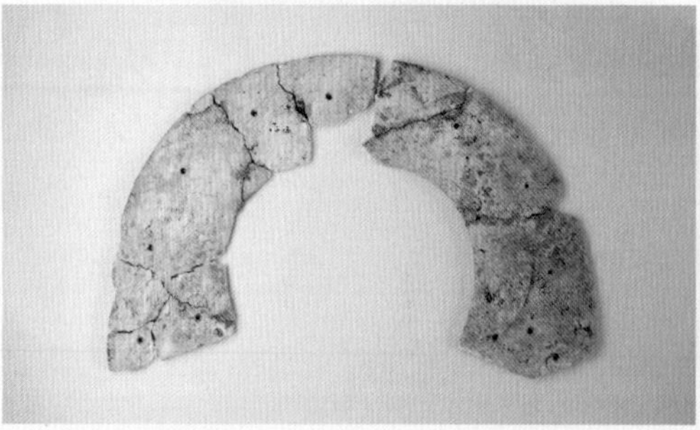

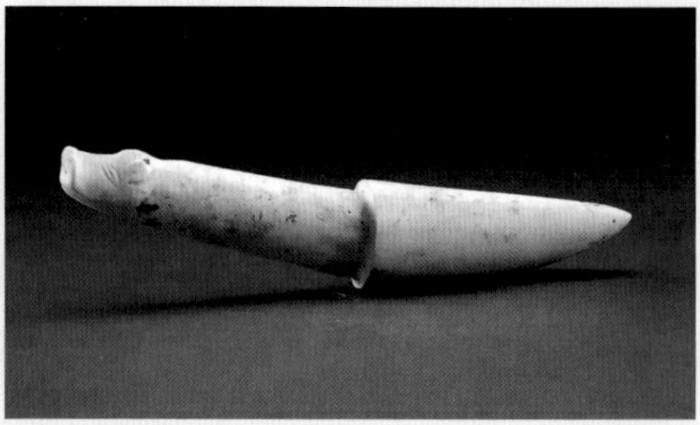

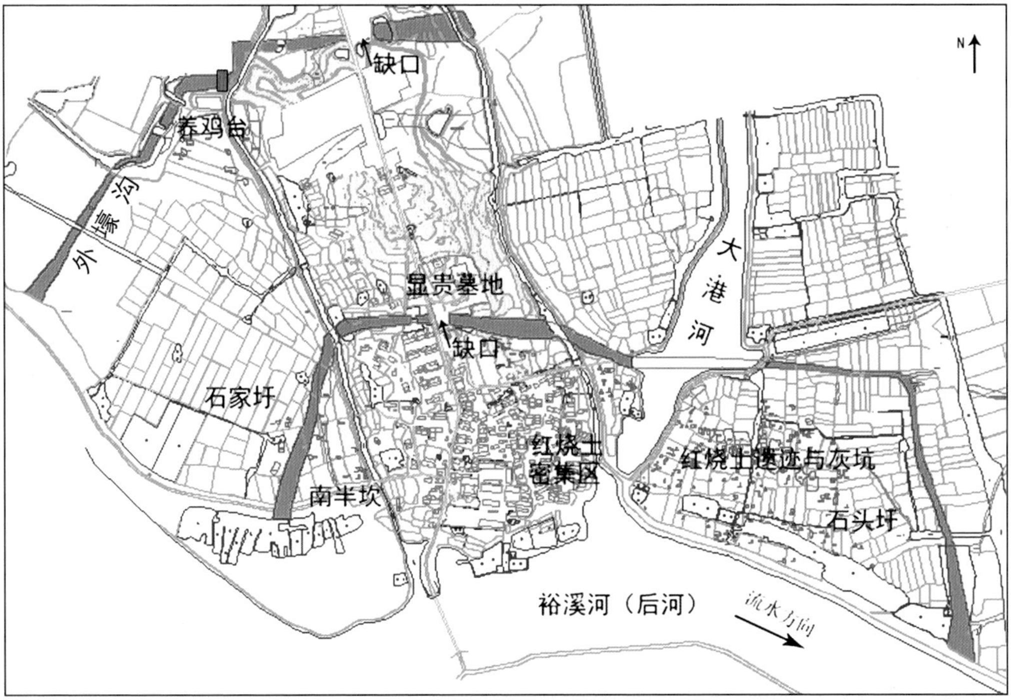

2-10 凌家滩遗址聚落布局图

遗址布局有着明显的规划，根据目前的考古工作情况可以认为：遗址主要生活区、大型墓葬区各自独立，有内、外两条壕沟。内壕与裕溪河形成一个封闭的空间，平面呈梯形，全长2000余米，宽8—30余米不等，内壕以内是主要的生活区，面积近50万平方米，属于典型的沿河而居的形态。在内壕中部岗地的东南角，分布着一片面积达3000平方米的大型红烧土遗迹。外壕仅有西段和北段西部。

1984年发现于辽宁建平县和凌源县（今凌源市）交界处的牛河梁遗址是红山文化晚期的中心遗址，其时代处于红山文化高度成熟的时期，它为人们探寻玉器，尤其是礼玉在红山社会中的作用提供了直接证据。

牛河梁遗址呈现出典型的“唯玉为葬”的特征，即所有墓葬的陪葬品几乎都是玉器，仅有限的几座墓葬有极少量的陶器和石器。这说明，在红山社会中，玉器是送别先人的重要器物，没有其他物品可以替代，这使得玉器具有了祭祀祖先的礼仪性意义。2-11

但这些墓葬并不是孤立的，而是与女神庙、祭坛共同构成了一处综合遗址群。牛河梁遗址得名于附近的牤牛河，大

2-12　女神头像·红山文化

辽宁省文物考古研究所藏。女神像发顶部分有缺失，左耳断缺，下唇脱落，左面颊、鼻部有裂纹，但整体仍保存完好。外皮打磨光滑，出土时颜面呈鲜红色，唇部涂朱，后半部分较为平整，中部有竖立的木柱痕，由颈底直通头顶，柱上有包扎稻草之类的痕迹。其面部整体较扁，额部宽平，上部有圆箍状饰，圆且隆起。耳前鬓角明显。眼窝浅平，上下眼皮隐约可见，双眼中镶嵌淡青色圆饼状玉片作为眼睛。

2-11　牛河梁遗址俯瞰图

牛河梁红山文化遗址位于凌源市与建平县交界处，因牤牛河源出山梁东麓而得名，呈半山地半丘陵地貌。整个遗址置于万亩松林丛中，冬夏常青，空气新鲜，环境幽雅，依然存有原始风貌。牛河梁红山文化遗址坐落在辽西山区一处曼延10余千米的多道山梁上，在50平方千米范围内连绵起伏的山岗上，有规律地分布着祭坛、女神庙和积石冢群，并由它们组成一个规模宏大的宗教祭祀中心。

2-11 2-12 2-13

体是一条从西南到东北走向的山梁，整体范围约0.5平方千米。女神庙位于山梁主梁北段的平缓坡地上，半地穴式建筑，其内主室发现了相当于真人三倍大的女神，应是当时祭祀的主神，另外还有西侧室相当于真人两倍大、主室西侧与真人相当大小的两类女神，与主神一起构成了神灵系统。围绕在女神庙周围的就是祭坛与墓葬（积石冢），祭坛或位于积石冢上方，或环绕积石冢，或在附近设立独立的方形或圆形祭坛。这就使得整个牛河梁遗址呈现出女神庙为中心，庙、坛、冢相结合的祭祀格局。三种类型的女神可能是红山人对不同地位和影响的祖先的想象，因而这种格局便带有了极其浓厚的祖先、神灵崇拜和祭祀氛围。2-12

在所有的积石冢中，有一类中心大墓，往往位于某个区域的中心位置，且规模较大。这种中心大墓往往不见玉器之外的随葬器物，且随葬玉器的数量、种类、质量等均高于中、小墓葬。比如第二地点的M21、第五地点的M1、第十六地点的M4正是这类中心大墓，分别出土20件、7件和8件玉器，包括勾云形器、斜口筒形器、玉镯、玉人、玉鹰等，显示出墓主独特的身份地位，其可能就是红山社会中以玉器作为媒介沟通祖先、神灵的巫师或部落首领。这些随葬玉器应该就是他们生前所使用的礼器，是红山社会进入文明时期的实物见证。2-13

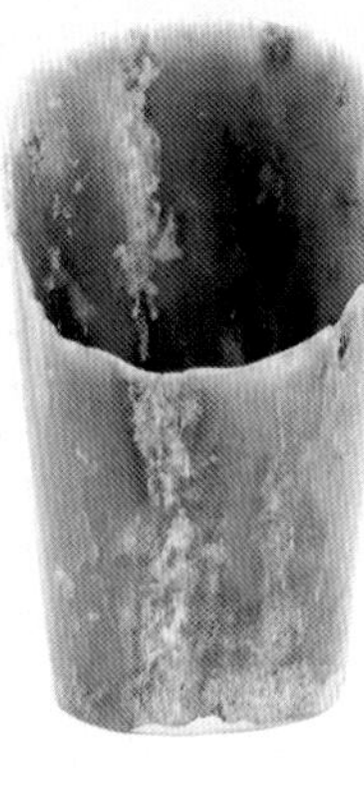

2-13 斜口筒形器・红山文化

美国塞克勒美术馆藏。高15.8厘米。此玉器以青色玉料制成，呈椭圆中空的筒状。顶部较大，作斜口形式。底部略小，口部平直。器壁较薄，口部边缘尤显锋利。

就玉器而言，时代略晚于红山文化的凌家滩有更多的含义。凌家滩玉器明显具有了更加抽象的宇宙观念，这是人们对神灵崇拜认识的进一步提升。居、葬、祭祀合一的格局表明，祖先崇拜仍具有举足轻重的地位。从礼玉的角度来说，与牛河梁遗址仅有墓葬发现玉器不同，凌家滩玉器在祭祀坑中也有发现。这表明，礼玉不仅是部落首领或巫师生前沟通神灵的媒介，在死后享受后人祭祀时仍得以使用，礼玉的地位更高，使用范围更广，其作为凌家滩社会进入文明时代的物证也更加鲜明。

2-14 神面纹玉柄形器·石家河文化

美国塞克勒美术馆藏。高7.7厘米。扁平长方体片状，青玉质，玉面泛黄，质地润泽。神人头戴高冠，高冠后卷，中间刻双目。神人五官清晰，匀称，面颊两侧雕出对称向后卷曲的翼状凸饰，双耳下有耳环状物，口中露出两排牙齿，口角露出两对獠牙。面貌透出威严和神秘感，宗教意义十分明显。

此外，长江中游的石家河遗址的中心——谭家岭古城西侧，在2014—2015年的考古发掘中发现了印信台祭祀遗址，其处于石家河文化的鼎盛时期，瓮棺葬、套缸遗迹等的发现同样证明，这是一处墓葬与祭祀合一的场所，基本出土于瓮棺葬的石家河玉器自然也是重要的礼仪用玉。良渚文化玉器上的神人兽面纹是全社会统一的宗教信仰符号，这本身就表明，以玉琮为主要代表的良渚玉器是表达这种统一信仰的重要媒介，即礼玉。历年来的考古发掘表明，在良渚文化区域内的瑶山、反山、汇观山等重要遗址，均有墓葬与祭坛合一的情形。祭坛往往建造在山顶之上，地势较高，可能有祭祀神灵的便利；祭坛建造之后，一些大墓往往会建造在祭坛周围，越靠近中心，墓葬中的陪葬玉器便越发丰富，体现出礼玉对于墓葬等级的重要区别意义。黄河流域的龙山文化、齐家文化、陶寺文化等也有象征礼仪的玉器发现，象征军事礼仪的玉制兵器同样是礼玉的重要组成部分。2-14

在新石器时代，以礼玉为主，包括祭祀遗址等在内的证据表明，中华文明在起源之际有其独特的一面，祭祀礼仪是文明起源的一个重要标志，并非仅限于所谓的城市、文字、金属冶炼三要素，这是世界文明起源的中国答案。

第五讲 妇好玉凤：王后与将军的心爱收藏

这件玉凤于1976年出土于河南安阳殷墟妇好墓。1976年春，在安阳小屯村西北，考古工作者郑振香、陈志达等人发现了一座保存完好的商代王室成员大墓。根据该墓的地层关系以及出土青铜器上大量的“妇好”铭文，墓主人被确定为商代第二十三位商王武丁的王后——妇好。

妇好玉凤长13.8厘米，厚0.8厘米，由中国国家博物馆收藏。该器物为黄褐色，作侧身回首状，喙、冠如鸡，冠呈齿脊状镂空雕饰。圆眼，胸部外突，短翅长尾，尾翎分开，翎羽似孔雀。腰间背部有一凸起圆钮，中有小孔，可佩带。造型优美，线条舒展，工艺十分精湛。2-15

2-15 玉凤·商后期

妇好墓出土器物十分丰富，包括青铜器468件、玉器755件、骨器564件，以及海贝6800余枚。这些器物不仅数量巨大，而且造型新颖、工艺精湛，充分反映了商代高度发达的手工业制造水平。

陪葬品数量如此众多，且质量奇高，墓主妇好究竟是一个什么样的人呢？

她的丈夫武丁无疑是商朝历史上一位有为的君主，在位59年，商朝被治理得十分繁荣兴旺，后人将这一段历史称作“武丁中兴”，但他的文治武功有一部分要归功于妇好这位王后。

王后是妇好的第一重身份，庙号为“辛”，故也被尊称为后母辛。《史记》《诗经》等文献记载，商人的始祖契是他的母亲吞下玄鸟蛋而生，因而商人便以鸟作为自己的图腾。妇好墓中有大量的鸟造型、鸟纹饰玉器，足以说明她对鸟图腾的接受。凤更是神话传说中的神鸟，是鸟中之王，自然也更符合她的王后身份。2-16

妇好的第二重身份是将军，她曾为武丁征战四方，击败了周围诸多的方国部落。我们看到妇好墓前的汉白玉雕像，她的手中握着的是一柄像斧头的兵器，这件兵器的原型是妇好墓中出土的一件青铜钺，象征着她对军队的统帅权。据记载，妇好曾经领兵讨伐名为“羌方”的部落（或许就是新疆和田地区的部落），商王朝很有可能就是通过这样的战争获得了大量的和田玉材，因此将用这些和田玉制作的玉器作为妇好的陪葬品。2-17

妇好的第三重身份是祭司。在妇好墓中出土了不少的青铜礼器和玉礼器，证明了她生前经常主持祭祀礼仪。在安阳殷墟出土的一万多片甲骨中，有200多片都与妇好有关，上面记载着她主持祭祀天、祭祀祖先、祭祀神泉等活动。或许她

2-16 后母辛觥·商后期

中国国家博物馆藏。1976年河南省安阳市殷墟妇好墓出土。通高36厘米，长46.5厘米，宽12.5厘米。此器由器盖与器身两部分组成，器身内底中部与器盖内均铸铭文『后母辛』，『后母辛』是妇好的庙号。整器为扁长体，前窄后宽，为一站立状四足兽。首似马，上有一对卷角，『臣』字状目，前两足为兽类奇蹄，长于后足，后两足状如鸟爪，有四趾，尾部作兽首鋬。器纹饰精美，通体以云雷纹为地，器盖饰一龙，身尾较长。前胸两侧与腹前端两侧各饰一夔龙，夔首向下，身尾上竖。前足外侧饰夔龙纹，腹后端饰有并拢的双翅与下垂的短尾，后足饰羽翎纹，两者应为一整体，以示禽属。此器造型奇特，寓意神秘。

2-16 2-17 | 2-18

2-18 妇好钺·商后期

中国社科院考古研究所藏。高39.5厘米，刃幅37.3厘米，重9千克。此钺的器身呈斧形，刃口为弧形，平肩，肩部有对称的两个长方形穿，肩下两侧有小槽六对，钺身两面靠肩处均饰虎扑人头纹，人头居于两虎之间，圆脸尖下巴，大鼻小嘴，双眼微凹，两耳向前；虎作侧面形，大口对准人头，作吞噬状，以雷纹为底地，虎后有一夔。钺身正面中部有铭文『妇好』二字。

2-17 雷纹玉簋·商后期

中国国家博物馆藏。1976年河南省安阳市殷墟妇好墓出土。高12.5厘米，口径20.7厘米，底径14.5厘米。深绿色，内腹中空，器壁较厚，圜底高圈足。颈部饰两圈凸弦纹，腹部出戟饰四扉棱，腹部饰雷纹，足饰勾云纹，仿青铜器纹饰，采用双阴线雕刻和掏膛等技法。

还负责使用这些甲骨来进行占卜。

据记载，妇好在三十三岁的时候就去世了，商王武丁十分思念她，所以在墓中为她安排了大量的陪葬品，甚至有甲骨文记载，商王武丁还专门找人占卜妇好去世之后的情况，或许是想知道她在另外一个世界过得怎么样吧。

妇好可能还有第四重身份：玉器收藏家。据专家分析，这件妇好玉凤具有明显的石家河玉器风格。与石家河文化中出土的团凤相比，这件妇好玉凤最大的特点是身体舒展开来，但鸡喙、孔雀尾翎、纹饰等无不相似。或许妇好从某种途径获得了流传下来的石家河玉器，心生喜爱，便收藏了起来，死后这件心爱之物便被用来陪葬。

妇好墓中的文物有几件可以代表她的身份，如青铜钺，代表她统帅大军的将军身份；一件腰佩宽柄器的玉人，可能就是妇好本人作为王后的贵妇人形象。但无论其他哪一件，都只代表了妇好形象的一个侧面。唯有这件玉凤，能同时代表她作为高贵的王后、神秘的祭司、英武的女将军等诸多形象。2-18

第六讲

传国玉玺：历史沉浮中的隐秘

在中国古代，传国玉玺代表着皇帝至高无上的特权，每一个政权都必须要用传国玉玺来证明自己的正统性。可是，传国玉玺到底是什么样的呢？它是怎么被发现和制作出来的呢？它在两千多年的历史长河中是怎样传承流转的呢？这些信息早已淹没在了历史的长河中，就连传国玉玺本身也在历史记载中时隐时现，令人疑惑不解。

传国玉玺当然是一件玉器，它最初被发现的时候当然也是一块玉料。据说，最早发现这块玉料的人叫卞和，是楚国人，他在楚国的荆山发现了一块石头，觉得是一块美玉，想要献给楚王。荆山是湖北名山，位于湖北省西部、武当山东南，当地有一块玉印岩，传说就是卞和发现美玉的地方。很多美玉都有玉皮，或叫石皮，凭肉眼或仪器无法判断内部的情况，只能凭经验判断，而卞和很有可能就是一位经验丰富的玉工。2-19

2-19 玉印岩

玉印岩，又名『抱璞岩』，位于湖北省南漳县巡检镇金镶坪村，距县城90公里。『玉印岩』坐北朝南，南漳至远安公路经其前。玉印岩洞深11米，宽15米，高10米。为传说中的和氏璧产地。

卞和献玉的故事被称为“卞和三献宝”，是因为他曾将这块美玉献给了三位楚王。第一位楚王是楚厉王，在位18年，他叫来玉匠，结果玉匠说这是一块普通石头，并不是美玉，楚厉王一怒之下，将卞和的左脚砍了。第二位楚王是楚武王，在位51年，他也同样认为这是普通石头，又将卞和的右脚砍了。第三位楚王是楚文王，在位13年，他在巡视楚国的时候碰到卞和在山下哭泣，眼泪都哭成了血泪。楚文王说受到砍脚之刑的人多了，卞和你为什么这么悲伤？卞和说我不是因为受刑而悲伤，而是因为宝玉被看成普通石头、忠贞的人被看作是骗子而悲伤。楚文王听了以后，马上叫人将石头剖开，果然是一块美玉，于是就将这块石头命名为“和氏之璧”，也就是我们所说的和氏璧。

楚文王得到和氏璧以后将它藏入王宫。到楚威王的时候，相国昭阳君率兵击败越、魏等国立了大功，楚威王就将和氏璧赏赐给他。昭阳君为此在家中举办酒宴庆贺，宴会旁边有一个深潭，有人忽然说“河中有大鱼”，宾客们都去看大鱼，结果和氏璧就此被盗走消失了。还有人怀疑盗窃和氏璧的人是张仪，将张仪打了一顿，但也没能将和氏璧找出来。2-20

几十年以后，赵国有个叫作缪贤的宦官忽然在集市上发现有人在出售一块美玉，便花五百金买了下来，经鉴定，就是和氏璧，缪贤将它献给了赵惠文王。赵惠文王得到和氏璧的消息很快流传开来，秦昭襄王听说以后就派使者对赵惠文王说：“我愿意用十五座城池来交换和氏璧（价值连城）。”赵惠文王很犹豫，换吧，怕秦国不讲信用；不换吧，怕秦国以此为借口攻打赵国。这个时候，缪贤就推荐自己的门客蔺相如，说他能解决这个问题。就这样，蔺相如作为赵国使者带着和氏璧来到了秦国。秦昭襄王拿到和氏璧十分高兴，左看右看，就是不提那十五座城的事。蔺相如对秦昭襄王说：“大王，这块美玉上有一块瑕疵，不知道您发现没有。”昭襄王说：“我怎么没看到？来，你指出来给我看看。”蔺相如拿到和氏璧，立刻退到大殿的柱子旁边说：“大王想要用十五座城来交换和氏璧，我国特地派遣我来交换，但我看大王没有交换的意思。要是大王您逼迫我，我的头和这和氏璧就一起撞在这柱子上。”秦昭襄王没有办法，只好叫人拿来地图，划出十五座城交给赵国。但蔺相如还不满意，要求秦昭襄王斋戒五天，并举办大型的仪式接受和氏璧。秦昭襄王只好同意，没想到蔺相如却趁这个机会让人带着和氏璧回了赵国，这就是“完璧归赵”的故事。2-21

2-20 《史记君臣故事图》之张仪受辱·明·张宏

2-21 《人物故事图》之完璧归赵·清·吴历

故宫博物院藏。此图出自吴历所绘《人物故事图》册，此图根据《史记·廉颇蔺相如列传》绘制，表现了蔺相如『持璧睨柱』『发上指冠』的形象，以及秦王和大臣在他的面前划定十五座城池的情景。

2-22 『受命于天既寿永昌』想象图

出自元陶宗仪《南村辍耕录》卷二十六『传国玺』条所载的『蔡仲平本』。

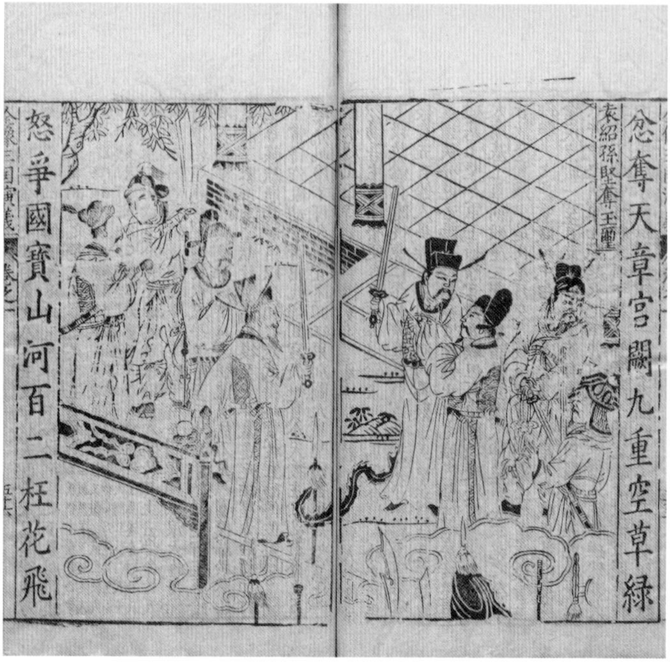

2-23 《三国志通俗演义》插图

周曰校插图版《三国志通俗演义》中的孙坚、袁绍争夺玉玺图。

不过，和氏璧最终还是在秦国统一天下以后落到秦始皇嬴政的手里。他命人将这块美玉雕琢成一方印章，上面刻有“受命于天，既寿永昌”八个大字，据说这八个字是丞相李斯亲笔书写，还雕出了五条龙的印钮，并下令将这方印章叫作“传国玉玺”，是皇帝专用的印章，其他人的印章都不许叫作玺，连丞相都只能用金印。2-22

秦始皇制作了传国玉玺，但秦朝却是短命王朝，只存在了15年时间。公元前206年，刘邦率军攻入关中，秦王子婴将传国玉玺献给了他，这样，传国玉玺就成了汉朝皇帝的传承信物。西汉末年，王莽篡位，想要得到传国玉玺来证明自己的合理性，但玉玺却掌握在元后王政君的手里。王政君是汉元帝的皇后，也是王莽的姑姑，她对汉朝很有感情，反对王莽篡位。她对王莽派来的使者说：我是汉朝的老寡妇，没多长时间可活了，你们兄弟篡位，将来会被灭族的。于是，元后一怒之下将玉玺砸在地上，砸缺了一角。王莽得

2-22 2-23 | 2-24

了传国玉玺，便命人用黄金补上了缺损的部位，从此传国玉玺便成了金镶玉，这也成为辨认真伪的一个方法。新朝灭亡，东汉建立，光武帝刘秀得了传国玉玺。东汉末年，天下大乱，各路诸侯蜂起，袁绍、董卓先后进京大杀一通，传国玉玺不知所终。后来，在各路诸侯讨伐董卓之时，孙坚发现一个宫女的尸身上有一个红色匣子，里面装的就是传国玉玺。后来，孙策用传国玉玺向袁术换取了三千兵马，奠定了孙吴的立国基础。2-23

曹丕篡汉以后，玉玺落到了曹魏手中。西晋建立后，又落到司马氏手中。西晋末年，在“八王之乱”、少数民族南下的历史背景下，玉玺几经辗转，落到了东晋安西将军谢尚手里，被他献给了东晋的皇帝。这是玉玺第一次来到南方。东晋灭亡以后，南方经历了宋齐梁陈四个政权，玉玺也随之不断变换主人。梁武帝时期爆发了著名的“侯景之乱”，侯景的部将侯子鉴在侯景失败以后将玉玺投入栖霞寺的井中，后来被一个僧人捞了出来，献给了陈朝的第一位皇帝陈武帝。

公元589年，隋朝灭陈统一全国，同时也得了传国玉玺。隋朝灭亡以后，玉玺被隋炀帝的萧皇后带着逃亡到突厥。所以，唐朝初建的一段时间里都没有传国玉玺。公元630年，大将李靖大败突厥，将萧皇后接了回来，唐太宗终于得到了传国玉玺。唐朝后期，藩镇割据，天下大乱，连都城长安都几次被攻破，玉玺也流失了。传说五代时期，后唐的最后一个废帝在被契丹击败以后自焚而死，玉玺也被焚烧了。所以，后周建立后，后周太祖郭威一直没能找到传国玉玺，北宋建立后自然也没有。2-24

一直到北宋哲宗年间，忽然有一个农夫在耕地的时候发现了一方玉玺。据说，当时哲宗召集了13位大学问家来辨认，最终确定这个东西就是秦始皇制作的传国玉玺。但哲宗之后就是徽宗继位，很快

2-24 王建谥宝·五代

四川博物院藏。长11.7厘米、宽10.7厘米、厚3.4厘米，中部略厚，稍呈隆起之状。钮高7.7厘米、径4.2厘米，上雕一物，头部有角，身腹有鳞甲，尾卷于右。鳞甲上原贴有金，嘴、腹部皆为红色。谥宝的前方刻凤，两边刻龙，后方刻兽形及云纹，纹饰生动活泼。宝下刻谥号曰『高祖神武圣文孝德明惠皇帝谥宝』14字。

发生了“靖康之变”，徽宗、钦宗两代皇帝被金人掳走，传国玉玺有可能也被金人带走，又不知所终。元朝先后消灭金朝和南宋，均没有发现传国玉玺。

到了元朝，元世祖忽必烈去世后，元成宗继位，御史中丞崔彧忽然报告说在大都（今北京）的集市中发现了传国玉玺，并献给了元成宗，玉玺成为元朝皇帝的传承信物。

明朝建立，元朝残余势力逃往北方草原。明太祖朱元璋命大将徐达率兵追击，目的就是得到传国玉玺，但一直没能成功。所以，明朝的皇帝们都没有传国玉玺。

到了明朝末年，努尔哈赤建立后金，皇太极继位后，从元朝后裔林丹汗那里得到了传国玉玺，从此将国号后金改为“大清”，自己也改称皇帝，想要入主中原。但到了乾隆时期，乾隆皇帝将宫中所藏的39方各式各样的玉玺拿出来辨认之时，却将这一方传国玉玺认定为赝品，因为这方玉玺上的字不像是李斯写的。秦始皇统一天下以后，为了统一文字，曾命李斯写了一篇范文颁行天下，还有不少刻石上有李斯的笔迹，可以对证。2-25

所以，到今天，传国玉玺是存是失？存，藏在何处？失，如何丢失？依旧迷雾重重，令人疑惑不解。

2-25 『古稀天子之宝』玉玺·清乾隆

台北故宫博物院藏。长12.8厘米，宽12.8厘米，高10.2厘米。全器选用整块碧玉琢制而成，印面为正方形，双龙钮系黄绦，钮作双龙相背伏卧之姿，印面琢三行六字篆书『古稀天子之宝』，印文四周围以宽边。四侧边阴刻填金楷书《古稀说》全文，款『乾隆庚子御笔』，印『古香』『太璞』。乾隆庚子即乾隆四十五年（1780），这年清高宗七十岁。与『八徵耄念之宝』玉玺合贮于云龙纹长方木匣中。

第七讲 皇后之玺：第一个太后临朝的见证

1968年夏季某天，陕西咸阳市韩家湾刚刚下过一场大雨，小学生孔忠良放学回家经过狼家沟时忽然发现路上有个白色的东西闪着微光。经专家分析，这件东西竟然是西汉开国皇后吕雉专用的皇后之玺，是迄今为止所发现的唯一的一件汉代帝后玉玺。现在它已经成为陕西历史博物馆的镇馆之宝。

孔忠良发现了这个东西之后，觉得上面雕刻的小动物很可爱，可以作为玩具。他将玉玺带回家给父亲孔祥发看。孔家生活在咸阳、长安附近，因这是秦朝和西汉都城所在地，当地人对文物都有一些基本知识。孔祥发看了这件东西以后觉得上面的纹饰像是人工打磨而成，很有可能就是一件文物，于是便将这件器物送到了陕西省博物馆（今碑林博物馆）。2-26

2-26 『皇后之玺』玉玺·西汉

陕西历史博物馆藏。因它的出土地点距汉高祖和皇后吕雉合葬墓东侧仅1千米，由此推测它很可能是吕后生前所用的印章。『皇后之玺』是迄今发现的唯一的汉代皇后玉玺，对研究秦汉帝后玺印制度有着十分重要的意义。

博物馆的专家们发现这件东西是用上好的和田羊脂玉制作而成，纯白无瑕，玉质极佳，无任何受沁现象。整件器物2.8厘米见方，通高2厘米，重33克。上部雕琢了一只螭虎，形象凶猛，体态矫健，四肢有力，双目圆睁，张口露牙，双耳后耸。螭虎腹下有钻孔，可以穿以绶带。四侧面呈平齐的长方形，其内雕琢出4个互相颠倒并勾连的卷云纹。阴线槽内及底部均残留有部分朱砂。底部有“皇后之玺”的四个篆体字。这四个篆体字极具艺术性，是篆字书法的代表性作品。根据以上特征，专家们当即判断，它应该是皇后专用的玉玺，是一件国宝。

为什么能确认它就是吕后专用的皇后之玺呢？

当时，为了进一步对这件国宝进行分析，专家们跟着孔忠良来到了发现它的狼家沟，发现狼家沟的位置距离汉高祖刘邦与吕后合葬的长陵只有一千米。按照汉代的制度，皇后一般都与皇帝合葬。而且，在下葬之后，还要建立相应的祭祀建筑，正殿叫寝殿，一般举办隆重的祭祀；配殿叫便殿，一般举行小型的祭祀。寝殿和便殿内会放置他们生前使用过的物品，比如这件皇后之玺可能就放置在吕后的寝殿之内。可是，到了西汉末年，王莽篡位，改革失败，引发了农民战争，长安都被赤眉农民军攻破，当时高祖的长陵也遭到了冲击，可能就是在那个时期，吕后的寝殿遭到破坏，其中所藏的物品流失在外，掩埋在地下两千多年。在非常偶然的情况下，狼家沟的一场大雨将这件国宝冲刷了出来，它终于重见天日。2-27

2-27 汉高祖长陵及吕后陵航拍图

汉长陵是刘邦及其皇后吕雉同茔异穴的合葬陵园，位于陕西省咸阳市渭城区。陵园平面呈方形。南北长885米，东西宽816米。高祖陵位于西侧，吕后陵居东南，间距约280米。两陵形制略同，皆呈覆斗形。高祖陵底部东西长153米，南北宽135米；顶部东西长55米，南北宽35米；高32.8米。

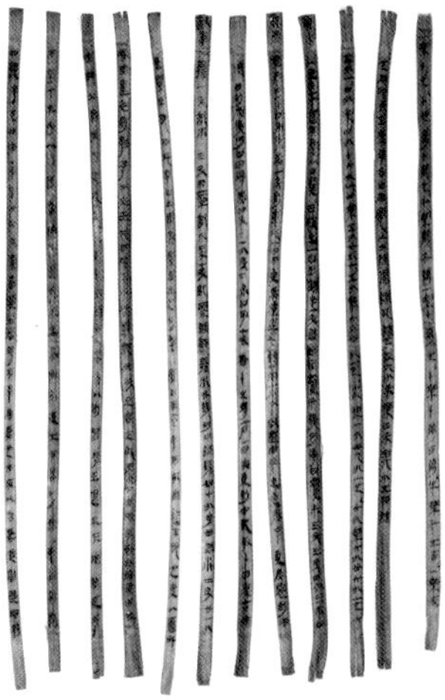

2-28 张家山汉简·西汉

荆州博物馆藏。张家山汉简是中国考古史上的重要发现，2366枚竹简内容主要有《二年律令》《奏谳书》《盖庐》《脉书》《引书》《算数书》等，内容非常丰富，是极其重要的历史文献，对研究西汉社会政治、经济、文化、思想、科学、技术等具有极高的价值。尤其是《二年律令》，为吕后二年的重要法律文献。

汉朝历代皇后都有玉玺，《汉旧仪》当中记载：“皇后玉玺，文与帝同。皇后之玺，金螭虎纽。”说明皇后玉玺的样式正是螭虎作为虎钮的形象，底部又正好是“皇后之玺”的字样。

吕后是皇后和皇太后，她是否使用过这枚皇后之玺呢？

西汉开国皇帝刘邦娶吕雉的时候已经年约四十，西汉建立的第八年，刘邦去世，吕后的儿子惠帝继位，她就开始以太后的身份临朝称制，是中国古代历史上第一个垂帘听政的皇太后。惠帝性格柔弱，身体又不好，所以，惠帝在位的七年与惠帝去世以后的八年时间，西汉的朝政大权都掌握在吕后的手中，这枚皇后之玺就是她发布各种诏令的玺印。

根据史书记载，吕后执政十五年，在统治阶级上层掀起了无数的腥风血雨。在她的主导下，韩信、彭越等功臣被杀；后宫中曾与她争宠的戚夫人被她施以残酷的“人彘”之刑；汉高祖刘邦的八个儿子，大部分都直接或间接地死于吕后之手；甚至在弥留之际，吕后还将军权与政权交给自己的侄子，试图让他们发动政变，夺取刘家的天下。在她死后，陈平、周勃等元老功臣联手镇压了吕家，迎立了文帝。2-28

尽管吕后执政时期社会上层血雨腥风不断，但整个汉朝的发展却十分平稳，朝廷政令清简，老百姓生活安稳，汉朝国力因此稳步上升。所以，在后人看来，这一方皇后之玺上的红色印文正像社会上层的杀戮，不过是疥癣小疾，无足轻重；而汉朝的发展，正如这白玉质地，占据主体，才是历史发展的主流。

第八讲 南越王墓角形玉杯：玉文化的南国呈现

1983年，位于广州的南越王墓出土了一件角形玉杯，被国家文物局列入《首批禁止出国（境）展览文物目录》。这件玉杯集高浮雕、浅浮雕、圆雕、阴线刻等诸多技法于一身，堪称汉玉中的绝品。

玉杯高18.4厘米，口径5.8—6.7厘米，口缘厚0.2厘米。青白玉质地，半透明。口部和底部有黄褐色斑块，侧面有铜沁。整器用一整块玉雕琢而成。口椭圆，腹内中空，打磨光滑，底部有管钻痕迹。口径从口缘向底部收束，直至杯底，再反折以高浮雕索形转折缠于器身。外壁布满纹饰，在连绵不断的云纹与涡纹之间有一身材修长的浅浮雕夔龙，似遨游于天空与大海之中。这件玉杯第一眼看上去似犀角或象牙制品（墓中也有5支象牙出土，可能来自非洲），实际上纯由美玉制成。2-29

2-29 角形玉杯·西汉

南越王博物院藏。1983年广东省广州市越秀区象岗山南越王墓出土。

角形玉杯出自南越王墓，墓地位于广州越秀山西边的象岗山上，在今解放北路西侧。这座山是风化的花岗岩形成，海拔49.71米。1983年6月，广东省政府有关单位在这里建宿舍楼，将象岗山削低17米，挖掘地基的时候发现了这座南越王墓。墓葬基本未被盗掘，出土金银器、铜器、铁器、陶器、玉器、琉璃器、漆木器、竹器等各种文物1000余件（套），其中玉器是大宗，共有244件，包括了礼仪、葬玉、装饰和日用四大类，数量多，品种全，工艺精美。玉璧共

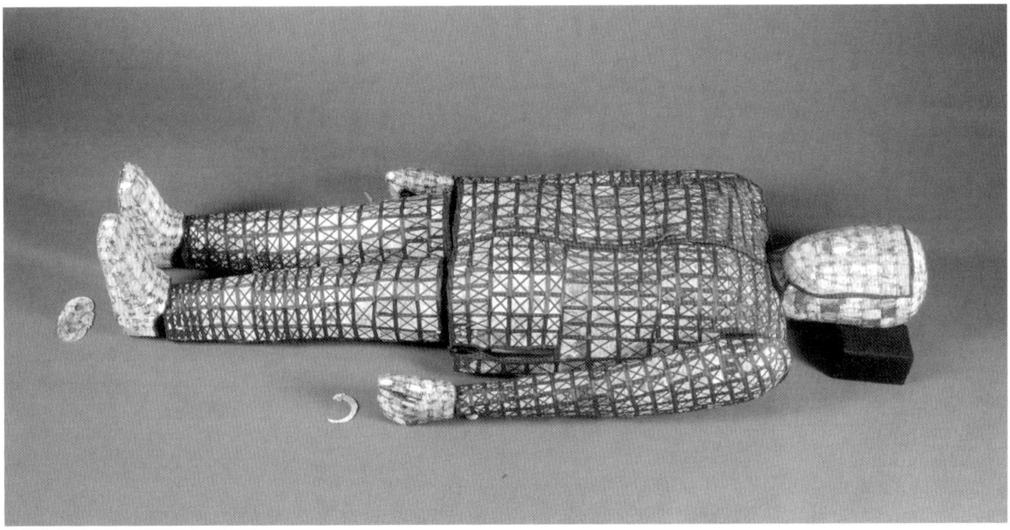

2-30　丝缕玉衣·西汉

南越王博物院藏。1983年广东省广州市越秀区象岗山南越王墓出土。长1.73米，共用了2291片玉，用丝线穿系和麻布粘贴编缀而成。这是我国迄今所见的年代最早的一套形制完备的玉衣，又是从未见于文献和考古发现的新品种，其上衣采用对襟形式也是一大特色。

有56件，样式十分繁多，说明墓主人对玉璧有特别的喜爱。这些玉器中可称为国宝的有多件，包括这件角形玉杯、一件直径达33.4厘米的大玉璧和墓主人所穿的丝缕玉衣，该衣是目前所发现的唯一一件完整的丝缕玉衣。2-30

这座墓葬的发现十分偶然。象岗山与越秀山的主峰越井岗有一段山梁相连，形似大象，所以叫象岗山。明代修建广州城北门的时候将这段山梁凿开，象岗山就成了孤立的小山岗。清代顺治年间由于在象岗山上修建拱卫广州城的拱极炮台，这里就被划为军事禁区，一直到20世纪70年代因兴建公寓楼和大酒店才解禁。

根据史书的记载，从三国时期开始，就有很多盗墓贼在广州的越秀山、白云山以及其他山岭寻找南越王墓，甚至在日寇侵华时期，日本人也曾寻找过，但都没有找到。据说，吴国孙权当政时期，听说南越王的墓葬十分奢华，陪葬有许多珍宝，便调动数千人的军队去寻找此座南越王墓，可一直没能找到，最终只找到第三代南越王赵婴齐的墓，得了一些玉玺、金印、铜剑等物品。孙权时期距离第一代南越王也就约三百年，但已经找不到南越王墓的踪迹了。三国两晋南北朝时期，盗墓风行，全国的汉墓绝大部分都被盗扰，南越王墓没有被盗，十分难得。2-31

1983年6月，工程队已经在象岗山施工了三年，将山岗挖低了17米，过程还算顺利。这17米山岗里其实也有墓葬发现，从汉代、晋代一直到明代都有，但主要是一些普通的墓葬。到6月8日下午4点多的时候，工程队挖到了一排十分平整的大石板，很大很重，铁锹无法撬开，这个时候大家就意识到，很有可能又有古墓，便马上请考古人员前来考察，证实这些大石板下面不仅有一座古墓，而且是一座保存完好、级别较高的大墓。

2-31 兽首衔环璧玉饰·西汉

南越王博物院藏。1983年广东省广州市越秀区象岗山南越王墓出土。长16.7厘米，宽13.8厘米。青玉质，通体浸蚀呈鸡骨白色。整体由一兽首和一谷纹璧组成，整玉石雕出。兽首近方形，类似铺首；左侧透雕一螭虎，右侧无，形成不对称的布局。兽鼻出长方形銎，璧的上端相应琢出方孔，与銎相衔接，可左右摆动。全器采用镂空、浅浮雕、线雕三种技法，线纹流畅，镂刻精细。

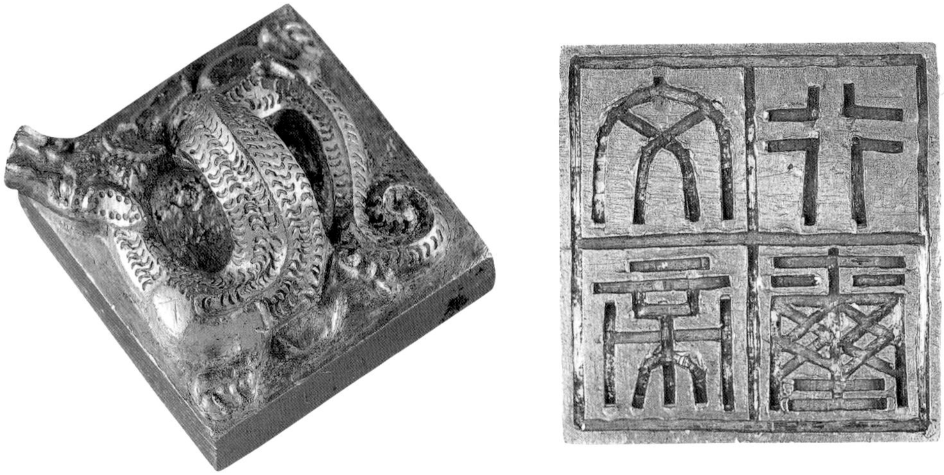

2-32 『文帝行玺』金玺·西汉

南越王博物院藏。1983年广东省广州市越秀区象岗山南越王墓出土。通高1.8厘米，印台长3.1厘米，宽3厘米。金玺出土时位于墓主胸部位置。整体为方形，龙纽。印面上有田字界格，阴刻小篆『文帝行玺』四字。印纽为一游龙，盘曲成『S』形，龙首伸出一角，龙鳞及爪是印玺铸成之后刻的。根据印玺上的碰撞疤痕和划伤，可知此玺是墓主人生前的实用物。

这座墓葬是岭南地区发现的规模最大、出土文物最丰富、墓主人身份规格最高的一座汉墓，堪称地下宝库。以这座墓葬为中心，广州市建立起了南越王博物馆，1988年正式对外开放。

这座古墓的墓主人是第二代南越王赵眛，因为墓中有直接证明他身份的物品，一件金印、一件玉印。金印的印文是“文帝行玺”，玉印的印文就是“赵眛”。这个“文帝”即赵眛。2-32

南越国是秦汉时期华南地区的一个越族王国。第一代南越王叫赵佗。赵佗本来是秦朝的将领。秦朝建立后，曾经派遣50万大军征讨东南方向的越族，为此还专门修建了灵渠，将珠江流域与长江流域联结起来，便于军粮补给的运输。由于赵佗立有战功，在秦二世继位后，被任命为南海郡的郡尉。但很快秦朝就灭亡了，中原地区先后经历了秦末起义与楚汉战争，赵佗作为南海郡的最高军政长官，下令军队扼守交通要道，阻截中原地区的军事力量，同时将岭南地区的秦朝官员杀掉，替换为自己的亲信。2-33

2-33　2-34

2-33　『泰子』金印·西汉

南越王博物院藏。1983年广东省广州市越秀区象岗山南越王墓出土。高1.5厘米，印台长2.6厘米，宽2.4厘米。印为方形，龟纽，印文小篆『泰子』二字，有边栏和竖界，文道较深。此印属于先铸后刻，铸作工艺比『文帝行玺』更为精致。

2-34　龙纹玉璧·西汉

南越王博物院藏。1983年广东省广州市越秀区象岗山南越王墓出土。直径33.4厘米。青玉质，局部有白色沁斑。外区刻七组双身龙纹，中区为涡纹，内区刻三组双神龙纹，并有三组双勾的葫芦形纹隔栏。三区纹饰及内沿之间均用绚纹作隔带，外沿则为单线弦纹。

刘邦建立西汉以后，由于连年战争，国力疲弱，无力进军华南，赵佗趁机起兵兼并桂林郡与象郡，建立了以番禺（今广州）为中心的南越国。高祖十一年（前196），刘邦派遣陆贾出使南越国，劝说赵佗接受了汉朝赐予的南越王印绶，南越成为汉朝的一个藩属国。

南越国从赵佗开始，一直到武帝中期被汉朝所灭，一共传了五代。南越王墓的墓主人赵眛是第二代南越王、赵佗的孙子。他继位后自称南越文帝，所以有“文帝行玺”金印。他在位时间不长，只有十五年时间。刚继位的时候还遭到北方的闽越国攻击，只好派遣使者向汉武帝求救。汉朝立刻派遣军队攻打闽越国，并派遣使者召见赵眛。但赵眛不敢去京城，以身体有病为由，派太子赵婴齐去汉武帝身边做侍卫。2-34

南越王墓出土的这件角形玉杯的外形类似牛角、犀角或象牙，符合汉代华南地区人们在日常生活中饮器的样式，但材质却是白玉，杯身上浮雕的云纹、夔龙纹等则是中原地区玉器文化的反映，因此，它是汉代中原文明传播到华南地区的物证，是汉代大一统的象征。

第九讲 白玉龙纹鲜卑头：民族融合的见证

白玉龙纹鲜卑头是上海博物馆所藏的一件传世玉器，虽略有残损，但质地上佳、工艺精湛，镂雕的龙纹更是雄浑矫健，栩栩如生，堪称魏晋南北朝玉器中的稀世珍品。经专家研究证明，这件玉器是这一时期民族大融合的绝佳实物见证。

这件器物不大，长9.5厘米，宽6.5厘米，整件器物是用一块玉料雕琢而成，外部三面有框，内部则镂雕了一条身姿矫健的神龙，龙头、龙爪甚至龙身上的细小鳞片都清晰可见，工艺水平极高。

这件玉器其实已经有所缺损。玉器上有不少的孔，可以分为三种：外围三个边框上有一些穿透的孔，这是为了将这件玉器固定在革带衬上，比如可以使用金银丝穿缀；龙身上还有不少的小孔，共24个，但并不穿透；龙身正中有一个较大的镶嵌孔，这24个小孔和1个大孔原本镶嵌有一些如绿松石、玛瑙、青金石、红宝石、绿宝石等颜色鲜艳的宝石，可惜在流传过程中，这些宝石早已脱落，但我们依然可以想象到这件玉器原本高贵华丽的外表。2-35

在玉器的背面两侧（龙头朝上）还有两行铭文。左侧的铭文共22字："将臣范许，奉车都尉臣程泾，令奉车都尉关内侯臣张余"。右侧铭文24字："庚午，御府造白玉衮带鲜卑头，其年十二月丙辰就，用工七百。"玉器上很少有铭文，特别是明清以前的玉器，除了用作玺印之外，几乎没有铭文存在。这件玉器有46字的铭文，极其少见。这46个字告诉我们，这件玉器是在某一年十二月丙辰这一天制作而成，一共使用了七百个工。一般来说，一个工就是一个工匠一天的劳动量，所以这件玉器如果只有一个工匠制作，可能需要大约两年的时间。这件玉器的制作机构是“御府”，可能是玉器制作工坊。2-36

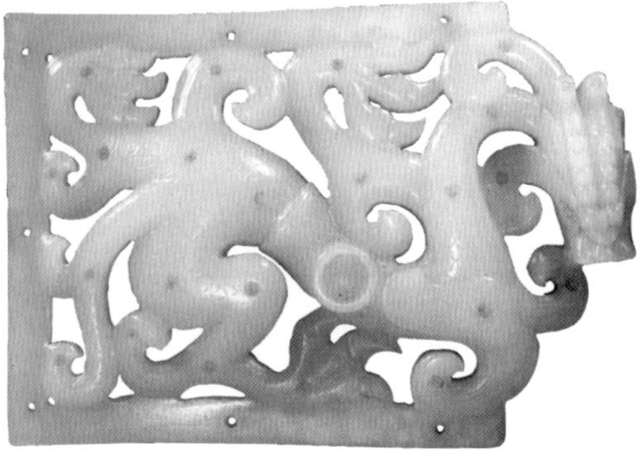

2-35 白玉龙纹鲜卑头·南朝

一看到铭文我们就知道，这件玉器名称中的“鲜卑头”就是来自于此。魏晋南北朝时期，鲜卑人进入中原，建立了许多政权，同时将自己民族的一些风俗、特色用品带入中原，鲜卑头就是鲜卑人腰带上的一个部件，在传入中原后，得到了中原地区贵族的认可，进而被用到中原地区的装束“衮带”中。

重要的是，铭文中的官职名称给我们提供了信息。从汉代一直到魏晋南北朝时期，只有晋代的官制中设置有“銮仪卫事”，一般由重要的王公大臣兼管，官职名称为“督摄卤簿典兵中郎将”，其属员包括“銮仪使”两人，称为奉车都尉，奉车都尉之下还有“车府令”一职，正好与铭文中“将”“尉”“令”的排列一致。所以，有专家指出，这件玉器上的铭文也有残缺，官名没有完整地表达出来，比如范许，他的官名应该就是“督摄卤簿典兵中郎将”，程泾的官名是奉车都尉，而张余的官名应该是“车府令奉车都尉”，在他们的名字前面都有“臣”这个字，表明他们监工制作这件玉器的目的是进献给皇室，甚至很有可能是直接进献给皇帝本人使用的。

晋代的纪年中，“庚午”十二月逢“丙辰”日的只有两年，一是西晋怀帝司马炽永嘉四年（310），一是东晋废帝司马奕太和五年（370）。不过，西晋皇室非常排斥鲜卑族，所以，这件器物可能是东晋时期太和五年（370）制作而成。据记载，东晋明帝的母亲具有鲜卑族的血统，所以，东晋皇室使用一些鲜卑族的东西就不奇怪了，这正是魏晋南北朝时期民族大融合的产物。

庚午御府造白玉衮帶鮮卑頭其年十二月丙辰就用工七百

将臣范許奉車都尉臣程涇令奉車都尉關内侯臣張餘

第十讲〇 唐哀帝即位玉册：辉煌大唐的最后岁月

1989年11月，中国社会科学院考古研究所洛阳唐城工作队在某基建工程中发现了一些玉册片，册文较为清晰。经专家比对，这些玉册片是唐朝的末代皇帝唐哀帝的即位玉册。然而，光鲜亮丽的玉册却见证了唐哀帝悲哀而短暂的一生，更见证了大唐皇朝无法挽回的衰亡。

这些玉册片总共只有6根，而且残缺不全。质地也不太好，是汉白玉。6根玉片长28.5厘米，宽2.7—3.1厘米，厚1.2—1.4厘米。两端各有一个小圆孔，孔径0.5厘米，可以穿绳编缀起来。文字都是阴刻在玉册片上，然后再填上金粉。现在金粉已经基本上没有了。6根玉册片上面的文字是“十五日丙午”“百年重熙”“祖业克绍”“令誉播于区宇比”“宝图光践”“夏文德以□□戈”。2-37

实际上，史书（《唐大诏令集》和《全唐文》）中有唐哀帝即位册文的完全版，册文是这样的：“维天祐元年，岁次甲子，八月壬辰朔，十五日丙午（景午），皇后若曰：高祖太宗，拨乱返正，奄有天下，垂三百年。重熙累圣，莫不功光祖业，克绍丕图。予遭家不造，变起宫奚。虽号恸期至于终天，而负荷实先于立嗣。咨尔皇太子监国事，天资岐嶷，神授英明。孝比东平之苍，学富陈留之植。恭谦守政，和顺称仁。友爱闻于弟兄，令誉播于区宇。比则隆元帅，深畅戎机。今乃位储宫，益归群望。是用爰循旧典，上纂鸿基，既允集于天人，当钦承于宗社，宜即皇帝位。于戏！万机不可以久旷，四海不可以乏君，膺绍宝图，光

2-37 唐哀帝即位玉册·唐

中国社会科学院考古研究所洛阳工作站藏。1989年河南省洛阳市隋唐洛阳城遗址出土。

践皇阼。节俭以励戎夏，文德以戢干戈。无怠无荒，克慈克悌。永保厥躬，用扬祖宗之丕绢休命，可不敬哉！”

这个完整版的册文追述了唐朝历代皇帝的功业，又赞扬了唐哀帝这个皇太子的高尚品德，宣布由他来继承皇位，并勉励他勤俭用功，将祖先的功业发扬光大。

两者对比，出土的册文只有29字，而册文的完全版有200余字，所以，完整的玉册应该相当于出土玉册的大约7倍，可能有40多根。这6根玉册片也不是前后衔接的，完全是断简残篇，“百年”与“重熙”、“祖业”与“克绍”、“宇”与“比”、“宝图”与“光践”、“夏”与“文德”之间都是要断句的。

这6根玉册片是在唐代洛阳宫城的南部、应天门中轴线的西侧发现的，这个地点大致相当于今天洛阳的定鼎南路与中州路相交的西侧。这个出土地点和出土情况给我们带来两个疑问：第一，唐朝的都城应该是在长安，为什么哀帝的即位玉册会在洛阳发现？第二，完整的玉册当有40多根玉片，怎么就剩下了6根？

这两个疑问还是得从玄宗时期的安史之乱说起。安史之乱使得强大的唐朝一下子衰落下来，尤其是地方上的节度使不断坐大，不听从朝廷调遣。玄宗以后，唐朝的皇帝们基本都是在与地方藩镇的斗争中度过的。唐昭宗和唐哀帝在位的时期，已经是黄巢起义之后了，唐朝的国势更加不堪，不仅地方上有节度使叛乱，而且朝中的宦官势力也比较大，经常和以宰相为首的外臣争权夺利，这些人又各自联络地方节度使作为支援，整个官场乱成一锅粥。2-38

唐昭宗李晔就是在宦官杨复恭的帮助下继位的，但即位后杨复恭试图专权，让昭宗很不满。昭宗在宰相刘崇望和一些节度使的帮助下击败了杨复恭的势力，使得宫中宦官势力遭到了严重打击。不过，在镇压宦官势力的过程中，地方节度使势力再次大增，尤其是以李克用和朱温的势力最大。昭宗试图镇压李克用，结果反而打了败仗，被囚禁了三年时间。后来，朱温将

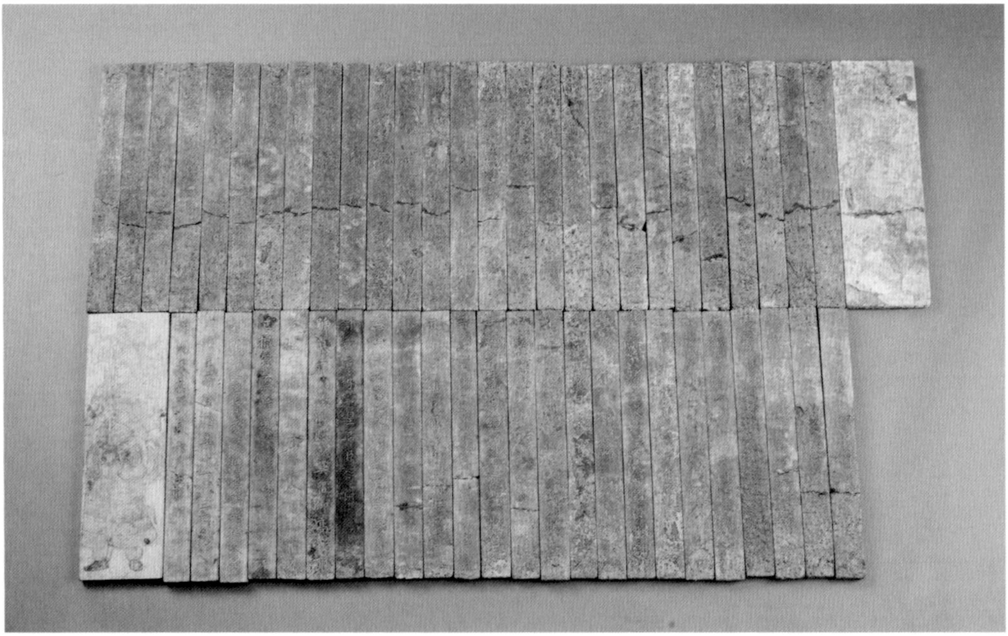

2-38 王建玉哀册·五代

成都永陵博物馆藏。1942—1943年四川省成都市西郊王建永陵出土。哀册各简均为竖长形，文简共51简，前后折褾各一；长33厘米，宽3.5厘米，厚1.9厘米，前后折褾宽10.6厘米，在每简的上下两端约1.7厘米处。

哀子嗣皇帝臣衍
大行皇帝

昭宗抢了回来，拥立昭宗复位，并在904年3月迁都洛阳。五个月后，朱温为了避免昭宗被其他节度使“挟天子以令诸侯”，派人冲入宫中，杀死了昭宗，当时昭宗只有三十八岁。

哀帝是昭宗的第九个儿子，原名叫李祚，他父亲去世的时候只有十三岁，被朱温立为皇帝后改名李柷。玉册上的天祐这个年号本来是他父亲昭宗的年号，他即位之后应该立一个新的年号。但是，这个时候朱温掌握了朝政大权，连皇帝都是他拥立的，朱温没有改年号的意思，所以，玉册上就沿用了昭宗时期的年号。

为什么朱温不改年号呢？因为他想篡位。

朱温本来是黄巢起义军中的一员干将，但后来投降了唐朝，反过来镇压黄巢起义有功，被唐僖宗赐名朱全忠，任命为宣武军节度使、梁王。昭宗时期，他和李克用成为地方节度使中最大的两股势力，并最终将昭宗挟持在手中，杀了昭宗，改立哀帝。拥立哀帝之后，朱温给自己加封相国，总揽一切大权，又改封魏王，官职非常之多，包括兵马元帅、太尉、中书令以及宣武、宣义、天平、护国等军节度使等，而且还仿效前朝，弄了“入朝不趋，剑履上殿，赞拜不名，兼备九锡之命”之名。其实到了这个份儿上，朱温篡位的心思已经昭然若揭了。特别是“九锡”之礼，几乎就是篡位的标志，曹操、司马昭、刘裕、杨坚、李渊等，在篡位建立新的朝代之前，个个都享受“九锡”之礼。

果然，到了907年，朱温就借着哀帝的名义下了一道禅位诏书，宣布将帝位禅让给朱温，建立了五代时期第一个政权梁，辉煌数百年的唐朝就这么宣布灭亡。唐哀帝被降封为济阴王，软禁到了曹州（今山东菏泽），但朱温仍然不放心，便在908年2月派人赶赴曹州毒死了哀帝，这位可怜的哀帝当时只有十七岁。

哀帝即位的几年时期，都城其实就在洛阳。但朱温篡位建立后梁之后，都城改到了开封，洛阳遭受兵祸，前朝皇帝的即位玉册不受重视，因而遭到了损伤，就剩下这六片玉册。

第十一讲 渎山大玉海：忽必烈与乾隆的隔空接力

渎山大玉海是元世祖忽必烈在位时制作出来的国之重器，是中国古代玉器史上第一件超大型的玉器。八百年来，渎山大玉海几经战乱，时隐时现，直至碰到乾隆皇帝才得到了较好的修缮和保护，使得我们今天能够一睹这件国宝的真面目。

渎山大玉海高70厘米，周长493厘米，口径135—182厘米，膛深55厘米，重约3500千克，可储酒30余石（约3600斤）。外形是椭圆形玉瓮，内部中空，瓮体外部周身浮雕，形似波涛汹涌的大海。在这惊涛骇浪中有许多海兽浮现，据专家统计，有龙、海马、海猪、海鹿、海犀、海鱼、海螺、海豚、海兔、翼鱼、螭虎、飞马等13种。从结构来看，龙是主要海兽，形体最大，螭、马是第二层次，其他海兽是第三层次，表现了皇权至上的观念。2-39

渎山大玉海的命名与它的功用有关。海是最大的水源，所谓百川归海也是这个意思。酒也是液体，古人为了形容装酒的量大，便将酒桶、酒缸之类的容器叫作海：如果是木制的，就叫木酒海；如果是玉质的容器，自然就叫作玉海。这件大玉海能够容纳30多石酒（古代一石是120斤，30多石相当于3600多斤），容量相当大了。它是中国古代玉器史上第一件超大型的玉器，甚至能够与后来清代的一些超大型玉器相媲美。

再说渎山。渎山其实是指这件玉器的质地，有两种说法：第一种说法，渎山指四川的岷山，所以它的质地是岷山玉。据说，最早提出这个看法的是乾隆皇帝。他得了这件玉器后，查了不少资料，发现《元史》对国外的记载没有“渎山”这个名称，但在《汉书》中发现“渎山乃蜀之岷山，不闻产玉也”的记载。今天的玉器专家周南泉先生认同这个看法，因为《太平御览》中有“西蜀产黑玉”的记载，而且，岷山山脉本来就是昆仑山脉的一支，昆仑山脉在新疆、青海、甘肃、西藏等地的其他支脉都产玉，岷山也产玉，具体地点在今天的四川都江堰（灌县玉）。但这个可能性不太大，因为这么大块的玉料，从四川运到北京，在元代这个时候，难度是极高的，几乎没什么可能性。第二种说法，渎山是指今天河南南阳的独山，这里出产的著名的独山玉（又称南阳玉），是我国传统四大名玉之一。这个可能性更大，因为玉石专家们进行过多次鉴定，特别是2004年，在人民大会堂举办的中华宝玉石文化高层论坛上，20多名玉器专家经过比对，确认它的玉质就是南阳的独山玉。而且，从运输的角度来说，从河南到北京就方便多了。独山玉名闻遐迩，矿藏丰富，今天仍在大量开采，元代开采出一块3.5吨重的玉料并不算太奇怪。2-40

2-39 渎山大玉海·元

2-40 独山玉摆件及玉料

既然此玉材质是独山玉，为什么被叫“渎山”？这可能与它的位置有关。“渎”是古代对江河的一种称呼，中国古代最有名的山川就是五岳四渎。元代制作出这件玉器后，放在了广寒殿，广寒殿在万岁山，但在金代，万岁山叫作琼华岛［至元八

2-39 年（1271）改名］，今天这里也叫琼华岛，就在北海公园的正中
2-40 央，四面环水，就像在“四渎”之中一样。清代乾隆皇帝时期，
这件玉器才移到了今天的团城承光殿前。

渎山大玉海的制作与元世祖忽必烈有关。1259年9月，蒙哥大汗在钓鱼城之战中去世，次年，忽必烈即位。又两年后（1262），忽必烈在燕京（今北京，金代中都）的琼华岛修建了广寒殿。可能就是在此时，忽必烈命人制作了这件渎山大玉海。因为蒙古人喜爱喝酒，有在宫殿中设置大酒瓮的传统，有专家指出，今天的白酒可能最初就是在元代从蒙古传入中原的。据记载，“至元二年（1265）十二月，渎山大玉海成，敕置广寒殿”。此时，忽必烈继位不久，正处于意气风发、大展宏图之时，大蒙古国也正在欧亚大陆的广袤大地上不断开疆拓土，可以想象，在广寒殿中用这件渎山大玉海储酒招待蒙古诸王、各地臣子，能够将忽必烈九五之尊的地位展露无遗。2-41

元朝灭亡后，北京城（大都）被明朝攻破，渎山大玉海在战火中遭到损伤，应该是遭到了火烧，但基本保持完整。明万历七年（1579），神宗朱翊钧下令拆除广寒殿，可能就是在此时，外表被烧得漆黑的渎山大玉海流落在外，音讯杳然。

清代早期著名诗人查慎行记载说：“西华门外西南一里许，明朝御用监在焉。又南数十步，为真武殿，殿前老桧一株，下有元时玉酒海。”（《敬业堂诗集》），可见，清代初期它流落在西华门外的真武殿前，但那时候人们已经不识其庐山真面目了。它当时也不是闲置着，而是神奇地变成了咸菜缸，与查慎行几乎同时代的高士奇（1645—1704）记载说：“今在西华门外真武庙中道人作菜瓮。”即真武庙的道士们用它来腌咸菜。

到了清代乾隆皇帝的时期，关于渎山大玉海的记载被他挖掘出来了。他为了找这件玉器颇费了一番功夫，据记载：“本朝乾隆十年，敕以千金易之移置承光殿。御制玉瓮歌，并命内

廷翰林等分赋镌勒楹柱。十六年，重修庙，别制石钵，以存旧名。”这段话告诉我们，乾隆皇帝找到渎山大玉海以后，花了一千金买过来，并挪到了今天团城这个位置。而且，他还召集当时最有学问的翰林们一起撰写诗赋刻在上面。今天的渎山大玉海被封在了玉瓮亭里，一般人看不到内部的情况，但其实里面确实刻写了乾隆皇帝的两首诗和一篇序。2-42

像乾隆皇帝这样的“玉痴”，面对渎山大玉海这样的传世国宝，光是写诗作赋来歌颂它还不够，总共还对它修缮了四次：第一次是乾隆十一年（1746）刚赎回时，刮去了表面的苔藓杂质；第二次是乾隆十三年（1748），对大玉海表面进行打磨；第三次是乾隆十四年（1749），雕琢修复纹饰上的细节；第四次是乾隆十八年（1753），按照小玉瓮上的龙纹来雕琢大玉海，而且还派遣专门的官员盯着，特别上心。

小玉瓮是什么呢？原来，渎山大玉海在元朝制作完成后，配有一个双层底座，几经辗转后，这个底座和大玉海分开了，

2-41 | 2-42

2-42 渎山大玉海与原配石座复合效果图

2-41 元世祖半身像·元·无款

台北故宫博物院藏。纵59.2厘米，横47.4厘米。

大玉海去了玉瓮亭，双层底座留在了真武庙（后来叫玉钵庵，因大玉海而改名）。乾隆十六年（1751）重修玉钵庵，给大玉海配了一个汉白玉的云水座，同时又仿造大玉海做了一个汉白玉石钵，这个仿品就放在了玉钵庵那个原配的双层底座上，称为小玉瓮。

后来，八国联军攻入北京，承光殿里的白玉佛还因此被砍断一只手臂，但大玉海可能因器型太大、看着不起眼而幸免于难了。

第十二讲 “大禹治水图”玉山：绝世珍品盛世造

中国古代玉器的发展在清代乾隆皇帝在位时期到达了最高峰，现藏于北京故宫乐寿堂的“大禹治水图”玉山即是最主要的代表。这件玉山是中国古代玉器史上最大的玉器，重量超过5吨，耗时超过10年。它不仅是清代琢玉工艺最杰出的代表，也是乾隆皇帝对自身“十全武功”进行夸耀的实物见证。

大禹治水图玉山高2.24米，宽0.96米，错金（嵌金丝）铜座高0.6米，据清宫档案记载，其重量为9000斤，约相当于今天的5300千克。2-43

玉山是玉山子的简称，是陈设玉器的一种，一般摆放在房间中（如书房、客厅等）起装饰空间的作用。这类玉器很早就有，但真正到达高峰是在清代。中国古代的玉器一般都不太大，主要是作为佩饰品，也可能与玉材的大小有关。到了乾隆皇帝时期，从乾隆二十三年（1758）平定准噶尔部叛乱之后，朝廷便在新疆和田地区设立专门的采玉机构，每年都有大量的玉材玉料被输送到中东部地区，大块玉料更是不少。像这件玉山重5300千克，其实是制作完工以后的重量，原重量更是难以想象。乾隆时期制作了许多大型的玉雕作品，大多数都是玉山子，如“会昌九老图”玉山、“秋山行旅图”玉山等，都是超大型的玉器，“大禹治水图”玉山是乾隆时期最后、最大的一件超大型玉器。体量不大的玉山子可以摆放在书桌上，但像“大禹治水图”玉山这样的超大型玉器就只能摆放在地面上了，当然，下面加了一座嵌了金丝的铜座。2-44

2-43 | 2-44

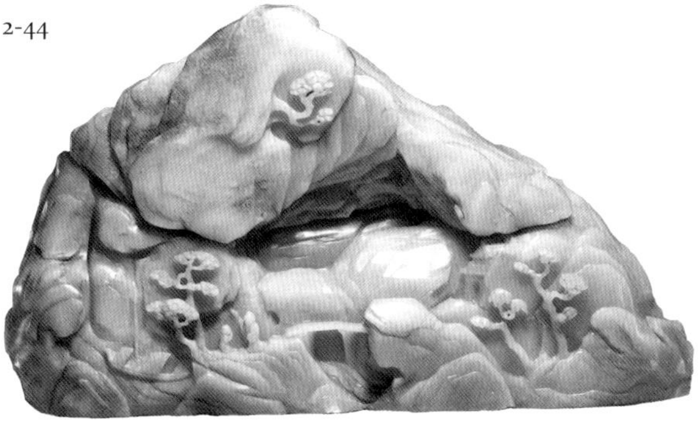

2-44 **玉山子·清乾隆**
台北故宫博物院藏。长43.2厘米，高23.5厘米。玉质，带赭斑。正面雕层层山岩，寺宇坐落山中，三人正前往之；背面琢小桥、流水，一舟停在岸边，高士与侍童对谈。正面刻一首乾隆皇帝御制诗，题为《御制灵谷寺诗》。

2-43 **『大禹治水图』玉山·清乾隆**
故宫博物院藏。

这座玉山上有山石、草木、人物、动物等许多元素，描绘的是古代神话传说中大禹开山治水的故事，最上方有神仙带领神怪帮助大禹开山，往下有人在放火烧山，动物纷纷逃亡；有人在地上凿出缝隙，有人用杠杆铁锤撬开石缝，有人扛着工具在爬山，有人推着车子在运输，甚至还有人在悬崖间吊着铁球敲击山壁，据统计，雕刻的人物总共53人。

这个气势恢宏的场面所描绘的大禹治水的神话传说，是工匠根据一幅《大禹治水图》雕琢出来的。在乾隆时期，宫中藏有一幅《大禹治水图》的画轴，作者和年代不太清楚，可能是唐代或宋代的画家绘制出来的。乾隆皇帝在位时间很长，他一生确实干了不少事情，晚年的时候他还作了个总结，将一生的所谓功绩归纳为“十全武功”。而且，他特别喜欢玉器，可以说是中国古代历史上最痴迷玉器的皇帝了。他恰巧在晚年的时候得了这么一大块玉料，心里十分高兴，琢磨着用它来显示自己的“十全武功”。在中国古代神话中，“大禹治水”代代流传，大禹也因为治水被后人代代传颂，所以，乾隆就命人根据宫中所藏的《大禹治水图》来雕琢这块巨大的玉料，或许就是要显示自己无与伦比的功绩，好像自己能和大禹这样的圣人比肩。2-45

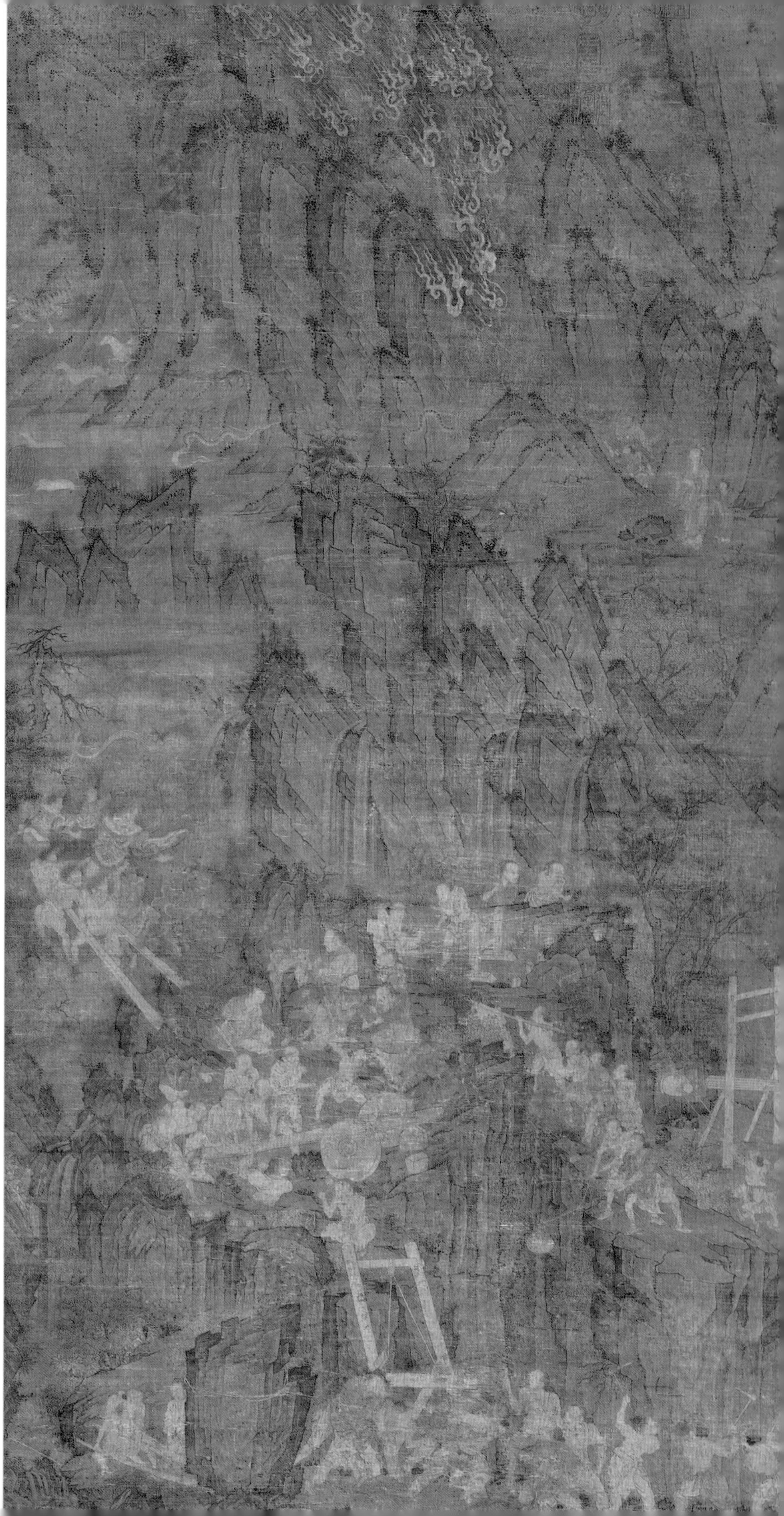

2-45 《大禹治水图》轴·唐·无款

台北故宫博物院藏。纵159.5厘米，横88.4厘米。

问题是，这么大的一块玉料，是从哪里开采出来的呢？又是如何制作成玉山的呢？

根据玉山上的铭文（即乾隆诗文），开采地点是密勒塔山，古代也叫作密山、密尔岱山，为昆仑山的一部分，大约在和田地区以南，这里因产玉久负盛名，历代都有在此地开采玉石的记载。乾隆二十三年（1758）平定准噶尔部叛乱以后，清朝在这里开采玉石的频率和数量大为增加，可能是因为乾隆本人爱玉，又第一次设立了正式的专职采玉机构。从这个时候开始，一些大型的玉料便开采出来输送到京师。

从清宫档案记载可以知道，密勒塔山采玉是受自然条件限制的，只有每年的7、8、9这三个月才能进山，其他时间的昆仑山过于寒冷，根本无法进行人工开采。大约在乾隆皇帝在位的中期，密勒塔山发现了一块完整的巨型玉料。大型玉料的搬运，要用粗绳捆住，再用大钉子固定住绳子，然后从山上将玉料滚下去，这样能延缓滚动的速度，避免玉料滚得太快而破碎。到了山下，再用特制的大车装上，一路运往京师。这种车的车轴据说长达十一二米，需要一百多匹马来拉，后面还需要上千名役夫来推。从和田地区到京师，一路逢山开路、遇水搭桥，冬天行走不便，还要在路上泼水使道路结冰，在冰面上运输，每天只能走五到八里路。有专家统计，不算意外因素的话，起码得有三年时间才能到达京师。

乾隆看到这块玉料以后应该是非常兴奋的，很快就确定雕琢“大禹治水图”。乾隆命宫廷画家参照宫中所藏的《大禹治水图》画出玉山的四面（正背左右），一共画了四张；然后命贾铨（也是宫廷画家）在玉料上描摹这四面，准备雕琢。描完以后，乾隆下令将这块大料送往扬州雕琢。为什么送到扬州，而不是直接在宫中雕琢呢？估计是因为宫中玉匠的水平不够，没有制作如此大型玉器的经验，而扬州从隋唐时期开始就是全国的手工业中心，云集了各方面的手工业工匠，就连宫中的许多工匠都是从扬州、苏州等地调过去的。

送到扬州就方便多了，可以走水路，非常快。但扬州那边觉得仅有图样还是不太好下手，所以，乾隆又命人制作了《大禹治水图》的蜡样送往扬州，还要求根据玉料底部的形状制作一个铜的底座。可是扬州不比北京，天气较热，恐怕蜡样融化，又命人制作了一个木样送往扬州。扬州工匠根据图纸、蜡样、木样等，从乾隆四十六年（1781）九月（水路约花费三月）开始制作，一直到乾隆五十二年（1787）六月才完成，然后八月十六日运抵北京。

到了北京以后，乾隆命宫中造办处玉匠朱泰等进行后期加工，最重要的一项就是将自己的诗文刻上去。正面山石上刻“五福五代堂古稀天子宝”方印，左有“天恩八旬”圆印，背面上方刻“古稀天子”圆印（此时乾隆已经七十六岁，确实已过古稀之年），正中琢隶书“密勒塔山玉大禹治水图”，下镌刻乾隆戊申年题诗《题密勒塔山玉大禹治水图》。乾隆皇帝一生写了800多首跟玉相关的诗文，大多数都在他的诗文集中能看到，包括这首。

玉器做好后，乾隆命内务府大臣舒文等人找地方安置。他们找来找去，初选了乾清宫西暖阁、宁寿宫冬暖阁、乐寿堂正间、颐和轩西次间四个地方，最终乾隆选定了乐寿堂。这里位于紫禁城东北角，是他后来主动退位做太上皇的居所。不过，乐寿堂位于东北区域的中轴线上，地位很重要，后来慈禧太后也在这里住过。这座玉山从此一直放置在乐寿堂，陪伴了乾隆最后的岁月，也让我们今天能够原样看到乾隆时期的摆放情景。

此玉山从设计、制作到最后安放在乐寿堂，一共花了八年时间（从乾隆四十六年到五十三年），再加上从密勒塔山运输到京城，其实所耗费的时间超过了十年，至于钱财、人力等更是不计其数。

Jade Culture
and
Chinese Civilization

·第三章·

玉联神州

从北器南传
到西材东输

近年来，黑龙江饶河县小南山遗址的考古发现为古代玉器的起源提供了新的思路。在此之前，红山文化区域范围内的兴隆洼遗址、查海遗址等一度被认为是成熟玉器的最早出土地点，玉器的起源因而也被认为是距今约8000年前。但小南山遗址的发现推翻了这一看法。这里更偏向北方，出土的玉器有玉玦、玉环等各种小型玉饰，特别是数量最多的玉玦，在所有玉饰中相对器形较大，且比较规整，显得相当成熟。1991年发现的一对精美玉玦，直径9厘米，可以说是小南山遗址玉器的代表。另外，根据玉器制作痕迹判断，小南山遗址已经有了比较成熟的砂绳切割技术，这说明此时代的人们已经有了比较规范的玉器制作工艺，可能有一个相对独立的玉器手工艺制作部门了。经测定，小南山遗址的时代距今约9000年，从而将玉器出现的最早时期往前推了约1000年。3-1

相对于兴隆洼遗址、查海遗址等前红山文化区域的玉器，小南山遗址时代更早，地理位置更偏北，且玉器的种类又有一定程度的相似性，玉玦即是其中的代表，这似乎显示出了一

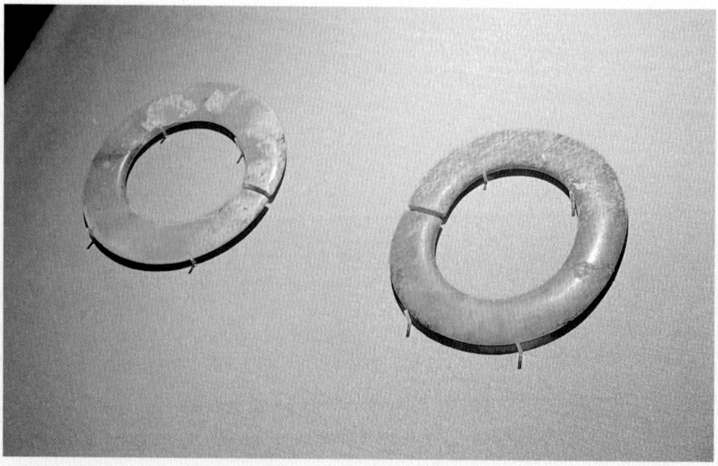

3-1　小南山遗址出土玉玦

黑龙江省博物馆藏。1991年黑龙江饶河县小南山遗址出土。

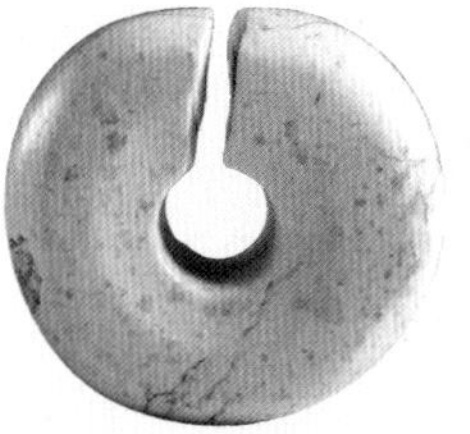

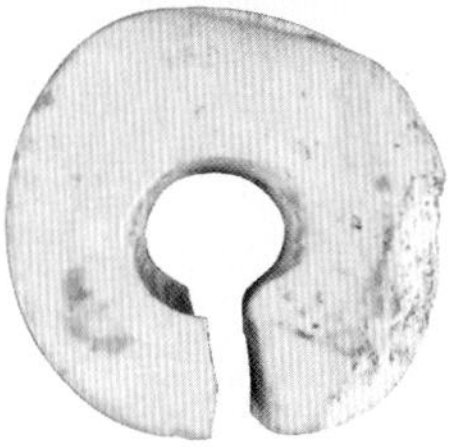

条隐隐约约的玉器传播路线，即从东北偏北的乌苏里江流域起源，沿着乌苏里江等流域向南、西南到达红山文化区域，经兴隆洼文化发展到红山文化，形成异常繁盛的以玉器为特色的红山时代。3-2 红山文化玉器的内部繁盛不仅向周围辐射，更向外部输出，向南越过游牧与农耕文明的分界线，推动了山东半岛大汶口文化、龙山文化在玉器上的发展，并沿着黄河流域向西、向上游扩张，黄河中上游的陶寺文化、石峁文化、齐家文化等均具有相当不错的玉器特色；此外，红山文化与龙山文化玉器又持续南传至江淮流域的凌家滩文化、长江中游的石家河文化、太湖流域的良渚文化，使得这三个考古学文化都呈现出惊人的玉器特色。3-3 它们彼此也互相影响，最终使得继承河姆渡文化、马家浜文化、崧泽文化的良渚文化在外部兼蓄、内部拓展的双轨发展模式中将史前玉器文化发展到前所未有的巅峰，比之红山文化玉器有过之而无不及。3-4 当然，良渚文化玉器以其无与伦比的魅力呈现出了玉器惊人的社会功能，亦从未敝帚自珍，它在新的发展水平上继续推动玉器文化南传至珠

3-2
3-3
3-1 3-4

3-4 玉玦·马家浜文化

浙江省博物馆藏。直径3.2厘米。玉质纯净，厚度均衡。中孔对钻而成，对得较正，残留对接脊，外圈圆正，玦口切割平整。此件出于T101的第三层，一般认为T101是印纹陶文化时期的遗存，但从此件本身形制看，又似为马家浜文化遗存，玉玦的使用在马家浜文化时期最为盛行。

3-3 玉玦·良渚文化

浙江省博物馆藏。外径2.3厘米。玉料受沁呈鸡骨白。横断面不规则，双面对钻孔，由外缘向圆心方向线切割成缺口。

3-2 玉玦·兴隆洼文化

台北故宫博物院藏。外径3.5厘米。全沁为乳白色，仍保留点状青绿玉质。中孔周围有一圈浅宽槽，尚称平直的孔壁上还留有旋痕，以线切割法切开的缺口两侧，器壁略作凹凸对应，缺口表面留有弧形线切割痕。从考古数据推测，这种厚实小圆玉器可能直接穿过耳洞戴作耳饰。

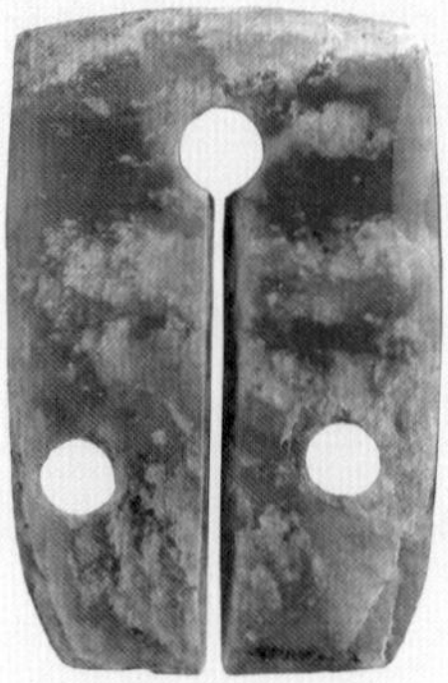

3-5 3-6

3-5 玉玦·卑南文化

中国台湾博物馆藏。本件方形玉耳饰于卑南遗址出土，属于新石器时代晚期卑南文化。玉色翠绿，玉质通透而润泽。为长方形玉片修整而成，玦口高，两侧偏下方各带一穿，为方形玦耳饰少见形制。

3-6 玉玦·河姆渡文化

浙江省博物馆藏。直径2.2厘米。断面椭圆形，双面钻，碾磨光亮。缺口处甚窄，尚未完全分离，可能是一件没有完成的作品。玦是一种耳饰，其上应有一道狭窄的缺口，用来夹住耳朵的耳垂，由此也可推测当时还没有穿耳洞之俗，耳饰还是夹佩在耳垂上的。

江流域乃至台湾地区，石峡文化、卑南文化即为代表。在这样的发展模式中，中国古代玉器在史前时期便已基本铺满中华大地，玉器文化已初具规模。3-5

需要说明的是，在玉器文化的传播过程中，山水因素可能需要综合考虑。史前人类不可能具有今天这样改造自然的能力，生存需求迫使他们对大江大河形成强烈的依赖性，所以，玉器文化的传播很难离开江河湖海；同时，由于远距离跋涉能力较差，制作玉器往往就地取材，在本地开山取玉可能是常态，尽管史前人类可能尚未形成区别玉材优劣的观念，仅仅处在别石选玉的粗糙阶段，但作为“石之美者”的玉材往往也多需采自山中，如良渚文化若无宜溧山脉可供取玉（尽管玉质较差），玉文化的发展可能就会受到一定限制。

另外，玉器文化的传播存在着器型传播的现象。不可否认的是，各区域文化遗址出土的玉器必然具有本地特色，如红山文化的玉龙、勾云形器，龙山文化的玉兵器、玉璇玑，凌家滩文化的八角星纹玉器，石家河文化的玉凤、玉人、玉虎，良渚文化的玉琮等，这是各区域本地文化的反映，是最初的中华大地文化多元性的典型特征。但总的来看，玉器文化的传播首先便体现在器型的传播上，其中又以玉玦最为突出。新石器时代的各考古学文化几乎都有玉玦出土，从小南山遗址传播开去，直至遍布全国，这种环形带缺口的玦形器几乎无处不见，可以说是北器南传的标志。3-6

不过，玉玦作为一种传遍中华大地的玉器器型，绝不是一成不变的，在不同流域的文化遗址中也具有了一些独特之处。比如红山文化有玉玦，但也有玦形龙、立柱形玦，石家河文化的核心谭家岭古城有连体双人玉玦，石峡文化有水晶玦，卑南文化有乳突形玦及大量玦形玉器，时代最晚，但却对玦形器作了最为多样化的创造。

在局部区域，器型传播的现象也存在。西辽河流域的红山文化玉器具有高度的相似性，这是红山玉器文化在内部普及的绝好证明。新近发现的凌家滩文化龙首形玉器造型奇特，但其龙首具有明显的红山玉龙特征，或许就是红山玉器南传至江淮地区的证明。高度发达的良渚玉器同样向四方辐射，特别是玉琮，同时向北、向南传播。在黄河流域，从上游的大汶口文化、龙山文化沿着黄河直趋西北，包括陶寺文化、石峁文化、齐家文化等在内，恰好处于红山和良渚之间，两者的影响也处处可见。处于长江中游的石家河文化玉器风貌独特，但玉人却具有明显的龙山文化特色，这是黄河、长江两大流域玉器交流的见证。

当然，器型的传播只是玉器文化交流的表层。各地在不断地将本地玉器文化推向高峰之时，对玉材的认识也在逐步加深，长时间的玉器制作使得玉匠们认识到，除了外观的颜色之外，要想成器，玉材的韧性和硬度要达到一定标准。在这个过程中，红山文化早已使用岫岩玉，仰韶文化亦开采了独山玉，或许已经开采殆尽的蓝田玉应该也早已用于制作玉器，传统四大名玉仅剩下位于西域地区的和田玉，偏偏其性质在所有玉材中最佳。

中国古代玉器何时使用和田玉尚存争议。齐家文化虽有地利之便，但在四五千年前恐怕仍旧只能就地取材，使用了青海玉、酒泉玉等地方玉材。最新的科技鉴定证明，出土大量商代玉器的妇好墓所使用的玉材虽属同一种玉材，有集中的来源，但仍旧不是和田玉。

在中国古代玉器史上，真正大量使用和田玉的或许是西周中期的周穆王。西晋武帝时期，汲郡（今河南卫辉）因盗墓发现了一批竹简，后整理出很多失传的文献，这其中包括《穆天子传》和《周穆王美人盛姬死事》两部书，合并成今天的《穆天子传》，记载了西周时期周穆王巡游天下会见西王母的故事。周穆王西游的故事在《左传》《史记》等文献典籍中均有记载，却不如《穆天子传》详细。西王母当然是神话人物，但周穆王作为周天子曾到西方巡游是有可能的，甚至还可能确实会见了居住于关中以西的方国部落首领，因此而演化为会见西王母的神话。从关中往西，越过河西走廊就能到达西域地区，距离虽然很远，但周穆王是否有可能在会见之时接受了西方部落首领赠送的礼物呢，这些礼物是否有可能包括和田玉呢，这种可能性当然存在。3-7

事实上，西周时期的出土玉器确实有明显的以周穆王为分界线的痕迹。周穆王之前的西周玉器主要延续商代风格，周穆王之后才形成了比较典型的西周风格。这一点再次提示我们，周穆王时期很有可能真的发生了引起玉器风格变化的事件，或许第一次大规模地使用和田玉就是这种事件。良好的玉材，再加上发展至西周时期的成熟玉器工艺，才能让今天的人们看到虢国墓地、晋侯墓地等西周时期墓葬出土的精美玉器。

或许正是因为周穆王时期曾经沟通西域地区，使得和田玉开始进入中原。到了春秋战国时期，和田玉的使用更上了一个台阶。尽管有“春秋五霸”“战国七雄”的兼并战争，总体政局动荡不安，但这并没有阻止和田玉这种优秀玉材的东进。事实上，西部的秦国在和田玉的使用上反而不如东方六国，足以说明玉器文化的高度发展对优质玉材的需求力度之大。3-8

▶ **3-7 《帝鉴图说》之周穆王八骏巡游·清·无款**

法国国家图书馆藏。据古籍记载，周穆王驾八骏巡游天下行程三万五千里，北边到过现今的蒙古一带，西边到过新疆以西的中亚细亚一带。

3-8 玉饰·西周

中国国家博物馆藏。1954年陕西长安普渡村长思墓出土。高7.2厘米，宽3.8厘米，厚0.4厘米。玉质呈青色，间有黑色沁斑。整器呈梯形，上刻一凤鸟；凤鸟作站立状，昂首挺胸，圆眼，钩喙，长尾随器势而卷曲、垂落，恰到自然；足踏云纹，补白适中。整器线条疏密得当，显示出制作者的匠心独具；图纹刻画流畅，线条刚劲有力。此器的雕琢，「勾」「彻」并用，即采用细阴线与斜坡式粗阴线相结合的技法以刻画同一主题，从而造成强烈的感光反差，愈显主题花纹轮廓清晰，突出了西周时期的雕刻特色。

到汉代，张骞“凿空”西域，汉宣帝在西域地区正式设立西域都护府，中原与西域之间形成了正式的通道，和田玉的东进便一发不可收，甚至越往后，东输的量越大，直至清代。

乾隆二十四年（1759），清廷平定了新疆大小和卓叛乱，维护了国家统一，当然也一举扫清了西域与中原之间的短暂的障碍。作为中国古代玉器的顶级爱好者，乾隆皇帝远比他之前的君主更重视和田玉，以至抛弃了他之前历代王朝依靠进贡获取和田玉的方针，直接派遣官员专职负责和田玉的捞取和开采。其间，他还在1778年以雷霆手段惩治了贪污玉石的高氏家族，花了大力气保证西材东输的质量。乾隆皇帝的这番功夫没有白费，今天故宫博物院中所藏的以“大禹治水图”玉山为代表的这些清宫玉器大部分都是乾隆时期的，大部分都是和田玉的材质，这无疑是西材东输到达巅峰的证明。

第十三讲 盘龙城大玉戈：商代南土的统治

1954年，武汉市发生了百年罕见的大洪水，波涛汹涌，情势危急，汉口北岸的张公堤甚至有了溃口的危险。在掘土防洪的过程中，人们在盘龙城李家嘴首先发现了青铜器。考古发掘随之展开，一座古城渐渐揭开了神秘的面纱。方圆4千米的遗址和为数众多的文物告诉人们，这座盘龙古城就是3500年前商代早期的大武汉。在众多出土文物中，这件大玉戈形制规整、器身修长，是武汉先民曾使用过的庄严礼器，堪为盘龙城文物的代表。

这件玉戈长94厘米，援宽13.5厘米，厚0.5厘米，整体呈黄色，有一些杂斑。戈的尖端朝一侧倾斜，柄部为长方形，整体长近1米，是同类玉器之冠，号称“玉戈之王”。要制作这样一件玉器，首先要有1米甚至更长的玉料，其次在切割、打磨过程中不能有丝毫损坏。玉石脆性较高，稍有不慎，便容易缺损或开裂，但这件玉器从头到尾极其规整，除了中间凸出的脊，其他地方都平整光滑，技术难度是很大的，这说明3500年前的盘龙城人已经具有了较高的制玉技术。3-9

戈在中国古代是一种兵器，盛行于夏商周三代时期，它的原型可能是原始社会时期用于农业生产的石镰等收割工具。戈在欧亚其他民族中都没有发现，确实是中华民族独特的自创兵器，而且是三代时期最常用的兵器，所以往往用“干戈”来指代战争，干就是盾牌，用于防守；戈用于进攻。戈在交战过程中可以横击、啄刺，也可以向后勾拉切割，在战争中起着关键的作

3-9　3-10 | 3-11

3-10　青铜戈·商

台北『中研院』史语所藏。河南省安阳县侯家庄西北冈遗址西北冈墓1001出土。长23.5厘米。銎形内式戈，中脊不特别隆起成阳线。援之后边，在銎之上下，突入銎之前陷之内。銎外面横起三脊。内后正反两面皆有阴文之矛字一个。

3-9　玉戈·商

湖北省博物馆藏。1974年湖北省武汉市黄陂区盘龙城李家嘴三号墓出土。

用。比如武王伐纣之时，商纣王的军队突然“倒戈”，投降了周武王，导致商纣王大败。这里的“倒戈”是实指，可能就是当场调转戈的方向；后来“倒戈”这个词就有了投向对方阵营的意思。在古代战争中，手持戈的士兵往往与战车配合，能造成巨大的杀伤力。但在春秋战国时期，步兵、骑兵逐渐成为主力部队，能进行正面突刺，车兵渐渐被淘汰，戈也逐渐被戟（戈矛一体）取代，失去了实际用途，只剩下代表军事和战争的象征意义。3-10

这件大玉戈没有使用痕迹，又极薄，应该没有用于实际的战争，而是一种礼器，可能是在誓师或其他军事场合使用。

盘龙城遗址位于武汉市黄陂区的盘龙湖半岛上，东南西三面环水。这里水域众多，临近长江，所以容易受到长江洪水的影响，当初发现盘龙城也是偶然。当地人曾把这里叫作盘土城，但其实一些文献，比如明代的《黄陂县志》、清代的《大清一统志》都记载为盘龙城。

从考古发掘来看，盘龙城具有南方政治中心的地位。遗址整体呈方形，南北长290米，东西宽约260米，周长1100米，内城面积75400平方米。基本的古城还留有遗迹，高出地面7—8米，今天看来仍有较为完整的轮廓。在古城城垣外围发现了壕沟的遗迹，宽约14米，可能类似于古城的护城河。整体的建筑格局、建筑方法和出土文物都与商代在中原地区的一些重要城市如郑州商城很相似。此外，遗址还发现了人殉、人祭现象，是长江流域首次发现的奴隶殉葬墓。已出土的青铜器、兵器和工具数量众多，而且质量很高，在商代前期首屈一指，超过了中原地区的商代的王都郑州、偃师及其他方国。因此，商代文明在其早期就已经扩展到了南方，大量的城址、宫殿和高等级贵族墓葬说明，盘龙城正是商朝在南方的政治中心，是长江中游地区夏商时期规模最大、遗存最丰富的古城遗址，是3500年前的大武汉。3-11

有这样的政治中心作为依托，商代的盘龙城有可能建立起完善的制玉工业体系，进行高精度的玉器制作；有相当规模的军队建制，可能经常需要举办一些严肃的军事礼仪，这都为大玉戈的制作提供了可能性。

第十四讲
“婕伃妾娋”玉印：穿越两千年的传奇

汉代的赵飞燕是中国古代历史上与唐代的杨贵妃并称的美女，她们的故事代代传承不绝。北宋时期人们发现了一方白玉印，被认为是赵飞燕曾用过的珍品。此后，经元、明、清直至近代，这方“赵飞燕玉印”为历代名家争相收藏，极富传奇性。新中国成立后，此印入藏故宫博物院，专家们经过仔细鉴定，竟一举颠覆了千年以来的固有看法。到底这方玉印与赵飞燕有什么关系？它的流传过程又是怎样的呢？

此玉印是凫（野鸭）钮，白玉质，温润细腻，略有瑕斑。正方形印面，边长2.3厘米。印文有四个字，形体是鸟虫篆。鸟虫篆是篆文的一种，可能很早就有了，在春秋战国时期非常流行，常见于兵器、瓦当、印章中，汉代印章上也经常能见到。许慎《说文解字·叙》：“鸟虫书，所以书幡信（符节）也。”段玉裁注曰：“鸟虫书，谓其或象鸟，或象虫，鸟亦称羽虫也。”3-12

这枚白玉印第一次现世是在北宋时期。清代学者孙诒让记载说，第一个收藏它的是北宋大画家王诜。王诜（约1048—1104）活跃于宋英宗、神宗时期，他娶了英宗的女儿宝安公主为妻，是驸马的身份。虽然他也曾多次做官，但主要还是一个书画家和诗人。他的诗词有不少流传了下来，如《蝶恋花·小雨初晴回晚照》：

小雨初晴回晚照。金翠楼台，倒影芙蓉沼。杨柳垂垂风袅袅。嫩荷无数青钿小。　似此园林无限好。流落归来，到了心情少。坐到黄昏人悄悄。更应添得朱颜老。

王诜的画作也有精品传世，如故宫博物院就藏有他的名画《渔村小雪图》。作为一个文人，他自然非常喜欢收藏，而宋代恰恰是金石学兴起的时代，很多文人都有收藏的爱好。王诜得了这枚玉印，很可能就已经将印文的四个字定为“緁伃妾趙”（即婕妤妾赵）。3-13

“婕妤”是汉代后宫嫔妃的一个等级，汉武帝时候正式设立，地位很高，仅次于皇后（后来汉元帝又增加昭仪），且经常晋封为皇后。第一位被封为婕妤的是钩弋夫人，也就是汉昭帝的母亲。第三个字“妾”是自称。最后一个“趙”字一般是名或姓。在汉代，这种“官名+自称+姓名”的印文在考古发掘中经常能见到，可能是固定格式。那么，为什么“緁伃妾趙”被认为是赵飞燕呢？从汉武帝开始，后宫嫔妃有了婕妤的封号，但史书记载被封为婕妤的人并不多，再加上姓赵，那就只有赵飞燕（可能还有赵飞燕的妹妹赵合德）了。后来，赵飞燕还被汉成帝立为皇后。赵飞燕有两个特点，一是美貌善舞，据说因为身体轻盈，甚至能为“掌上舞”；二是嫉妒心强。骆宾王在《为徐敬业讨武曌檄》中说“燕啄皇孙，知汉祚之将尽”，就是说赵飞燕谋害宫中那些怀孕的嫔妃，导致汉成帝没有儿子继位，甚至影响到汉朝的存亡，只能将皇位传给了侄子。从宋代开始，小小的一枚白玉印，因为有了赵飞燕的光环，身价陡然剧增，一下子成为收藏家们的宠儿。3-14

元朝末年文学家顾瑛（1310—1369）就曾收藏此印。顾瑛早年从商，后来短暂做官，但喜好文学和收藏，又因为经商致富，有足够的经济实力，专门修建了“玉山佳处”“金粟山房”等藏书楼或收藏机构，赵飞燕玉印就藏在金粟山房中。

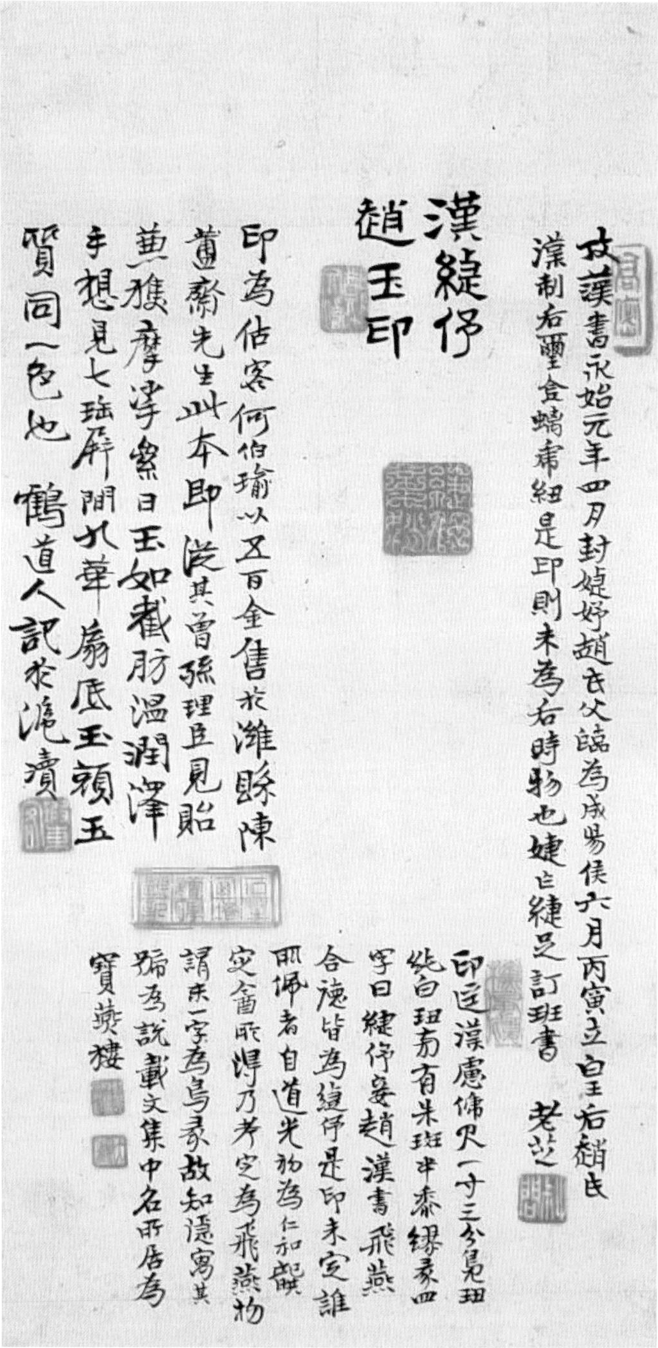

3-12 上海图书馆藏汉婕妤赵玉印拓片并题跋

3-13 汉婕妤赵玉印拓片

3-12 | 3-13

到了明代，赵飞燕玉印被严嵩、严世蕃父子收藏。严嵩虽然是嘉靖时期的权臣，但也是进士出身，颇有学问，留下了不少诗词文章。他利用自己担任内阁首辅、掌握朝政大权的机会，与儿子严世蕃一起大肆贪污受贿，谋夺各种奇珍异物，赵飞燕玉印可能就是这样落到了他的手中。

严嵩倒台后，赵飞燕玉印重现人间，项墨林（字子京，1525—1590）、华夏（字中甫）、李日华（字君实，1565—1635）等收藏家曾先后收藏此印。项墨林是明代后期著名的收藏家和鉴赏家，他收藏的书画、青铜器、玉器等，号称“甲于海内”，数量固然多，但更重要的是，他擅长鉴定，几乎从不出错。据说，他曾收藏了一把古琴，琴上刻有“天籁”两字，为此，他专门建了一座用于收藏的楼，称为“天籁阁”，赵飞燕玉印也收藏在这里。华夏和李日华均是明朝后期的一流文人，喜好收藏，李日华也擅长鉴定，还与大画家董其昌、藏书家王惟俭并称为“三大博物君子”。经过这些人的收藏和鉴定，赵飞燕玉印的真实性更加令人信服了。

清代收藏之风更盛，赵飞燕玉印这种似乎被多次鉴定为真品且历史底蕴深厚的传世玉器自然是第一等的目标。据记载，何元锡（1766—1829）、文鼎（字后山，1766—1852）、龚自珍（1792—1841）、何绍基（1799—1873）、潘仕成（1804—1873）、何伯瑜（1828—1898）、陈介祺（1813—1884）等均先后收藏过此印。其中，何梦华、何伯瑜、陈介祺是收藏家，文鼎是书画篆刻家，龚自珍是诗文大家，何绍基精通经史，潘仕成是广州十三行的大富商，他们收藏此印时都没有怀疑其真伪。

有趣的是，文鼎收藏了这方玉印后，许多人都跑来找他一睹真面目，甚至还有人专门写诗来描述此事，如钟鼎

文专家朱为弼就曾写了《咏文后山所藏汉赵婕妤玉印》一首，其中有“当年姊妹联春宴，娇殊赤凤无人见。何时手截素鹅肪，鸟体绸缪似飞燕……赤帝死灰然不得，雏雉翔空燕飞入。山河玉碎不复全，此印千秋尚堪识。吾闻汉宫倢伃秩上卿，赵家姊弟夸倾城。手持人主婴儿似，一握摩挲想更轻”等诗句。朱为弼、沈涛两人的诗中均写到了赵飞燕的故事，显然都认为这方玉印就是赵飞燕曾经的物品，并不怀疑它的真伪。3-15

名列晚清四大词人的郑文焯（1856—1918）经历了晚清到民国的更迭，他也曾收藏过这方玉印，从哪来的呢？今天的上海图书馆收藏了一卷郑文焯的赵飞燕玉印拓片，上面还有三则他写的题记。郑文焯在题记中简述了赵飞燕玉印的由来和流传，还说，他是在陈介祺的曾孙陈理臣那里获得这方玉印的，陈理臣告诉他是当初自己的曾爷爷花了五百金从何伯瑜那里买来的。郑文焯还提出一个想法，说当初汉成帝的时候，除了赵飞燕，她妹妹赵合德也入了宫，也曾被封为婕妤，所以，此玉印并不一定是赵飞燕所有。但龚自珍却说，印文中的最后一个字“趙”是鸟篆，不是虫篆，这是在暗喻赵飞燕，所以，应该不属于赵合德，确定为赵飞燕所有。

3-15 『婕伃妾娋』玉印·汉
故宫博物院藏。

3-14 《帝鉴图说》之汉成帝宠昵飞燕·清·无款
法国国家图书馆藏。

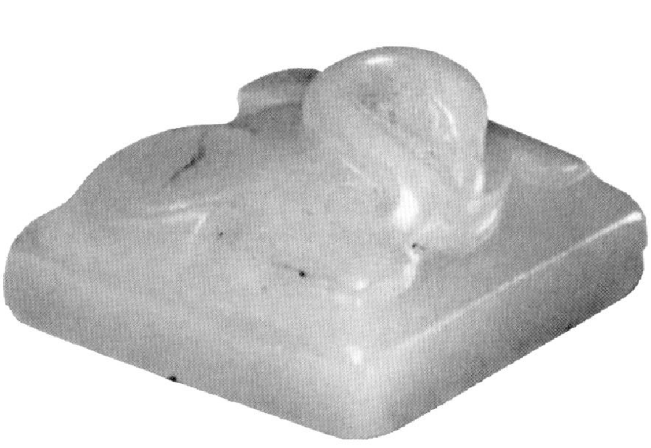

3-14 | 3-15

郑文焯获得这方玉印的时候已经到了民国时期，他本人在1918年就去世了。那时，中国内忧外患不断，民不聊生。即便如此，依然有人惦记着这方玉印。据说，张学良就曾试图购买这方玉印，以送给自己的红颜知己赵一荻（赵四小姐）。因为赵一荻和赵飞燕都姓赵，赵一荻曾担任张学良的秘书，也是美女，所以他觉得，这方玉印特别合适。张学良当然有这个购买能力，但那时日寇不断侵华，东北地区首当其冲，九一八事变很快就爆发了，张学良没来得及购买。后来，这方玉印被民国大总统徐世昌的弟弟徐世襄收藏了起来。新中国成立后，这方玉印便藏入故宫博物院。

玉印藏入故宫博物院后，故宫的专家许国平先生经过仔细对比和研究，认为印文的第四个字并不是繁体字“趙”，而是娋，也就是说，肖的偏旁不是走之底，而是女字旁。娋在汉代的俗语中是姐姐的意思，可以用来作为女子的名字，所以，这方玉印应该属于汉代一个曾被立为婕妤、名叫娋的女子，并不一定属于赵飞燕。

第十五讲 宋代青玉龙首：杖首还是车饰？

天津博物馆藏有一件宋代的青玉龙首，其造型雄浑大气，雕工细腻精致，龙纹威严高贵，乃是极为罕见的传世孤品，至今仍未发现其他相似的传世玉器或出土玉器。

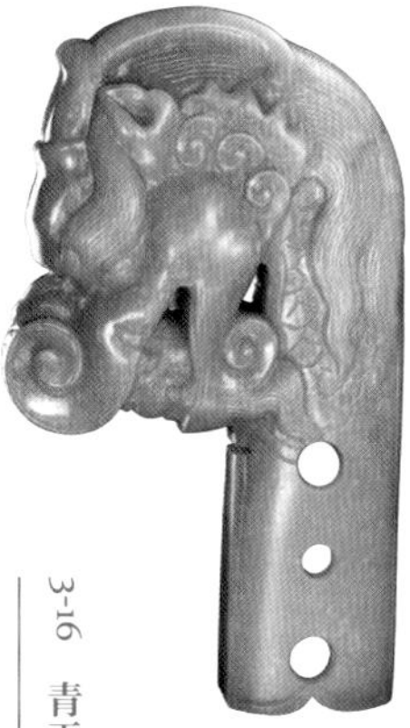

3-16 青玉龙首·宋

这件龙首高17.2厘米，宽10.4厘米。青玉质地，颜色纯正，局部有黄色沁。整体采用镂雕、浅浮雕兼细阴线的雕琢技法，显示出该器复杂细腻的制作工艺。龙眼瞠目圆睁，龙眉粗重浓密，其口中含珠，上唇龇出尖利龙齿，龙唇上下翻卷呈卷云状，颔下有须，腮部饰火焰纹，颈上饰鳞纹及粗密的鬣，头顶雕龙耳及粗壮的龙角。沿颈向下为管状，一边穿三孔。3-16

龙纹雕琢得十分威严大气，或许显示着使用者非同一般的身份。不过，这件器物的特殊之处在于下端中空处。这是一整块玉料雕琢而成，要将其中掏空、打磨，并在两侧各打出一大两小三个孔。从这个形状来看，这件器物必定是镶嵌在某个长条形物体的一段，然后横穿三个榫进行固定。但恰恰是在这一点上，学者们的意见并不统一。

第一种观点认为，它是帝王天子车辇端首的玉饰。帝王车辂通常在显要部位用玉装饰，根据龙颈部中空并钻孔的设计，推测其功用可能是将龙首横向嵌于宋代宫廷车辇的端首之上。

天子的车仗是天子身份的象征，也关系到天子的安全，所以，车架的装饰、随行人员的安排等都十分讲究。这种装饰物一般都用比较贵重的材料制作，比如金银玉器等。所以，这种观点认为天博的这件青玉龙首应该就是这么用的。《宋史》

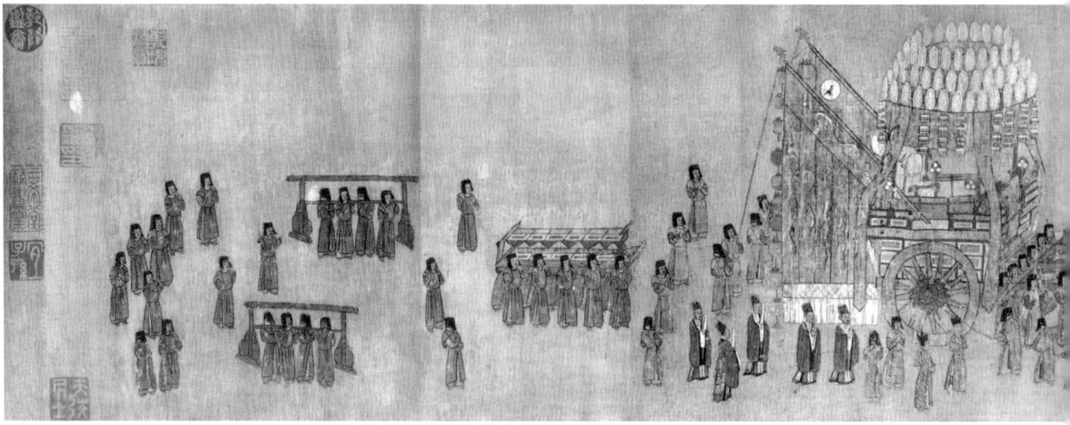

记载了天子的马车，叫玉辂，是最高级别的车，与其他车的最大区别就是，玉辂有玉饰，其他车没有。宋徽宗政和四年（1114），徽宗下诏对玉辂车进行改革，将车上所有突出的末端全部使用玉质，而且颜色要用青色，这是因为宋徽宗特别喜欢青色，他曾做过一个梦，梦见了雨过天晴之后的天青色，醒来后念念不忘，便下令汝窑烧造青瓷，按照“雨过天青云破处”的标准来烧；鎏金的车幡也改用玉质，并加上虬龙纹饰。虬龙据说是古代有角的一种龙，这件玉器恰恰也是有角的，是不是虬龙就很难说了，因为虬龙还有另外一个特点——身体盘曲环绕。3-17

第二种观点认为，它是帝王御用权杖顶端的装饰物。权杖不是西方人专有的，其实很多古代文明的统治者都会使用类似于权杖的东西，来表示自己高于一般人的身份。从考古发现来看，龙头杖最早出现在西周时期。陕西长安张家坡井叔墓就曾出土了一件象牙质地的龙首杖首；后来在山东滕州的薛国故城遗址也出土了一件铜质的龙头杖首。汉代有一种特殊的制度，叫作赐王杖，即皇帝为了表示对七十岁以上老人的慰问，专门赐予其一根特殊的杖。持有王杖的老人享有一些特权，比如可以随意出入官府，可以在皇帝专用的驰道上行走，经商不收税，甚至地位等同于县令等。不过，这种王杖可能并不是龙头造型，考古发现过一些带有文字的鸠首杖，杖首是鸠鸟，有木制的。3-18

《后汉书》中说到“事始七十者，授之以玉杖，端以鸠鸟为饰，鸠者，不噎之鸟也，欲老人不噎”。这其实是对老人的尊重和保护。唐诗中也有关于龙头杖的诗句，唐宪宗时期的状元施肩吾曾写过一首诗《山居乐》：“鸾鹤每于松下见，笙歌常向坐中闻。手持十节龙头杖，不指虚空即指云。”说明在唐朝，龙头杖还是很常见的。到了元代，《元史·石天麟传》

3-17 卤簿玉辂图·南宋·无款

辽宁省博物馆藏。画面以工笔重彩描绘了宋代皇帝出行祭祀的卤簿仪仗。此图出自南宋宫廷画师的手笔，描绘了玉辂、开道骑兵、导驾官员、侍从等，共计181人。队伍冗长，秩序井然，徐徐前进，气氛庄严肃穆，且无枯燥沉闷之感。人物之间彼此呼应，眉目清爽传神，其中诞马、天武官人物面目和衣服在后世装裱时做了描补，所以显得比较粗糙、呆滞。◀

3-18　木鸠杖·西汉

甘肃省博物馆藏。甘肃武威市磨嘴子汉墓出土。杖高196.5厘米，鸠高9.7厘米，长21.2厘米。杖杆粗细均匀，鸠鸟横卧杖端，口含食粒。鸠杖体现了汉代政府为老者赐鸠杖的优抚制度。

记载说：“天麟年七十余，帝（宪帝）以所御金龙头杖赐之。”这个赐杖行为可能是汉代尊老习俗的一个延续。

到了宋代，龙首杖可能就代表了特殊的权力，这种习惯渐渐漫延到全社会，就连后人写起宋代的小说，也会使用权杖作为道具，比如大家比较熟悉的《杨家将》，其中有一位特殊的人物——佘老太君，她的丈夫是杨老令公杨业。杨业在历史上是确有其人的，而且也是名将，号称“杨无敌”，本来是北汉将领，后来降了北宋。杨业遭受冤屈战死沙场之后，佘赛花就成了天波杨府的老太君，手里拿着一根宋太宗赐予的龙头拐杖，上打昏君，下打谗臣。当然，这是小说中的内容，历史上宋太宗赐予龙头杖是可能的，中国传统就有敬老、尊老的习俗，偏偏杨业还在陈家谷口一战中遭受了冤屈战死，宋太宗赐杖自然有补偿的意思，但“上打昏君、下打谗臣”恐怕就不太现实了。

尽管学者们有以上两种看法，但有一点是不能否认的：这件东西应该原本是宋代天子的御用之物。

第十六讲

金代玉纳言：练鹊为形述汉化

2001年，在清理北京金陵遗址的过程中，一对特殊的玉饰进入人们的视线，它以白玉为骨，练鹊为形，纳言为用，称作练鹊形玉纳言。这一对练鹊形玉纳言的出土，印证了史料的相关记载，增加了人们对金代皇陵的认识，也揭开了金朝建立初期精神文化的一角。

这一对练鹊高4.5厘米，宽7厘米，白玉质地，略有黄色沁，但温润细腻，玉质极佳。以镂空和阴刻技法雕琢出一双对称呼应的练鹊，生动活泼，动感十足。3-19

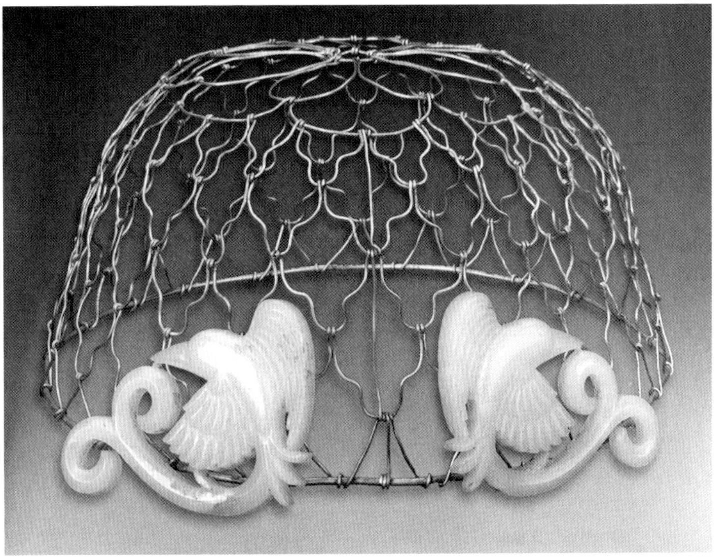

3-19　**金冠和练鹊玉纳言·金**
北京市文物研究所藏。冠直径16.5厘米，通高9厘米，玉纳言与冠共重117克。

练鹊是古代对白色喜鹊的一种称呼。练这个字是绞丝旁，跟纺织业有关系，在古代是丝织业的一道工序，将生丝煮熟，煮熟后生丝就会变得柔软洁白，《周礼》中就说“春暴练，夏纁玄”，意思是春天的时候要对丝帛进行暴晒和蒸煮，夏天就染成红色和黑色。所以，练做名词也指柔软洁白的丝绢，跟白色挂上了钩。明代医药学家李时珍在《本草纲目》中说，这种鸟的肉可以入药，能益气治疗风疾。它最大的特点就是尾部有两根长羽毛，尤其是雄鸟的尾羽特别长，好像拖了一条带子一样，所以也叫带鸟、绶带鸟、拖白练等。绶带鸟这个名称还因为谐音寿带鸟，有了吉祥的寓意。

纳言最早是一种官职，《尚书》当中就有记载，舜帝时代曾任命一个叫龙的人做纳言，专门负责为舜帝传达命令。到了王莽新朝，根据舜帝时代的这个典故设置了一个纳言将军，管的就是出纳王命。到了隋朝，隋文帝杨坚为了避其父杨忠讳，将侍中这个官职改称纳言，侍中是三省六部当中门下省的主官，相当于宰相之一，负责审核封驳，权力很大。纳言作为一种帽子上的装饰物，在汉代就已经出现了。《后汉书》记载：“尚书巾帻，收方三寸，名曰纳言，示以忠正，显近职也。”说明汉代的纳言表示了品德上的忠正与身份上的皇帝近臣两重含义。《宋史》载，“进贤冠以漆布为之，上缕纸为额花，金涂银铜饰，后有纳言”，即纳言就是贵族们帽子后面的一种小巧的装饰物，一般成对出现，在帽子后方两侧各缀一个。纳言的使用者一般是皇帝、后妃、王公等高级贵族。由于纳言这个名称指代地位较高的官员，所以，将冠后的装饰物称作“纳言”，可能有特殊含义，是希望贵族们特别是高级贵族能够“纳言”，广泛听取民众的意见。所以，这一对纳言的拥有者可能是高级贵族，其出土信息也提供了依据。

北京市房山区西北部有一片太行山的余脉，称作大房山

（附近有小房山），绵延数十里，有大小山峰十多处。这里是金代的皇陵所在地，是北京地区最早的皇陵。

金朝建立后，都城在上京会宁府（今黑龙江省哈尔滨市阿城区），所以金代前期的一些皇帝如太祖、太宗等人都葬在上京附近。不过，史书记载说，那里没什么山陵，而且可能因为早期汉化程度不高，下葬的时候各方面制度也不完备。到了第四代皇帝海陵王完颜亮继位后，都城就从上京迁到了中都（今北京），同时他下令将先祖的陵墓迁到中都。为此，他下令让司天台在北京地区选址，花了一年多时间才选定大房山作为皇陵区。大房山这里被认为是“龙脉”：皇陵的主陵区位于房山区周口店镇龙门口村北山的前台地上（九龙山），九龙山低于北面的连山顶，符合“玄武垂首”之说（后玄武）；九龙山以东是一片绵延的山岗，符合“青龙入海”的“左辅”之说（左青龙）；九龙山以西是几个突起的山包，符合“虎踞山林”的“右弼”之说（右白虎）；西北侧山谷有泉水涌出，千年不断，符合“朱雀起舞”之说（前朱雀）；九龙山对面有石壁山，中央有凹陷，被附会成皇帝批阅公文休息时隔笔的地方，称作“案山”。3-20

3-20 白玉双鹤衔灵芝纹佩·金

首都博物馆藏。北京房山长沟峪金墓出土。青白玉质，细润无瑕。体扁，略作椭圆形，以镂雕加阴刻线纹制成一对飞鹤。饰件正中顶部有镂空的穿孔，背面光素留有琢磨痕。鹤为吉祥飞禽，以鹤为题材的玉器在金代较为少见。这件玉佩造型简洁明快，雕琢生动有力，是金代出土玉器中的珍品。

到了明代神宗万历年间，努尔哈赤正式建立了后金政权，对明朝威胁极大。为了阻止后金的崛起，明朝对金朝的“龙脉”进行了毁灭性的破坏，因为他们认为后金的崛起受到了大房山金代皇陵的王气保佑。怎么破坏的呢？第一，“砍龙头”，即毁灭九龙山脉的龙头部分山体；第二，“刺龙喉”，在“龙喉”的部位凿深坑，填满鹅卵石；第三，破坏地面上的皇陵建筑；第四，建造关帝庙，用来镇压皇陵的王气。清朝建立后，对大房山皇陵进行了一些维修，但仅做了比如重新回填挖的坑等有限的举措。

20世纪50年代，考古人员就对这一片皇陵区进行了勘察。2001—2002年，北京市文物研究所与房山区文物管理所共同对金陵遗址进行了考古调查和试掘，这一对练鹊形玉纳言就是在试掘过程中出土的。3-21

调查清理之时，在九龙山正中的主龙脉下发现了一处岩坑，据说当地人把这个岩坑作为绿化用的蓄水池使用。清理过程中，岩坑之下发现有200多块近1吨重的巨石，一共四层交错堆积而成，明显是人为的。所以，考古人员对岩坑进行了发掘，果然在岩坑下发现了一处墓葬。

初步判断，这座墓葬就是金太祖完颜阿骨打的睿陵。理由如下：第一，《金史·海陵本纪》中记载，海陵王完颜亮将太祖从上京迁葬到中都的位置就是大房山；第二，岩坑的位置恰好在大房山主龙脉的中心位置；第三，据当地农民讲，这里在80年代还能看到大殿的基址，可能就是太祖睿陵的地面宫殿建筑遗迹；第四，陵墓中汉白玉雕龙纹的石椁，应该是太祖本人的棺椁；雕凤纹的，应该是太祖皇后的棺椁。在汉白玉雕凤纹的石椁内还有一层木棺，已经朽坏，这一对练鹊形玉纳言就出自这里。不过，太祖完颜阿骨打一共有四位皇后：圣穆皇后唐括氏、光懿皇后裴满氏、钦宪皇后纥石烈氏、宣献皇后仆散氏，目前

没有证据能判断这对玉纳言到底属于哪位皇后。

但不管是哪位皇后，佩戴玉纳言应该都带有辅佐并劝谏太祖广纳善言，不偏听偏信的含义在其中。同时，金朝是在辽朝的统治下崛起的，可能在辽朝汉化的过程中，女真人就受到了汉化的影响，接受了中原地区传统的玉文化，认可了“纳言”这种特殊饰物的含义。

3-21 北京房山金陵俯瞰

第十七讲〇 茶晶花插：一代名匠陆子冈

从新石器时代开始，中国古人就在不断地制作精美的玉器，代代传承不绝，但这些玉器的制作者到底是谁呢？玉匠的名字、生平等信息几乎无人知晓。直至明代，苏州玉雕大师陆子冈横空出世，以自身的技艺和品格创造了一段属于玉匠的传奇，其影响至今仍为人津津乐道。故宫博物院的一件茶晶花插可以帮助我们了解一代名匠陆子冈的传奇故事。

花插高11.4厘米，口径4.2厘米，底径3.8厘米。为筒状，茶色，梅树干形。器身有白斑，巧做俯仰白梅二枝，花蕾并茂。一面琢隐起两行行书“疏影横斜，暗香浮动”八字。末署圆形“子”、方形“冈”阴文二印。充满了文人画韵味，格调高雅，技艺不凡。3-22

这件茶晶花插是故宫博物院的一件镇院之宝，珍贵无比。第一，它的主要材质是茶晶（主产于内蒙古、甘肃等地）。这件玉器高11.4厘米，是由很大的一块茶晶料制作而成，非常难得。第二，这件玉器的工艺十分高超，尤其是俏色（巧色）技法的运用。虽然这块茶晶料很大，但并不是很纯正，上面带有不少白斑。工匠没有剔除掉这些白斑，而是巧妙地将这些白斑雕琢成梅花，附着于筒状外侧雕琢的梅枝上，这样一来，这些白斑不但没有降低玉器的价值，反而因为巧妙的构思提升了玉器的艺术性。第三，这是一件典型的古代文人用品，达到了诗书画印四者合一的高超境界。筒状外侧雕琢有梅枝，梅枝上有白色的梅花，若能展开，那就是一幅寒梅图；图上还雕琢了“疏影横斜，

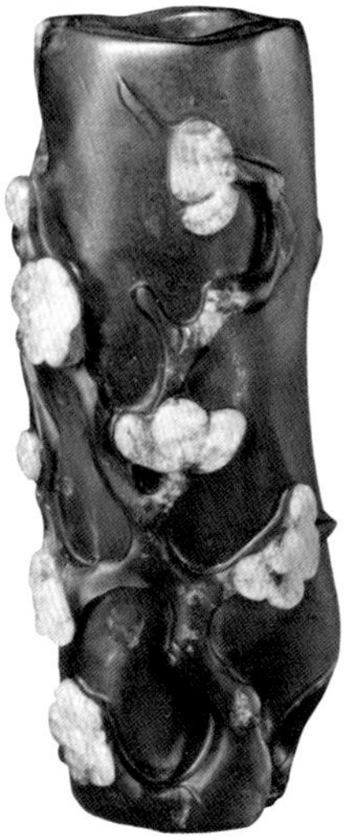

3-22　3-23

3-22　『子冈』款茶晶花插·明

3-23　『子冈』款茶晶花插背面

暗香浮动”八字，这来自宋代诗人林逋的《山园小梅》的“疏影横斜水清浅，暗香浮动月黄昏”两句，这是一首咏梅的诗，恰恰与梅枝、梅花相符合。两句诗下面还有圆形的“子”、方形的“冈”两个字，为玉匠留下的款识，也就是印。第四，也是最重要的，它是一件“子冈”款玉器。子冈指明代玉器雕琢大师陆子冈，很多带有“子冈”款的玉器可能并不是陆子冈的作品，但这件茶晶花插是难得的真品，故而被视为故宫博物院的镇院之宝。3-23

明代后期，全国的手工业有三大中心，即北京、苏州和扬州，其中苏州尤其出色，所以宋应星的《天工开物》说：良工虽集京师，工巧则推苏郡。陆子冈便是苏州的一名工匠，史书没有给他立传，但《太仓州志》《长物志》等书中零散地记录了一些内容。陆子冈本人可能不是苏州人，而是太仓人，后来因为制作玉器，长期居住在苏州。他主要生活的年代应该是在明代的嘉靖、隆庆、万历年间。他在苏州学习制玉，出师以后自立门户，还在苏州著名的玉器制作一条街——专诸巷开了一间

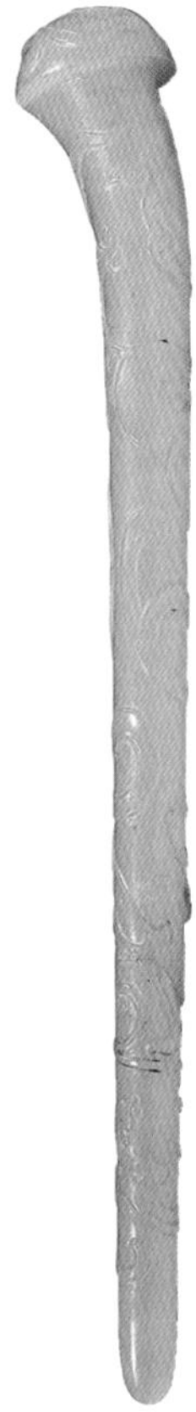

3-24 『子刚』玉螭纹簪·明

台北故宫博物院藏。长12.6厘米。玉质，清亮光润，作成发簪。簪浅浮雕螭龙，簪身阴线刻篆书『子刚』二字。

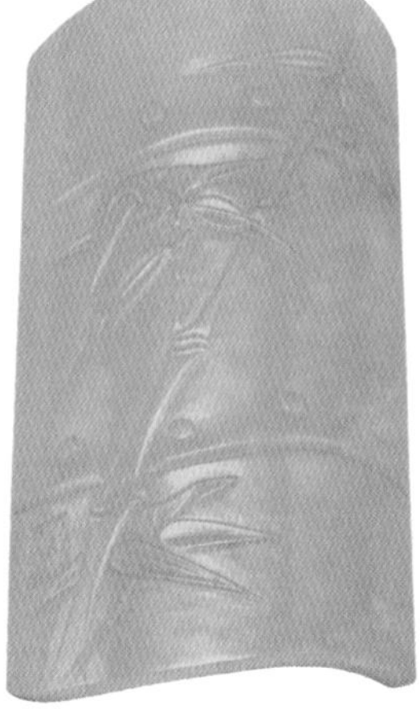

3-25 『子刚』款玉竹节臂搁·明

台北故宫博物院藏。长11.5厘米。玉质，制如重剖的一段竹干。隆起面以阴线琢竹节与节瘢，浮雕阳文的竹枝由左下向右上斜伸。左下方具阳文篆款方印『子刚』，所以本件可能是陆子刚的作品或后是仿品。图案结构近似册页式的绘画小品。

工坊，“其雕刻除玉外，如竹、木、石，以至镶嵌无不涉及，都有成就”。当然，他最擅长、最著名的还是制玉，当时的“子冈玉”是与唐伯虎的仕女画齐名的珍品。3-24

陆子冈的制作手艺号称“吴中绝技”。明末清初的张岱在《陶庵梦忆》中说：“吴中绝技，陆子冈治玉之第一”，又说“可上下百年保无敌手”，可见一斑。其特点在于，第一，擅长用刀雕刻。《太仓州志》记载：“五十年前州人陆子冈者，用刀雕刻，遂擅绝今”，说他制玉是用刀来进行雕刻，还说他去世以后，这一项绝技就失传了。据专家研究，可能他制玉依然还是使用砣具，只不过做出来的效果看起来像是刀刻，所以就有了这种传闻。第二，喜欢留款。陆子冈在他制作的所有玉器中都会留下自己的款识，有的比较显眼，有的比较隐秘，不仔细看都看不出来。今天我们所见到的玉器，包括这件茶晶在内，很多都带有“子冈”或“子刚”款，但真伪难辨。3-25

正是因为工艺高超，陆子冈被选入皇宫担任皇家工匠。据说他入选之时，皇帝（明穆宗或明神宗）出题考他，让他在一枚玉扳指上雕琢百匹骏马。陆子冈别出机杼，先利用玉扳指上的一道裂纹雕琢了一个山谷出来，然后在山谷、丛林间雕琢出了一些马的部位，如马腿、马鬃、马尾等，营造出了一个“万马奔腾出山谷”的情景，让皇帝十分满意。但陆子冈为人特别倔强，哪怕给皇帝制作玉器，他都想方设法地留下自己的款识，让皇帝十分不满，下令不许留款。有一次，皇帝的一件龙钮玉玺不小心打碎了，收拾的时候忽然发现，在龙嘴里居然有陆子冈留下的非常隐秘的“子冈”款识。皇帝一怒之下，将陆子冈关到了监狱之中。3-26

据说，陆子冈晚年出家为僧，地点在苏州城外的治平寺。由于他没有子嗣，制玉的技艺就传给了苏州专诸巷的姚、郭、顾等几个弟子，他创造出来的诗书画印一体的琢玉工艺也流传下来，成就了他之后至今四百年来经典之作“子冈牌”。由于陆子冈的原因，徒弟不再称老师为“师傅”，而是称“先生”。从清代开始，苏州玉工将陆子冈作为制玉行业的祖师爷供奉了起来。

3-26 『子冈』款海屋添筹玉方盒・明

台北故宫博物院藏。长6.7厘米，高3.3厘米。玉质，略泛灰青，质莹洁。方盒，盖面微鼓起，直壁，底平凹入。盖面浅浮雕海波中的楼宇、远山、浮云，二仙鹤各衔一筹飞来。纹线俱作细阳文勾勒轮廓，有如白描图画，琢碾工致。右上角草书阳文『海屋添筹』，并一白文篆字方印『子冈』。四壁均浮雕山茶花，采盖壁与盒壁花纹相衔接的过枝形式，甚巧妙。器底有朱文篆字方印『珍玩』。

3-24 3-25 | 3-26

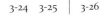

第十八讲

“沧浪亭图”挂屏：深宫中的古典园林

位于江苏苏州的沧浪亭是中国著名的古典园林之一，2000年便已列入“世界文化遗产”，以风景秀丽、底蕴深厚著称。故宫博物院藏有一幅“沧浪亭图”挂屏，集铜器、木器、漆器、玉器于一身，更以白、青、碧、黄、墨、绿等多种颜色的美玉嵌至其中，展现了清幽叠翠的江南美景，是清代民族文化融合的重要体现。

这幅挂屏整体高74厘米，宽106厘米（含木框），呈长方形，由铜器、木器、漆器、玉器组合而成。

铜器是指最长方的铜环，似由两条尾巴相缠、头部各朝一边的龙组成，用于悬挂。既然是龙的造型，有可能就是皇帝御用的陈设品了。

木器是指挂屏的边框，质地是紫檀木。在中国古代的木料中，紫檀木是贵族常用的高等级木料，质地坚硬而沉重，颜色一般呈紫黑色。经打磨抛光后就能呈现出绸缎般的光泽，常常用来制作家具，明清两代的家具有不少都是由紫檀木制作而成，十分珍贵。此外，紫檀的稀少也增添了它的价值。紫檀是热带植物，主产地是两广、云南、东南亚、南亚等地区，明清两代为了供应皇家及贵族使用，朝廷专门派遣官员到南洋采办，几乎砍伐一空；而且紫檀成材周期十分漫长，千年成材并非空言，所以，今天已很难在野外找到成材的紫檀了。也就是说，这幅挂屏单是外框就非同一般了。

漆器是指挂屏的底子，髹上了黑漆。漆器是中国古代常见的一类器物。从考古发现来看，距今7000年前的河姆渡文化就已经开始制作漆器。西周时期人们就开始种植漆树，到战国秦汉时期，漆器就成了人们生活中具有广泛用途的生活用品，尤其是贵族所用的漆器，十分华美。人们早就发现，漆能够起到防腐、装饰的作用，而且还能调制成多种颜色，在调制好堆漆上也可以镶嵌其他材料增加观赏性。这幅挂屏的底色是黑漆，对中间镶嵌的园林景色起到了很好的衬托作用。

玉器指的是挂屏的图画部分，也是这幅挂屏最精彩的部分。在黑色的底子上，呈现出一幅色彩比较丰富的图画，但这幅图画并不是画上去的，而是将六种不同颜色的玉石镶嵌到黑色漆底上形成。从图画中可以看出来，白玉主要是雕琢成假山、巨石、围墙等，青玉雕琢成树木、河水等，碧玉雕琢成树木，颜色较深，墨玉雕琢成屋顶等，黄玉雕琢成树干、堤岸、桥、门窗等，绿玉主要是草地、树木等。这六种玉石的颜色虽然并不是十分鲜艳，但在黑色的漆底上形成了大小相异、远近不同、树种有别等层次感，又有树木、山石、亭阁、流水等构图元素的区别，使得整幅图画立体感十足，体现出了中国古典园林的特点。尤其重要的是，其中的各种构图元素极其细致入微，树上的细叶、树干上的纹理结节、假山上的孔洞、巨石上的裂缝、屋顶的排瓦、窗格和窗格上的交错纹饰、屋宇之间的小径等纤毫毕现，全部都是雕琢而成，再有机组合在一起，甚至需要用放大镜才能完全看清。这种细致入微的雕刻技法是清代玉器雕琢工艺的精彩呈现，也是以玉入画的典型例子。3-27

在这幅挂屏的右上角还有四个字，也是玉片镶嵌而成，是隶书的“沧浪亭图”。沧浪亭被誉为苏州四大名园之首，位于苏州老城城南的三元坊沧浪亭街，占地面积大约16亩，是苏州老城最重要的历史建筑之一，1982年就被列为江苏省文物保护单位，2000年名列《世界遗产名录》，2006年又成为国家重点文物保护单位。

沧浪亭最早建于北宋时期，建立者是北宋诗文大家苏舜钦（1008—1048）。苏舜钦是进士出身，妻为宰相杜衍之女，后因支持范仲淹改革受党争牵连被罢免。因此，他干脆离开京师，到苏州创建了沧浪亭。苏州这个地方山明水秀，人丰物阜，正适合他这样有志难伸的心境。所

3-27 紫檀框黑漆嵌玉沧浪亭图挂屏·清

以，他就在五代十国时期吴越王钱俶的妻弟孙承祐旧宅的基础上创建并命名了沧浪亭，为此，他还写了名篇《沧浪亭记》抒发自己因罢官而寄情于山水的心情。他给好友欧阳修寄了一首诗《过苏州》，其中有“绿杨白鹭俱自得，近水远山皆有情”的句子；欧阳修因同遭贬斥，与苏舜钦惺惺相惜，回了一首长诗《沧浪亭》，其中有“清风明月本无价，可惜只卖四万钱”的句子，说明当初苏舜钦购买沧浪亭这块地方花了四万钱。有趣的是，今天沧浪亭的石柱上有一副对联“清风明月本无价，近水远山皆有情”，实际上是清代学者梁章钜（1775—1849）分别从欧阳修和苏舜钦的诗中各取一句组合而成，偏偏对仗十分工整，而且还很好地表现了沧浪亭这座古典园林的风格，“近水远山”是风景特色，“清风明月”却是诗人心境。

苏舜钦之后，北宋的章惇和南宋的韩世宗都曾对沧浪亭进行过扩建。章惇（1035—1105）官至宰相，身份地位非同一般，他扩建后改名叫章园。韩世忠（1089—1151）是南宋可以比肩岳飞的抗金名将，因功勋卓著，死后追封为韩蕲王，章园被赐给他建造府邸，所以，后人将这里改称为韩王园。3-28

元代，沧浪亭和周边地区被划入妙隐庵、结草庵（后改名大云庵）内，变成了寺庙的一部分。明代末年，大云庵毁于火灾，又有重建。那时，苏州地区经济发达，文人们经常到大云庵活动，许多诗人，如“四大才子”中的文徵明、祝允明等人到这里游览，都曾写诗怀念沧浪亭。可能因为如此，大云庵的僧人文瑛修复了沧浪亭，还专门请文徵明题额、徐缙作诗、归有光撰写《沧浪亭记》。

明清之际，沧浪亭再度荒废。一直到康熙年间，江苏巡抚宋荦（1634—1713）第一个重修沧浪亭，重修时间是1696年。四年之后，清朝著名画家王翚（1632—1717）绘制了《沧浪亭图》卷，纵132.5米，横33.4厘米，将他所见的沧浪亭描绘了出来。这幅图卷如今收藏在南京博物院中。从图卷可以看到，王翚时代

3-28 苏州沧浪亭俯瞰图

沧浪亭位于苏州城南三元坊，是现存历史最为悠久的江南园林。与狮子林、拙政园、留园并称为苏州宋、元、明、清四大园林，代表着宋朝的艺术风格。全园结构以假山为中心，建筑物环绕四周，高低起伏，树木苍翠，有山林气象；并利用借景，将园外的水与园内的山联成一气，扩大园景。古朴简洁，景色自然。在园林设计中独具一格。

的沧浪亭确实虽然仍旧山重水复，但山水树木之间的亭台楼阁已经比较齐整了。之后一直到清末，苏州历任地方官都很重视维护和修缮沧浪亭，使其成为苏州的名片之一。乾隆皇帝南巡之时，几次亲临沧浪亭，还为此专门修建了南宫门、御道等一些象征皇帝身份的建筑。道光年间，江苏布政使梁章钜对沧浪亭以及周边的环境进行了全面的修整。咸丰年间，太平天国运动波及沧浪亭，许多建筑遭到毁坏。同治十一年（1872），江苏巡抚张树声再次重修了沧浪亭，保留了宋荦时期的基本格局，又增加了五百名贤祠，主要用于祭祀苏州历史上的五百贤士名人。民国年间虽然也有修缮，但张树声时期的重修大体上就是今天的面貌了。3-29

从沧浪亭的历史可知，这座园林虽然不大，却承载了中国古代历史上许多文人名士的志向、旨趣和梦想，是中国传统文化在古典园林中的沉淀和表现。北京故宫博物院所藏的这幅“沧浪亭图”挂屏应该是宫廷御用之物，表明少数民族政权统治者对古典园林和中原传统文化的认可，是民族文化融合的象征。

3-29 沧浪亭

第十九讲

清宫开年仪式中的玉器：金瓯玉烛万年笔

每当农历新年到来之际，清代的皇帝们会举办一个特殊的开年仪式，即元旦开笔。在这个仪式中，皇帝会使用“金瓯永固”杯、“玉烛长调”烛台和“万年枝”玉管笔这三件现藏于故宫博物院的珍宝，将自己对新年的期望秘密地书写出来。

清宫中的开年仪式得从“元旦”这个词开始说起。中国古代一直有“元旦”这个说法，“元”有最大、第一、开始、首先的意思，比如《易经》的第一卦是乾卦，乾卦的卦辞是“元亨利贞”，第一字就是“元”，也是“大”的意思。旦，其实描绘的是太阳从地平线升起的那一刻，也就是一天的开始。元旦自然指的就是一年的第一天，即农历的正月初一，1911年辛亥革命以后，正月初一变成了春节，公历的1月1日就被定为“元旦”。

大约从宋代开始，人们就形成了“元旦试笔”（或“元旦开笔”）的习俗，正月初一是每年的第一天，在这一天要用红纸庄重严肃地写上几句话，如“元旦开笔，百事大吉”“元旦开笔，归田大吉”等，有的时候“开笔”写成“动笔”“举笔”，士农工商各类人都有这个习俗，但所写的内容其实并没有一定之规。据说，清代人梁章钜小时候每年都在父亲的要求下“元旦开笔”，正月初一这一天会写上“元旦开笔，读书进益”，期望新的一年读书有进步。乾隆五十六年（1791），他要正式入学，结果改成写“元旦开笔，入泮第一”（泮指古代学宫前的水池，代指学宫，清代便将考秀才称作入泮），结果他当年秋天真的以第一名的成绩考入县学（即秀才）。过了三年，他父亲说，你该考举人了，不能再写“元旦开笔”，要写“元旦举笔”，结果这一年他还真的中了举人。

到清代中期的时候，“元旦开笔”的习俗传入宫中，皇帝们也在每年正月初一写上几行字，来表达自己的愿望。当然，清代皇帝的“元旦开笔”是有讲究的，不是一般人家可比。皇帝的“元旦开笔”主要涉及三样物品，“金瓯永固”杯、“玉烛长调”烛台和“万年枝”玉管笔。

“金瓯永固”杯高12.5厘米，口径8厘米，足高5厘米，采用黄金、各色宝石（红、蓝、碧玺等）、珍珠等珍贵材料制成，极具皇家气派。一面口沿镌刻有“金瓯永固”四个字，另一面刻“乾隆年制”款，鼎形。其中，“瓯”原本是盛酒器，“金瓯”代指国家，“金瓯永固”自然代表江山永固。就目前所知，“金瓯永固”杯一共有四件，分别制作于乾隆四年（1739）、乾隆五年（1740）（两件）、嘉庆二年（1797），收藏于三个地方，北京故宫博物院一件，台北故宫博物院一件，伦敦华莱士博物馆两件，基本形制相差无几。3-30

3-30 | 3-31

“玉烛长调”烛台是青玉质地，共有两件，形制也基本相同，分别于乾隆四年（1739）、嘉庆二年（1797）制作而成，分别藏于北京故宫博物院和台北故宫博物院。藏于北京故宫博物院的这一件应该是在流传过程中丢失了下端的三个玉雕片。两者均有大小两盘，小盘在上，大盘在下，大盘上刻有“玉烛长调乾隆年制”八个字。“玉烛”不是指玉质的蜡烛，而是古代的一个固定词语，《尔雅》上说“四气和谓之玉烛”，“玉烛”是指四季平顺无灾，“玉烛长调”寓意风调雨顺。3-31

“万年枝”玉管笔一直没有找到踪迹，据记载，这种玉笔管管身镌刻“万年枝”、管端镌刻“万年青”，寓意万年长清，与北京故宫博物院所藏的竹管“万年青管”笔相似。3-32

综合来说，三件物品象征江山永固、风调雨顺、万年长青（清），本身也是清朝对自身统治的一个期望。

那么，开年仪式的程序具体是什么样的呢？

正月初一这一天，皇帝很早就起床（交子之时，大约就是半夜刚过），洗漱完毕，到养心殿冬暖阁的一间小屋里，由于

3-31 『玉烛长调』烛台·清乾隆

台北故宫博物院藏。高30.6厘米。本器为元旦开笔仪式御用，以玉雕花瓣形状的大小承盘，大承盘的盘心阴刻八字篆体『乾隆年制』『玉烛长调』，玉挺分上下两部分，上段刻弦纹，下段以浅浮雕连枝花叶纹，下方玉稳瓶固定于紫檀座，并装饰三个镂刻花草玉插角。

3-30 『金瓯永固』杯·清乾隆

台北故宫博物院藏。高14厘米。此件元旦开笔仪式御用的金瓯永固杯，于乾隆四年（1739）制作，以黄金打造，夔龙为耳、三象头卷鼻成足，器身錾刻缠枝宝相花，口沿饰带状回纹，回纹中间一面錾刻篆书『金瓯永固』，一面刻『乾隆年制』，以点翠为地，嵌有珍珠及红蓝宝石。由于历经长年使用而有伤损，故于嘉庆二年（1797）下令，重新制作，新做金瓯永固杯现存于故宫博物院。

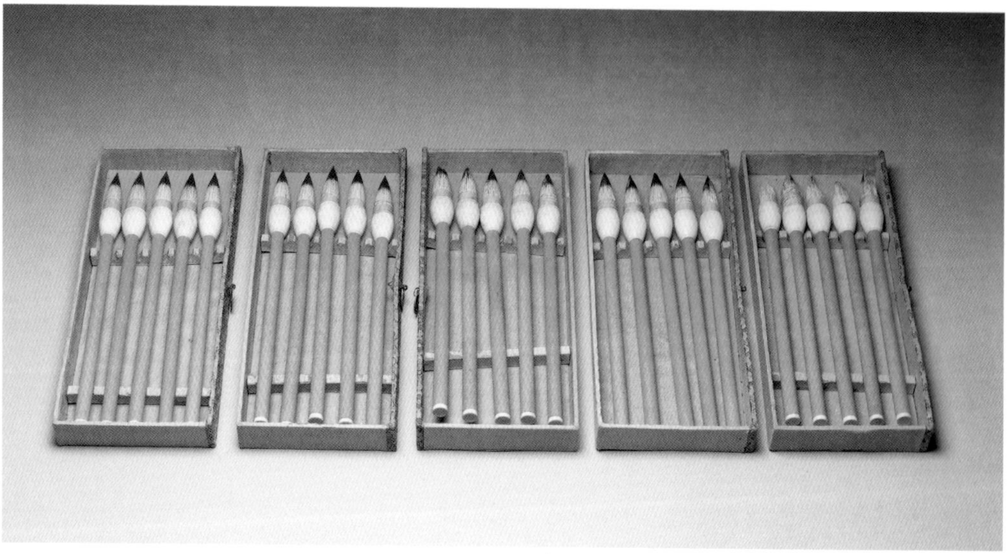

3-33 嘉庆皇帝元旦开笔

3-32 天子万年竹管笔·清

台北故宫博物院藏。全长22.7厘米。

乾隆皇帝曾亲自书写了“明窗”两个字的匾额挂在这间小屋的墙上，后来这间小屋就叫明窗，“元旦开笔”也被称为“明窗开笔”。皇帝亲自点燃“玉烛长调”烛台，将事先想好的吉祥语用“万年枝”玉管笔写在洒金的红（或黄）笺纸上，然后饮下“金瓯永固”杯中的屠苏酒。这种酒是一种药酒，以屠苏、山椒、白术、桔梗、防风、肉桂等草药调制而成，一般在正月初一饮用，可辟邪除疫，传说最早由华佗制作而成，后来代代相传至明清时期，宫中也渐渐习以为常。皇帝饮完屠苏酒，再御览准备好的时宪书（历书），最后亲自将这些物品清理好，让人收藏起来，准备来年再用。

这就是全部的程序，但让人好奇的是，皇帝们在“元旦开笔”的时候会写些什么样的吉祥语呢？

幸运的是，从雍正到咸丰五代皇帝的元旦开笔都保存了下来，就在中国第一历史档案馆，尤其是乾隆皇帝，他在位六十年，加上四年的太上皇，一共六十四份元旦开笔，全都保存完好，十分难得。这些资料之所以能保存好，那是因为皇帝在元旦开笔所写的东西是不公开的，写完之后一律封存，就连下一代皇帝都不许翻看。因此除了皇帝自己，其实谁也不知道内容是什么。有人说，这可能是为了避免吉祥语“失效”，就好像许了愿不能说出来一样。

一般来说，皇帝的“元旦开笔”写法是有讲究的，一般中间朱书，要写明时间，吉语可能带有总括的性质；左右两侧墨书，应该带点具体目标的意思。比如乾隆二十五年（1760），刚刚平定了准噶尔叛乱、大小和卓叛乱，完成了统一西北的大业，正是意气风发的时候，所以中间朱书是“二十五年元旦天下太平万民安泰”，似乎在说，我完成了伟大的功业；左右两列用墨笔书写，右侧是“和气致祥，丰年为瑞”，左侧是“武成功定，休养生息”，意思是我统一西北，“武定功成”，接下来就不打仗了，要让老百姓们休息。这几句可以说是一整年基本国策的方向，当然不能让人看到。

也差不多是从这一年开始，后来的元旦开笔就流于形式了，“和气致祥，丰年为瑞”这八个字一直用到了咸丰皇帝时期。不过，既然其他人不能观看，怎么后来的皇帝们都写得一样呢？原来，嘉庆皇帝第一次“元旦开笔”是乾隆皇帝手把手教的，写的就是“宜入新年，万事如意，三阳启泰，万象更新，和气致祥，丰年为瑞”这二十四个字。他学了以后不敢乱改，每年都这么写，后来又教给道光，道光教给咸丰，因而就这么沿用了下来。3-33

乾隆六十四年（即嘉庆四年，1799）这个就写得

3-32 | 3-33

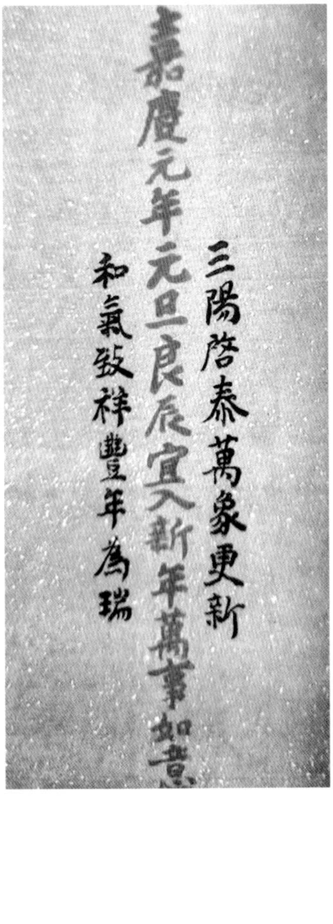

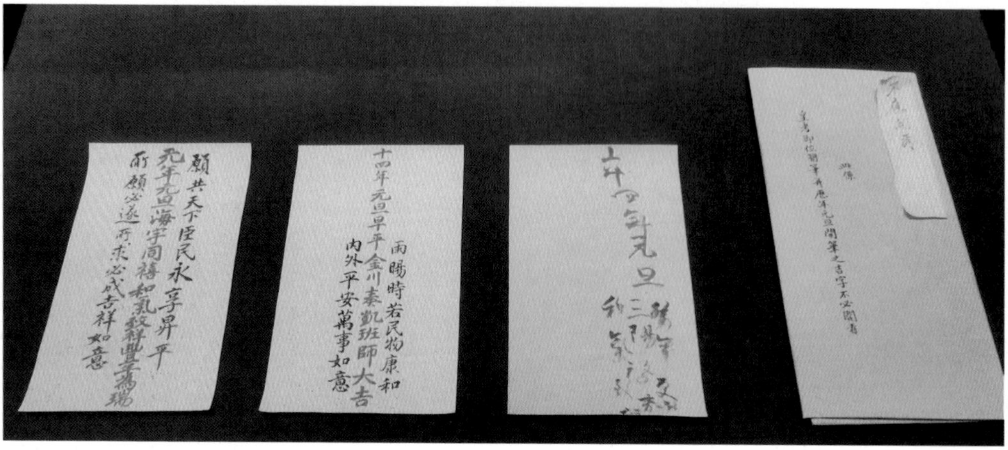

3-34 乾隆皇帝元旦开笔

十分潦草了，格式也不标准，因为这一年乾隆皇帝已经八十九岁了，到了他人生的最后一年，写字十分困难，自然讲究不了什么格式和书法，朱笔写的是“六十四年元旦”，墨书写的是“万象更新，三阳启泰，和气致祥”，乱糟糟地挤在一起，不但最后的“丰年为瑞”四个字没写出来，连“和气致祥”的“祥”字都只有一半，另一半应该是写在了黄笺的垫纸上面了。就在这张元旦开笔写完之后两天，也就是正月初三，乾隆皇帝就驾崩了。3-34

Jade Culture
and
Chinese Civilization

·第四章·

玉中礼仪

从宗教到政治的转变

在旧石器时代，以玉制作的工具可能混杂在石器之中，人们并没有明确的玉器概念。到了新石器时代，随着磨制、钻孔等石器制作技术的进步，人们便有了条件能够将外观有别于一般石材的玉材制作成花样繁多的美丽物品，这或许是玉器脱离石器范畴的直接驱动力。所以，新石器时代诸多文化遗址所发现的玉器大多相对精美，观感十足，应是古人审美观的物证。不过，除了装饰玉之外，玉器之中还有为数众多的玉制工具和由工具演化出来的玉制兵器。这些工具和兵器大多保存得十分完好，并无使用痕迹，也就是说，它们被制作出来的初衷并非用于实际的生产和生活，那么，唯一的解释是，这些工具和兵器可能用于表达某种特殊的含义，即最初的礼仪。

古人将中华礼仪分为五种，即吉礼、凶礼、军礼、宾礼、嘉礼，吉礼是祭祀天地神灵、祖先之礼，含有丰富的宗教内容；凶礼多为丧礼，饱含着对去世亲人的怀念；军礼即军事相关的礼仪，多见于战前战后；宾礼即接待宾客的礼仪；嘉礼则是婚礼、饮宴等礼仪，这两者用于民间是民俗，往往在古代社会后半期才以玉器来体现，早期体现的是贵族之间的政治活动，是政治礼仪。这样的简单划分当然并不能详细地展示中华礼仪的全部内容，古人的衣食住行等细节无不体现着礼的规定，又往往需要物证才能为今天的人们所了解，玉器无疑是主要的物证之一。

在遥远的古代，人们囿于有限的科学知识，无法对种种自然现象作出合理的解释，所谓星坠木鸣、地动山洪、日蚀月食等，似乎都在展示着神秘的力量。与人们生活息息相关的农业生产几乎完全处于靠天吃饭的状态，对雨水的依赖和恐惧迫使人们相信，有神灵在背后主导着人间的一切，这或许就是原始的宗教思维。

玉器在新石器时代作为一种独立的手工业产品，从一开始便与礼仪密不可分，而且基本上囊括了以上五种主要礼仪。

宗教礼仪性质是玉器的普遍特征。各文化遗址的礼仪性玉器常常能够与祈雨联系起来，红山文化的玉龙应当最为典型。从三星他拉玉龙开始，红山文化遗址已发现为数不少的C形龙。这类玉龙猪首蛇身，可能就是红山社会中掌握宗教权力的祭司与神灵沟通的礼器。专家们认为，龙虽然是神话创造的动物，但其创造初始便具有行云布雨的特殊职能。凌家滩文化玉器上的八角星纹可能有类似的功能。插于玉龟壳之中的玉版和双翅为猪首的玉鹰均有八角星纹，前者带有明显的占卜祈祷痕迹，毫无疑问是宗教礼器。专家们对八角星纹的讨论十分热烈，其明显的井字形结构或许是古代二十八星宿中南方朱雀七宿的一部分，即朱雀七宿之首的井宿，其与水的关系十分密切。玉琮是良渚文化玉器的主要代表器型，虽然目前其功用仍扑朔迷离、争议颇多，但外圆内方的造型与古人天圆地方的观念应有紧密联系，体现了良渚人对所生活世界的最初构想，亦是典型的宗教礼仪玉器。

值得注意的是，大多文化遗址的玉器均出自墓葬，体现了丧礼特性。1976年，崧泽文化遗址的92墓发现了一枚心形玉琀，而且正是出于墓主尸骨的口部，应该是借用此玉琀来达到某种对去世先人的美好祝愿，应是丧礼的直接证据。此外，不少玉器看似与丧葬无关，并非严格意义上的葬玉，但可能大多带有丧礼的性质，如石家河文化遗址出土的玉器，基本上都出自瓮棺之中，表达着后人对去世先人的祭奠之情。4-1

4-1 玉琀·崧泽文化

上海博物馆藏。上海市青浦区崧泽遗址出土。长4.2厘米。鸡心形玉琀墨绿色，扁平，一端椭圆，另一端尖凸，呈鸡心形，中有一圆孔，系单面钻成，器表琢磨光滑。

作为军事礼仪象征的玉器总体上或许稍稍晚出。由于军事活动的杀伐特性，这类玉器也大多带有明显的刃部，如斧、钺、戚、刀、戈等，且一般由工具演化而来。玉制兵器当然不能用于实际的战争，不用说跟后世的金属兵器相比，甚至可能还比不上同时的石制兵器。更重要的是，这些玉兵器主要使用在军事礼仪象征，不少可能就是军权的象征，所以出土之时大多无使用痕迹。

政治礼仪玉器一般都要体现出使用者的身份地位。从整体情况来看，早期可能并无纯粹地显示身份地位的政治礼仪玉器，往往会与宗教祭祀、军事权力等结合起来，如猪在原始社会时期作为主要的家畜和肉食来源，首先是财富的象征。而在阶级分化的过程中，财富的多寡本身就是地位高低、权力大小的直接证据。所以，猪与龙的结合或许就是社会地位与宗教权力的结合，红山文化的玉猪龙自然同时具备了政治礼仪的特性。

在远古时代，部落的首领必须带领人们获得足够的生活资料，所以，他要么具备神秘的宗教能力，能够与神灵沟通，从而保证农业生产的顺利进行；要么具备强大的军事能力，击败随时可能对部落造成威胁的猛兽或敌人，并猎取更多的肉食。所以，部落的政治领袖或许兼具宗教祭司之职，或许同时统帅部落的军队，甚至三者兼具，这一点在时代较晚的良渚社会表现得十分明显。

良渚社会已经进入国家形态，良渚古城具有明显的政治中心，即莫角山宫殿。就在莫角山宫殿区西边不远处，考古人员发现了反山遗址。反山12号墓是其中最突出的一座大墓，墓中出土了被称为“玉琮王”的一件标准玉琮。它之所以称王，固然因为体量最大，重达6.5公斤，但更重要的是，“玉琮王”的四面竖槽内各雕刻出上下两组标准的神人兽面纹（神徽），是所有良渚文化玉器中最为标准、最为精细的刻画。这八组神人兽面纹动感十足，在上的神人头戴威猛的介字形冠，手中掌控着在下的猛兽；猛兽爪牙锋利，浑身长毛，极具威慑力。这件“玉琮王”表明墓主可能同时掌握了宗

▶ 4-2 玉柄形器·商

台北『中研院』史语所藏。河南安阳小屯331号墓地出土。长14.8厘米。位于墓葬中部偏西，其下另有一件柄形饰。顶端向南，南端紧临有数串海贝。顶端稍向内束，呈柄状，尾端则成尖锥状。仅在顶端内缩处下方有一圈S形阴刻雷纹，相对两面纹饰相同，两宽面雷纹中另一叶片形纹饰。

教和政治权力。令人惊奇的是，这座墓还出土了一件俗称为“钺王”的玉钺。1-11 其形制同样规整，纹饰同样精美，出土时的位置信息甚至给今人提供了这柄玉钺的使用方法：以木柲作柄，上有玉冠饰，下有玉端饰，钺王居中绑在冠饰之下的木柲上，刃部朝外。专家们指出，文献中记载武王伐纣之时的“左杖黄钺”似乎与这位墓主使用“钺”来展示军事权力的方法如出一辙，可能具有某种渊源关系。“钺王”表明，墓主同时还掌握了军事权力。所以，一个结论渐渐浮现了出来：反山12号墓的墓主有可能是良渚古国历史上一位卓越的领袖，他在位的时期可能同时兼有宗教、军事以及政治领袖的身份。

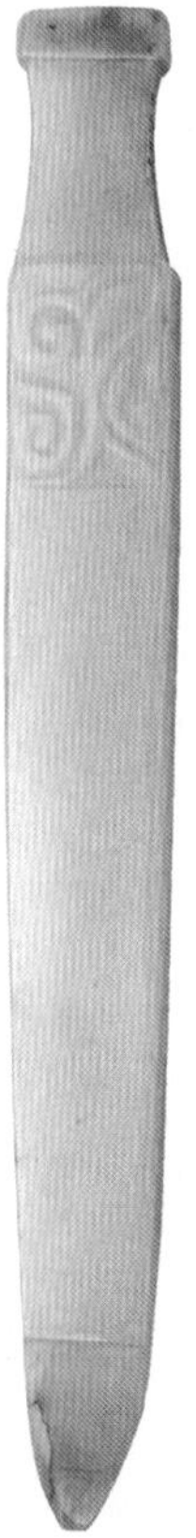

如上所述，在新石器时代，玉器与礼仪的关系如此紧密，且几乎是普遍现象。在青铜器尚未出现的时代，礼玉几乎是社会礼仪的唯一象征物，不得不促使人们思考，在衡量良渚古国等诸多遗址进入文明社会的标准之时，礼玉怎能被忽视！换言之，在文明起源的问题上，文字、城市、金属冶炼的三要素或许并非放之四海而皆准的条件，礼仪以及作为物证的礼玉当为文明起源的中国答案！

到了三代时期，尽管青铜器一跃而成为礼器大宗，但玉器与礼仪的关系依旧紧密。玉柄形器盛行于三代，这种下端有榫的玉器可能是固定在礼仪场合表达某种特殊含义。1991年在殷墟后岗M3出土的玉柄形器上有朱书的“祖庚”“祖甲”等先王之名，表明商代可能将这类玉器用作祭祀祖先的礼器。4-2 到了西周时期，有周公制礼作乐，玉器与礼仪的关系更加紧密了起来，宗教类、军事类礼玉皆有，如《周礼 · 春官》记载：“以玉作六器，以礼天地四方：以苍璧礼天，以黄琮礼地，以青圭礼东方，以赤璋礼南方，以白琥礼西方，以玄璜礼北方。”即分别用六种玉器来祭祀天地四方神灵，且这六种玉器具有明显的器型和颜色的规定性，只具备一种规定并不能作为“六器”来看待。《周礼 · 春官》还记载：“牙璋，以起军旅，以治兵守。”牙璋是两侧有齿状装饰的璋形玉器，具有

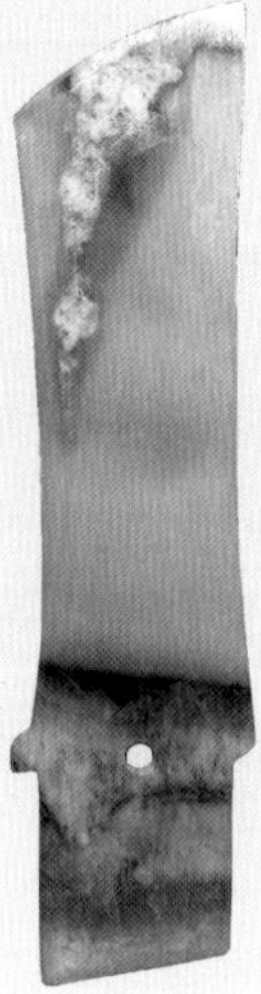

4-3 玉璋·西周

台北故宫博物院藏。长28厘米。青玉，玉色青灰，有白斑、赭斑及大半深褐沁色。全器为不规则长板形，刃部作斜弧线，柄部底边略斜。器身下半部有一孔，两侧各有齿棱凸出。

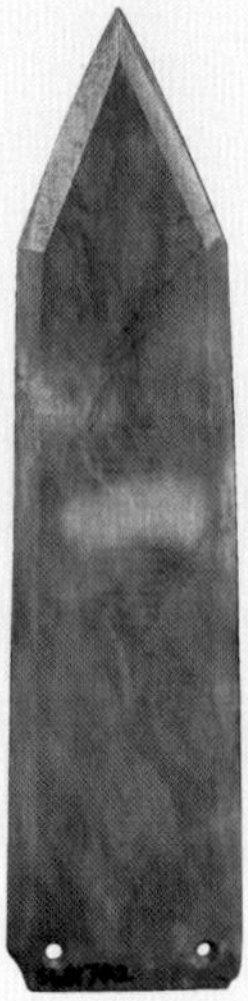

4-4 玉圭·西周

三门峡市虢国博物馆藏。河南三门峡虢仲墓出土。长10.9厘米，宽2.56厘米，厚0.4厘米。玉质为青玉，豆青色。器身末端稍宽，底边的正面磨出斜薄刃，锋边与两侧边刃部比较钝厚。

发兵、统兵的象征意义，是明显的军事礼器。4-3

不过，《周礼·春官》中还记载了“六瑞”这种独立的政治礼仪玉器：“以玉作六瑞，以等邦国：王执镇圭，公执桓圭，侯执信圭，伯执躬圭，子执谷璧，男执蒲璧。”在这里，王与公、侯、伯、子、男五等爵位的贵族会面之时，手中应持有与自身身份相应的玉器，即“镇圭”“桓圭”“信圭”“躬圭”“谷璧”“蒲璧”。4-4 这六种玉器包含“圭”与“璧”两种器型，“圭”的尺寸不一，身份越高，尺寸越大，如周王所执“镇圭”，长一尺二寸，相应地，“桓圭”九寸，“信圭”七寸，“躬圭”亦七寸（可能为五寸之误）；“谷璧”与“蒲璧”直径均为五寸，但前者是谷纹，后者为蒲纹。此外，这些玉器的绶带颜色多少也能体现等级区别。周代的出土玉器中还出现为数不少的玉组佩，这种以玉璜作为联结和平衡部件的组合型玉器可能具有一定的区分身份地位的作用，但其规则如何尚未明确。

在周代出土玉器中，象征丧礼的葬玉开始大量地出现。新石器时代的玉琀得到了继承，还出现了玉握，往往尸骨左右手皆有。这些葬玉中，最典型的莫过于玉瞑目，为数不少。文献中记载：“幎目，用缁，方尺二寸。”（《仪礼·士丧礼》）这是说，下葬之时，要用方圆一尺二寸的黑色丝织物覆盖在死者面部，丝织物上缀有象征着死者面部器官的各种玉片。如曲沃晋国墓地出土的一套玉瞑目，面部共有24片与眉、眼、鼻、耳、颊、嘴等器官相似的玉片，四周还有24块梯形小玉片缀在丝织物周围，可能起压角的作用。这是玉器发展史上第一次出现成套的葬玉，为后来汉代玉衣的出现做了准备。4-5

4-3 4-4 | 4-5

4-5 玉瞑目・西周

山西博物院藏。1992年山西省曲沃县北赵村晋侯墓地出土。玉瞑目是晋侯墓地出土最为精彩的一套丧葬玉，它由48件形制各异的玉片组成，较为形象地表现了人的五官。玉瞑目周边围绕带平齿的梯形缀片，皆雕刻有纹饰。额角为虎形玉饰，曲腿蹲踞，回首观望，十分生动。额部玉片则采用人龙合体的造型，为当时较为流行的装饰手法。玉瞑目的眉、耳、脸颊、腮、嘴都饰有式样不一的几何纹，纹饰多以双阴线琢刻，制作精细。

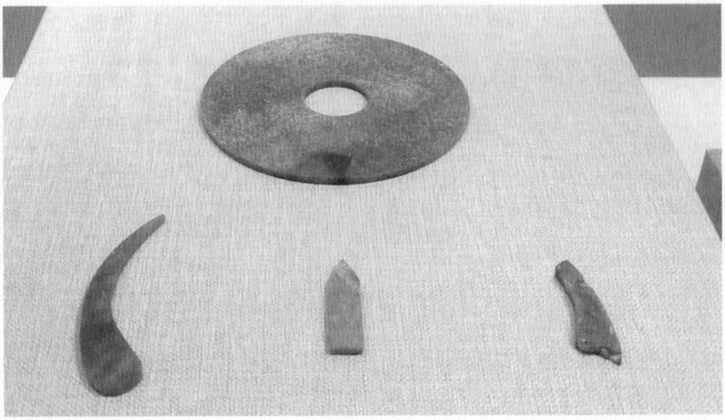

4-6 玉璧 玉觿 玉圭 · 战国

烟台市博物馆藏。1976年山东省烟台市芝罘岛阳主庙遗址出土。战国谷纹青玉璧、玉圭、玉觿，玉璧在玉礼器中出现较早，是最重要的祭祀礼器。玉璧经常与玉圭、玉觿等组成不同礼器组合，用于不同的祭祀对象和祭祀等级。此组玉器种类丰富，制作精致，规格之高显然是帝王等级的祭祀礼器。据考证，这组玉器应该是秦始皇当年祭祀所用。

不过，“六器”在西周时期是否存在尚有疑问，因为今天的考古发掘尚未发现这类成组的、能够严格在器型和颜色上对应“六器”的实物，反而是国祚极短的秦朝似乎将“六器”应用了起来，因为考古人员在西安的联志村、卢家口村以及烟台芝罘岛阳主庙等地发现了成组的祭祀礼玉。秦朝虽以法治国，但极重视祭祀天地神灵，“六器”的相关记载给了秦朝人祭祀方面的指引，因而得以应用。秦汉以后，除了举行封禅大典还使用五色玉、玉册等玉器外，几乎不再将玉器用作宗教礼器。4-6

与宗教礼玉基本同时消失的是军事礼玉，秦汉时代尚有少量制作，如河南永城市僖山汉墓同时有精美的青玉戈和青玉钺出土，徐州狮子山楚王墓亦发现出廓龙纹玉戈，但这不过是玉制兵器的余响罢了。

葬玉在汉代得到了前所未有的大发展，形制、种类、数量均到达了最高峰。这其中有九窍塞、玉瞑目、玉衣，还有垫在胸前背后的玉璧、镶嵌在棺椁内外的各类玉器等，以玉衣最为典型，以金、银、铜或丝线将数千玉片连缀起来，形成一件包裹全身的寿衣。葬玉的大量使用可以说是汉代人厚葬的标志，这导致曹丕篡汉之后第一时间下旨禁止使用玉衣下葬，为的就是刹住愈演愈烈的盗墓之风。

所有礼玉中，真正得到强化的是政治礼仪类。从秦始皇开始，皇帝（包括皇后）专用的印章便以玉制成，在历史上时隐时现的传国玉玺与20世纪发现的皇后之玺便是明证。秦汉时代尚未完全禁止帝后以下的人使用玉印，但隋唐以后便成了定制，除极少数佛教、道教领袖还可以使用御赐的玉印之外，其余人等基本不再使用。到了清代，皇帝们所拥有的各式玉玺（玉宝）极多，乾隆皇帝更是个中翘楚，连继承带新制，共有多达1800多方，其中绝大部分都是玉制，乾隆是玉印使用者中当之无愧的第一人。4-7

束带玉器也是政治礼器。早期的束带工具以玉制作的极少，良渚遗址出土的玉带钩是第一件玉质束带工具，出土于瑶山遗址的大墓，具有明显的政治身份象征。到春秋战国时期，可能受到胡服影响，带钩大量出现。至魏晋南北朝时期，蹀躞带传入，与中原玉文化结合，形成了独具特色的玉带（銙），仅三品以上官员和皇帝能够使用。玉带发展到明朝，大约在洪武年间便形成了十分严格的规制，一般包含三台、辅弼、圆

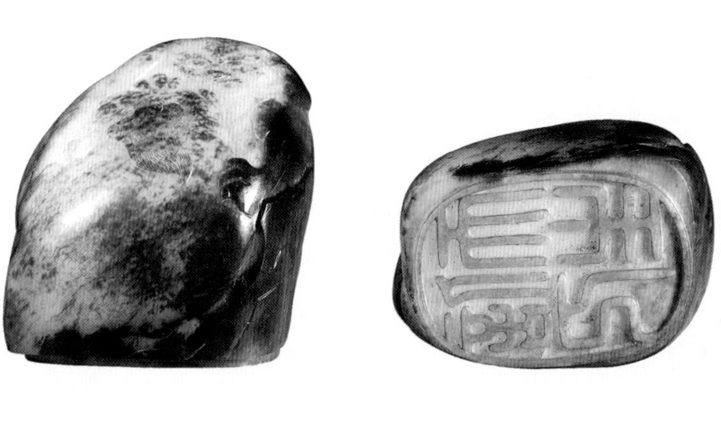

4-7 『信天主人』玉觿·清乾隆

台北故宫博物院藏。高6.4厘米。玉子形，一面磨平为印面，篆刻朱文『信天主人』，外围单框。顶面与四侧壁染成褐色，有绺；由侧壁至顶面浅浮雕一对子母狮伏卧于山冈上，正视的母狮右前掌搭于左望的子狮头顶，山冈以浅浮雕表现山群棱线，并以细阴线密刻狮头和背脊的鬃鬣以及狮尾长毛。

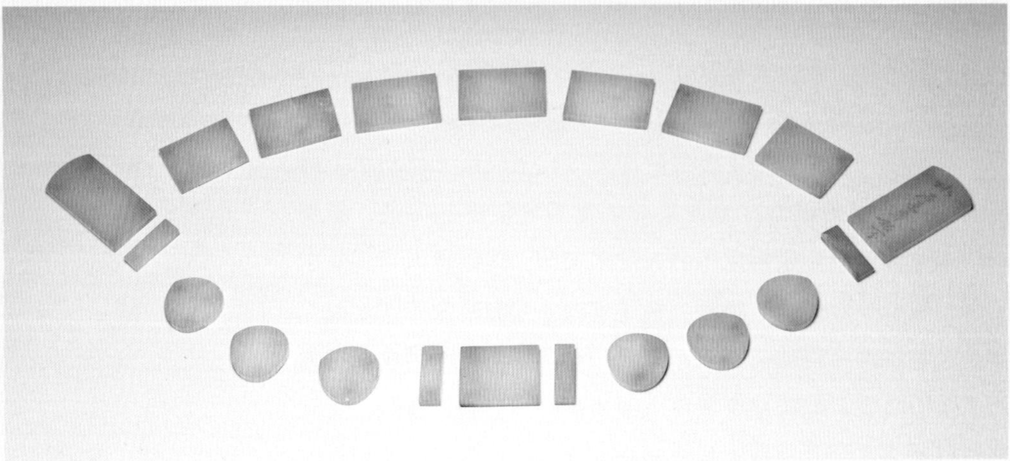

4-8 玉带板·明

台北故宫博物院藏。玉质。片状，光素无纹。二十件玉片组成玉带板。

桃、铊尾、排方等20个标准部件，同样仅限于高品官员和高级贵族使用。今天已发掘的万历定陵和诸多明代诸侯王墓均有这类玉带出土，显然是常制。4-8

纵观9000年玉器发展史，作为主要礼器之一，玉器无疑占有重要的地位，其使用方式和演变历程体现出了明显的从宗教向政治的转变，是中华礼仪不可或缺的物证。

第二十讲 晋侯夫人墓玉组佩：礼制的世界与亡国的公主

1993年下半年，在山西曲沃北赵村晋侯墓地，考古工作者发现了62号、63号、64号三座墓组成的一夫二妻合葬墓。其中，在63号墓中发现了一件迄今为止最大型的西周玉组佩。这一件距今2800余年的玉组佩长约170厘米，由204件小型玉器组成，包括玉璜、玉珩、玉管、冲牙、玉珠等，构造之繁复，组件数量之多，为西周玉组佩之冠。

玉组佩是西周时期比较流行的一种贵族佩饰玉，往往以玉璜、玉珩为联结中心，将玉珠、玉管、玉璧、玉环等其他小型玉器串联起来，形成一种组合型的玉器。西周时期往往用作项饰，春秋战国时期也有小型玉组佩悬于腰侧，因而越来越趋向简单化。秦汉以后比较少见。

玉璜和玉珩都是弧形（或弦月形）玉器，一般玉璜在两侧各有一个孔，玉珩则在弧顶增加一孔。无论是玉璜还是玉珩，都隐含着三角形结构，而在所有的几何图形当中，三角形结构是比较稳固的，因此，使用玉璜和玉珩作为联结中心来串联其他玉器，能够比较好地保持人在行走之时整件玉组佩的平衡性，不至于散乱无序。或许因为如此，玉组佩的命名往往会以玉璜（玉珩）为依据，如三璜玉组佩、七璜玉组佩、九璜玉组佩等。有专家认为，玉组佩当中玉璜的数量可能与西周礼制有关，即玉璜数量越多，其主人的身份地位越高，但目前还没有证据表明玉璜数量和贵族等级之间的直接对应关系。4-9

这一件晋侯夫人玉组佩是迄今为止出土玉组佩当中组件最

多、器型最大的一件。所有组件加起来有204件，接近人身上骨头的数量，而璜的数量达45件之多。整件器物总长约170厘米，身高不达到一定标准还戴不了，因而生前佩戴这种长度的玉组佩不太现实。有可能这位晋侯夫人生前有好几件玉组佩，在死后便将这些玉组佩全部组装起来用于陪葬，可以从头到脚将整个尸身都覆盖起来。

这些组件的造型和纹饰包含了天上的飞鸟、地上的猛兽、水中的鱼、生产活动中的蚕、神话传说中的龙与凤以及夸张的人龙合体，将人在生产生活中的一切都融入其中，戴在身上，正是“把世界佩戴在身上”。

这样一件绝世珍宝，它的拥有者到底是谁呢？

想要知道它的拥有者，我们首先要了解这件器物的出土情况。它出土于一夫二妻合葬墓。其中，64号墓主是晋穆侯，他是西周时期的封国晋国第九代国君，在位27年。62号墓主是他的第一位夫人齐姜。63号墓墓主则是晋穆侯的第二位夫人，名字可能是杨姞，因在她的陪葬品中有两件青铜壶，壶上有铭文“杨姞作羞醴壶永宝用”，说明她的名字是杨姞。玉组佩就是在63号墓出土的。4-10

4-9 玉组佩·西周

山西博物院藏。1993年山西省曲沃县北赵村晋侯墓地63号墓出土。

4-10 杨姞壶·西周

山西博物院藏。1993年山西省曲沃县北赵晋侯墓地63号墓出土。器物出土时为一对，器型、纹饰和铭文均相同。盖上圈形捉手较大，侈口，长颈斜收，鼓腹略垂，高圈足，颈两侧有兽首衔环耳。盖沿和圈足饰窃曲纹，颈部饰波曲纹，其下为窃曲纹、横鳞纹与横条沟纹相间排列的装饰。盖的子口外壁和壶颈内壁铸铭文9字：『杨姞乍（作）羞醴壶永宝用』，即杨姞作此壶。杨姞其人，学术界有不同意见，或以为是姞姓杨国女子嫁到晋国，此壶为媵器，墓主可能就是杨姞；或以为是姞姓国女子嫁到杨国，自称杨姞，此壶是晋灭杨时所得，后用于随葬。

4-9 4-10 | 4-11

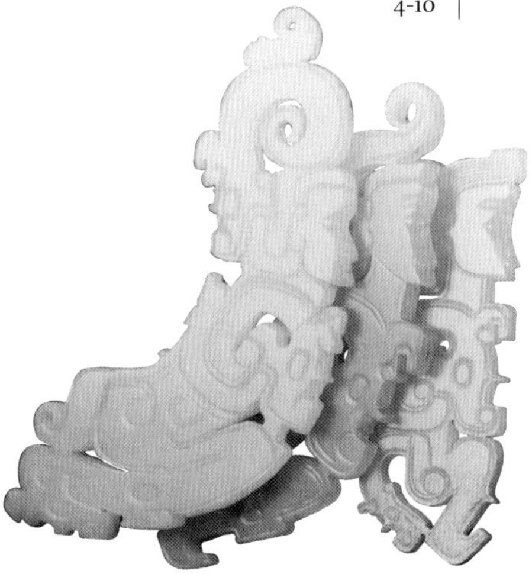

4-11 玉人·西周

山西博物院藏。1993年山西省曲沃县北赵村晋侯墓地63号墓出土。

晋穆侯的夫妻合葬墓比较特殊。第一，这是晋侯墓地中唯一的一座一夫二妻合葬墓，其他的晋侯墓都是一夫一妻合葬墓；第二，大夫人齐姜的陪葬品比较少，墓室的规模也比不上次夫人杨姞；第三，次夫人杨姞的墓室规模超过了晋穆侯。晋穆侯的墓室是甲字形，全长24.3米，而杨姞的墓室则是中字形，全长达35米。妻子的墓室规模超过丈夫，这在十分讲究礼制的西周时期是不可想象的。不过，也有专家提出，青铜鼎作为地位和身份的标志，晋穆侯的陪葬品中有5个，而次夫人杨姞只有3个，说明她没有越级；第四，次夫人杨姞的陪葬品十分丰富，远远超过大夫人齐姜。陪葬品总数达4200多件，其中作为身份和地位的象征，玉器竟然达到800多件，甚至比我们之前讲到的商代妇好墓陪葬玉器还要多。在西周时期，玉器是礼制中用来表示贵族身份等级的标志性物品，“君子比德于玉”，贵族身份越高，就越要使用玉器，数量越多，质量也越高。4-11

另外，杨姞可以说是中国古代历史上第一位玉器收藏家，因为在她的墓棺外东北角发现了一个青铜盒子，盒子中装满了各式各样的玉器，这些玉器不仅有西周时期的，竟然还有西周之前商代的玉器。这说明她是一个爱玉之人，因此，宠爱她的晋穆侯给了她大量的玉器赏赐，连几百年前的商代玉器都给了她。

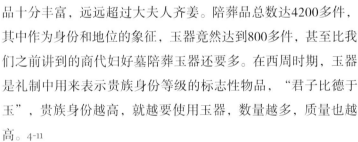

从名字推断，这位次夫人应该是出自杨国的姞姓女子。因为先秦女子的命名一般是国名加上姓氏，如晋穆侯的大夫人齐姜，就是出自齐国，而姜姓则是齐国的国姓，齐国的始封君就是辅佐周武王推翻商朝的姜太公。

西周时期确实有一个杨国，杨国的始封君是周宣王的儿子长父，立国的第二年是晋穆侯在位的第26年，也就是说，杨国立国第二年，晋穆侯就去世了，怎么可能会有一位公主嫁给晋穆侯呢？时间上来不及。而且，周宣王的儿子是姬姓，就算真有公主嫁给晋穆侯，名字应该是杨姬，而不是杨姞。

原来，在长父建立杨国之前，就已经有一个杨国存在了，但这是一个历史文献中没有记载的杨国，可能位于今山西的洪洞县。在周宣王的时期，北方的少数民族玁狁（即匈奴）不断入侵，侵占了西周大量的领土，甚至可能威胁到西周都城镐京的安全。为此，周王曾派兵出击，将玁狁逐出西周统治境内。然而，周王对玁狁的战争终究没能挽救古杨国的灭亡。4-12

可以推测，当晋穆侯在位（相当于周宣王十七年到四十三年，公元前811年到前785年）的前期，姞姓的杨国还存在。而杨姞很有可能是杨国的末代公主，在晋穆侯的大夫人齐姜去世之后，她嫁到了晋国，成为晋穆侯的第二位夫人。这是一个悲伤的故事，因为很有可能杨姞目睹了古杨国的灭亡，却无力挽救。

晋穆侯十分宠爱这位夫人，又体谅故国灭亡带给她的无尽悲伤，便千方百计地满足这位夫人爱玉、藏玉的需求，给了她无数的赏赐，并在她去世之后，将这些赏赐尽数作为陪葬，所以，我们今天才能看到这样一件跨越了近三千年的玉组佩。

4-12 休簋·西周

山西博物院藏。1993年山西省曲沃县北赵村晋侯墓地64号墓出土。带盖，盖为穹顶形，上有圈形捉手，口微侈，束颈，两侧有附耳，前后设贯耳，鼓腹，矮圈足外撇，下接方形底座。器身饰竖条纹，方座四面各有6个方形孔。器形大方，纹饰简朴，是西周晚期簋形器中常见式样。盖内铸有铭文『隹正月初吉，[illegible]休乍朕文考叔氏尊簋，休其万年子孙永宝用』，记述休为其父叔氏作此簋。墓主被推测为晋穆侯。

第二十一讲 侯马盟书：春秋盟誓制度的见证

1965年，考古工作者在山西省侯马市秦村为国家建设进行前期考古调查时发现了5000余片玉石文物，其中文字可以辨识的有600多件。这些玉石片造型多数呈玉圭形，上面用朱砂或墨书写了春秋时期晋国世卿赵鞅同其他人举行盟誓的文辞，故称“侯马盟书”。这些玉石盟书对研究玉圭制度、盟誓制度以及春秋时期晋国的文字和历史提供了直接的实物证据，是山西博物院的馆藏十大国宝之一。

玉圭最早产生在新石器时代，到西周时期成为代表礼制的“周礼六器”之一，青色的玉圭往往用来祭祀东方之神。此外，玉圭在政治上还有特殊的用途，可以用来区分贵族的等级，从天子到各地不同等级的诸侯，在会见之时，手中所持的玉圭根据各自身份地位的不同，尺寸、材质以及纹饰也有所不同。比如天子所持叫作镇圭，长一尺二寸；而诸侯中公这一等级所持玉圭叫作恒圭，长九寸。其余侯、伯、子、男等所执玉圭的名称也不相同，尺寸逐渐缩小。4-13

到春秋时期，玉圭还用来制作盟书。盟书又被叫作载书，是记录盟约的载体。中国古代为了某些重要的事件，会举行盟会，制定共同遵守的公约，并对天立誓，表明谁也不能违反天命，否则便会受到严惩。参加盟誓者要在祭祀坑边杀牲取血，用毛笔蘸血，把结盟的誓言写在玉片或石片上，这就是所谓的盟书。盟书一般一式两份，一份藏在盟府，可能由祖先神鉴证；另一份与用作牺牲的牛、马、羊等埋入祭祀坑中，可能寓意由

4-13 侯马盟书（宗盟类）·春秋

山西博物院藏。山西侯马晋国遗址出土。宗盟类盟书盟辞强调要奉事宗庙祭祀（『事其宗』）和守护宗庙（『守二宫』），反映了主盟人赵鞅为加强晋阳赵氏宗族的内部团结，以求一致对敌而举行盟誓的情况。

鬼神鉴证。侯马盟书就是埋在地下的那一份。《春秋》《左传》等文献记载，春秋时期举行了盟誓活动约200次，足见其盛行。遗憾的是，史书中对盟书内容的描述很简单，人们对盟约制度的细节仍知之甚少。4-14

1965年冬天，国家计划在侯马建设电厂，陶正刚先生主持进行了前期考古调查，很快发现了一些带有红色符号的玉石残片。张守中、张颔先生后来也参与到其中。直到第二年11月，共发掘出5000多件类似的圭形玉石器或残片。当时，三位先生只是初步认定盟书是晋国的史料。后来经郭沫若先生鉴定，这些材料正是史书中所提到的盟书，侯马盟书因此正式定名。

侯马盟书的出土提供了大量的信息：

第一，提供了玉圭这种玉器在春秋时期用作盟誓的新功能。

第二，盟书文字是书法史上最早的毛笔字，具有一定的艺术价值。文辞属于大篆体系，运笔流畅，字形古雅，发挥了毛笔特有的弹性韵律，轻重有度。特别是笔锋明显外露，收笔自然回勾，表明书写者已经十分熟练。这在一定程度上破除了蒙恬发明毛笔的传说。

4-13 | 4-14
4-15

第三，有助于研究春秋时期晋国的文字。中国的文字发展到春秋时期，由于周天子的地位下降，礼崩乐坏，各地诸侯各自为政，中华大地实际处于多位统治者的统治下，文字也逐渐出现了地区性的差异，往往一个字的写法在各国都不太一样。从侯马盟书来看，就算是在晋国，一个字的写法也有差别，比如“敢”字，根据张颔先生的研究，在侯马盟书中就有92种写法之多，这个信息正是来自对侯马盟书文字的整理和研究。4-15

第四，侯马盟书证实了春秋时期的盟誓制度，提供了研究春秋时期晋国最后阶段历史的文字资料。盟书中所记载的其实是三家分晋之前的历史，主要记载的历史人物是对分裂晋国具有决定性作用的晋国卿大夫赵鞅。

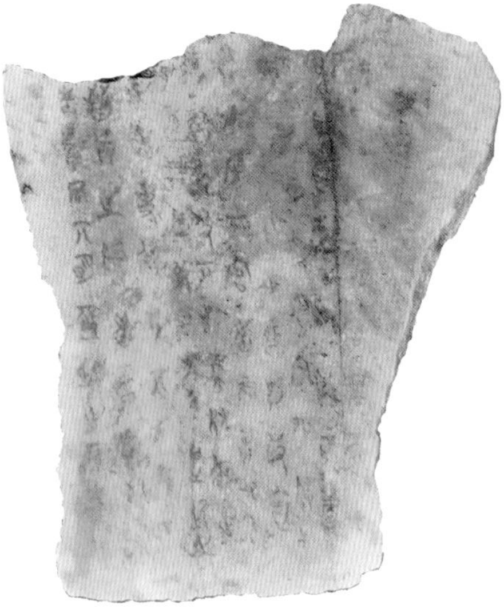

4-14 侯马盟书·春秋

山西博物院藏。山西侯马晋国遗址出土。在40多个祭祀坑内出土玉、石质盟书5000余件片，绝大多数为圭形，最长者32厘米，另有圆形及不规则形。辞文多以朱笔书写，少数为墨笔。文字可辨识者有656件，多则200余字，少则10余字。

4-15 侯马盟书·春秋

山西博物院藏。山西侯马晋国遗址出土。内容可分为主盟人誓词、宗盟类、委质类、纳室类和诅咒类等五大类。对于主盟人和盟誓时间存在不同说法，多数学者认为，侯马盟书是春秋晚期至战国早期，以赵氏家族为首举行盟誓活动的约信文书，忠实地记录了晋国晚期强族间相互斗争的史实，具有政治档案的性质。它的发现对于研究晋国历史、古代盟誓制度及古文字等均有重大意义。

4-16 赵孟庎壶·春秋

英国不列颠博物馆藏。圆形盖，中空，四周八片外侈的莲花瓣，呈波浪状，莲瓣内饰夔龙纹。子口可插入壶口。壶体母口，厚唇外侈，修长束颈。颈两侧饰一对壮硕的兽形耳，兽为回首卷尾状，造型凶猛。鼓腹，圆形底，圈足。自颈部以下饰夔龙纹五周，纹饰之间以绳纹相间隔。壶口沿下有铭文：『遇邗王（夫差）于黄池，为赵孟庎邗王之赐金，以为祠器。』铭文告诉我们作器者是赵孟，也就是赵简子，此壶是赵简子陪同晋定公参加黄池之会后铸造的。此壶的纹饰造型和赵卿墓出土的青铜壶是一致的，是典型的晋国文物。

赵鞅是战国时期赵国的祖先赵简子，也叫赵孟，他的爷爷就是著名的赵氏孤儿赵武。赵鞅生活的年代与孔子相同，比孔子晚去世三年。但在赵鞅的时代，赵国还没有建立，他只是晋国的六个掌权的卿大夫之一。晋国自从桐叶封弟之后，连续出现变故。先是嫡传的一脉被庶出的一脉夺取了国君之位。到了赵鞅的时代，赵、魏、韩、知、范、中行六卿又联合将晋国国君架空，同时彼此之间也有许多斗争。4-16

结合史书的记载和盟书的材料，我们知道，赵鞅担任晋国正卿执掌国政约20年，当政期间在几个方面对赵氏家族作出了卓越贡献，有力地推动了从春秋到战国历史的发展：

第一，派遣董安于修建晋阳城（今太原城的前身，原址位于太原以南20公里处，今晋源区晋源镇附近），为赵氏家族建立了稳固的后方基地。

第二，通过盟约清除叛逆（如邯郸赵氏）、收拢赵氏族人和家臣，迅速将赵氏凝聚成一股绳，一致诛讨敌对势力。

第三，通过盟约奖励农业发展，推行郡县制度，得到了人民的拥戴，增强了赵氏的实力。

第四，通过盟约与晋国其他势力结盟，联合知氏、魏氏、韩氏击败了范氏和中行氏，将六卿执政转变为四卿执政。到他的儿子赵无恤（赵襄子）执政时期，又联合魏氏和韩氏击败了六卿之中实力最强的知氏，确立了韩赵魏三家分晋的基础。而三家分晋正是从春秋走向战国的分界线，这条分界线的确立无疑有赵鞅很大一部分功劳。

可见，看似散乱简单的侯马盟书却提供了大量的信息，帮助我们揭开了春秋后期一段失落的历史。

第二十二讲 曾侯乙墓十六节龙凤玉佩：长余佩之陆离

1977年9月，在湖北随县（今随州市）西北一个名叫擂鼓墩的地方，人们兴建营地、平整山头之时偶然发现了一座战国时期的墓葬。经考古发掘证实，这是战国早期曾国的国君曾侯乙的墓葬，出土各类随葬品15000多件，包括曾侯乙编钟等9件国宝级文物。其中，一件多节龙凤玉佩更因技艺繁复、巧夺天工，堪称战国玉器中的绝世瑰宝。

这件藏于湖北省博物馆的玉器出自曾侯乙墓的主棺内，全长48厘米，宽8.3厘米，厚0.5厘米。整件器物使用了五块玉料，共裁制成16节（或26节），包括13块镂空雕刻的各式玉片以及24个圆环、半圆环或方扣。令人惊奇的是，这其中有活环12个，8个不可拆卸，另有4个不但可以拆卸，而且可以这4个活环为中心卷折起来，整件玉器能够卷成团状。4-17

之所以将这件玉器称为绝世瑰宝，是因为它有三个堪称鬼斧神工的工艺特点：

第一，它将我国古代木结构建筑中的榫卯工艺用在了玉器上。什么是榫卯呢？其实就是两个木构件之间采用的凹凸结合的连接方式，凸出的部分叫作榫，凹进的部分叫作卯，榫和卯咬合在一起，就能起到联结作用。中国古人很早就大量地在建筑中使用榫卯。一个榫卯虽然单薄小巧，但将各种木制构件联结起来之后，却能够承受巨大的压力，并且能够极大地减轻地震对建筑造成的伤害，这就是中国许多千年建筑得以保存至今的关键原因。在距今七千年前的河姆渡遗址中，人们就在干栏式

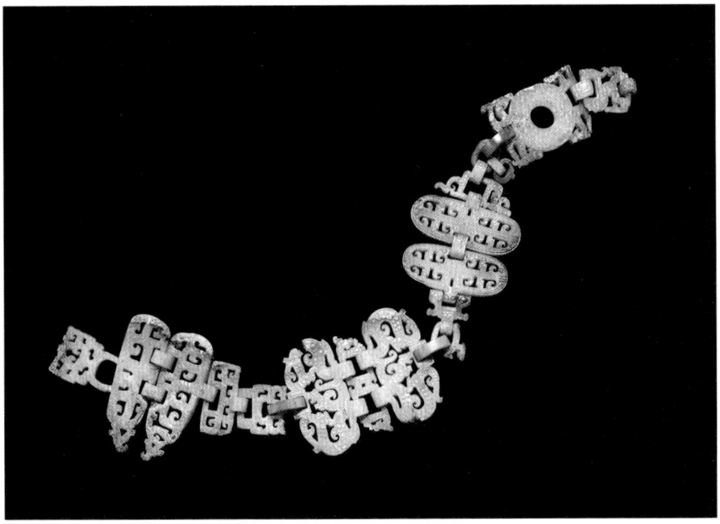

4-17 曾侯乙墓十六节龙凤玉佩·战国早期

湖北省博物馆藏。1978年湖北省随县（今随州市）擂鼓墩一号曾侯乙墓出土。此器玲珑剔透，可以自由卷折，集分雕连接、透雕、平雕、阴刻等玉雕技艺于一器，全器是一龙，龙上又刻龙凤蛇，实为古代玉雕精品中的上乘。有人据其器型与出土位置，联系文献中记载『楚庄王绝缨之会』的记载，认为它是玉缨（即帽带）。从墓主棺内随葬品分析，墓主戴帽入葬，似属可能。

建筑中使用了榫卯工艺。始建于1056年的山西应县木塔更是大量使用了榫卯工艺。这件多节龙凤玉佩一共有四个地方使用了榫卯工艺，榫卯咬合的纵向圆环有三个，而以金属榫横穿榫卯的只有一处，均可以拆卸。就是这四处将整条玉佩分成了五个部分，这五个部分就是五块玉料。木制较软，而玉石坚硬，将玉石制作成这样的榫卯结构是有难度的，特别是那三个纵向圆环，榫卯之间咬合得十分紧密，几乎没有缝隙，没有高超而精准的制玉工艺是难以做出来的。

第二，这件玉器上使用了活环掏雕技术。活环当然就是指可以活动的圆环，比较典型的就是两个环形套在一起，但一般来说，这样的圆环是有缺口或如同铁丝一样可以掰成直线。玉石性质比较脆，不可能做成直线掰成圆环套在一起，而且两处接口也无法粘合起来。这件龙凤玉佩的圆环，就是通过打孔、掏镂、打磨等方式制作出来，还要在表面雕琢纹饰。工艺之复杂，难以想象。

第三，这件玉器上具有繁复的造型和纹饰。从造型上来看，这件器物上的构件包括37条龙、7条凤和10条蛇，特别是龙的造型，极尽弯转扭曲之能事，一条龙的身体上往往有几个S形，又是采用镂空技法，显得异常灵活生动；从纹饰上来看，制作者通过阴线刻、浅浮雕等技法，在器物表面密密麻麻地雕琢出无数的纹饰，有龙纹、蚕纹、云纹、鳞纹等十几种纹饰。通过高超的工艺来表现繁复的纹饰，这是战国玉器的典型特征。

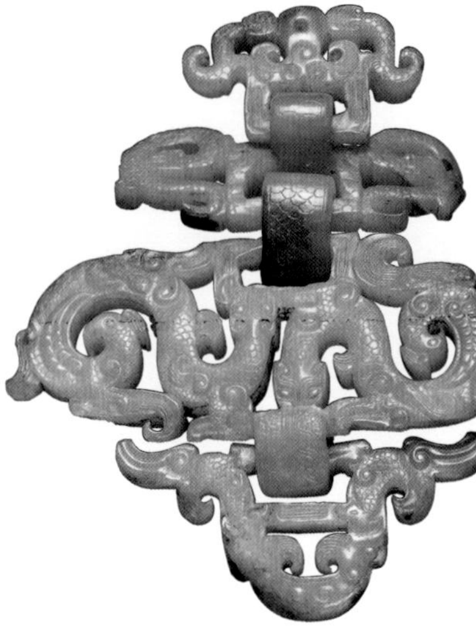

4-18　四节龙凤玉佩·战国早期

湖北省博物馆藏。1978年湖北省随县（今随州市）擂鼓墩一号曾侯乙墓出土。长9.5厘米，宽7.2厘米。玉质呈白色，扁体。整器由一块玉料透雕成四节，可以活动折卷。全器由四节和三个椭圆环组成，其中中间一环是活动的，上下两环是固定的。三环本身是一龙，各节上的龙与凤分列左右，并相对称，器两面以极细的线条阴刻龙、凤细部和四条蛇。

这件器物出土的时候是卷着放置于曾侯乙尸骨的颌下，有人推测是帽饰或项饰。战国时期的著名诗人屈原在《离骚》中有一句“高余冠之岌岌兮，长余佩之陆离”，是说戴着高高的帽子，佩戴着长长的佩饰品，可能高冠和长佩正是战国时期贵族身份的象征。这件龙凤玉佩长达半米，异常华丽，正符合曾侯乙的国君身份，可能就是他生前的佩饰品。考古人员在曾侯乙墓中还发现了9个鼎，说明他使用了超出自己身份的天子的下葬规格，那么，使用如此精美华丽的一件多节龙凤玉佩也就不奇怪了。

曾侯乙是曾国的国君，名字叫乙，从墓葬中发掘出的随葬品推测，他在国君之位上坐了大概30年，生前十分喜欢乐器，也可能擅长指挥车战，可能死于公元前433年左右。4-18

不过，传世的文献中并没有关于曾国的记载。奇怪的是，史书中有记载的另一个诸侯国随国，在考古中又一直没有发现。后来证实，曾国其实就是随国。据说今天的随姓者就是随国的后人。曾国是西周分封的重要诸侯国，第一代封君是曾经辅佐周文王和周武王的南宫适，参与过武王伐纣，所以我们在《封神演义》中能够看到关于他的角色。南宫适是功臣，被封到今湖北随州市一带，主要的目的是辅佐周王监管南方的“蛮夷”。曾国发展得比较强大，统治区域包括今河南的南阳，湖北的随州、襄阳、荆门一带。

曾国与楚国之间有很多恩怨。春秋时期，楚国为了扩张，在楚武王时期曾经发兵攻打曾国，但都遭到了失败，连楚武王本人都死在了战争之中。春秋末期，吴国的国君吴王阖闾在孙武和伍子胥的辅佐下攻入楚国，连都城郢都也被攻破，楚昭王逃到了曾国。吴国要求引渡楚昭王，但被曾国拒绝。后来，楚国为了争霸，不断吞并周围的小国，曾国却生存了较长时间，可能就是曾保护楚昭王的缘故。但最终，曾国也没能逃过被楚国兼并的命运。一度十分强大的曾国最终落到了如此结局令人惋惜，但也许正是因为曾侯乙等这些国君将心思放在了对编钟、多节龙凤玉佩等这些奢华物品的追求上，以至于玩物丧志，灭亡也就在所难免了。4-19

4-19 曾侯乙编钟·战国早期

湖北省博物馆藏。1978年湖北省随县（今随州市）擂鼓墩一号曾侯乙墓出土。总重2567千克，长钟架长748厘米，高265厘米。短钟架长335厘米，高273厘米。

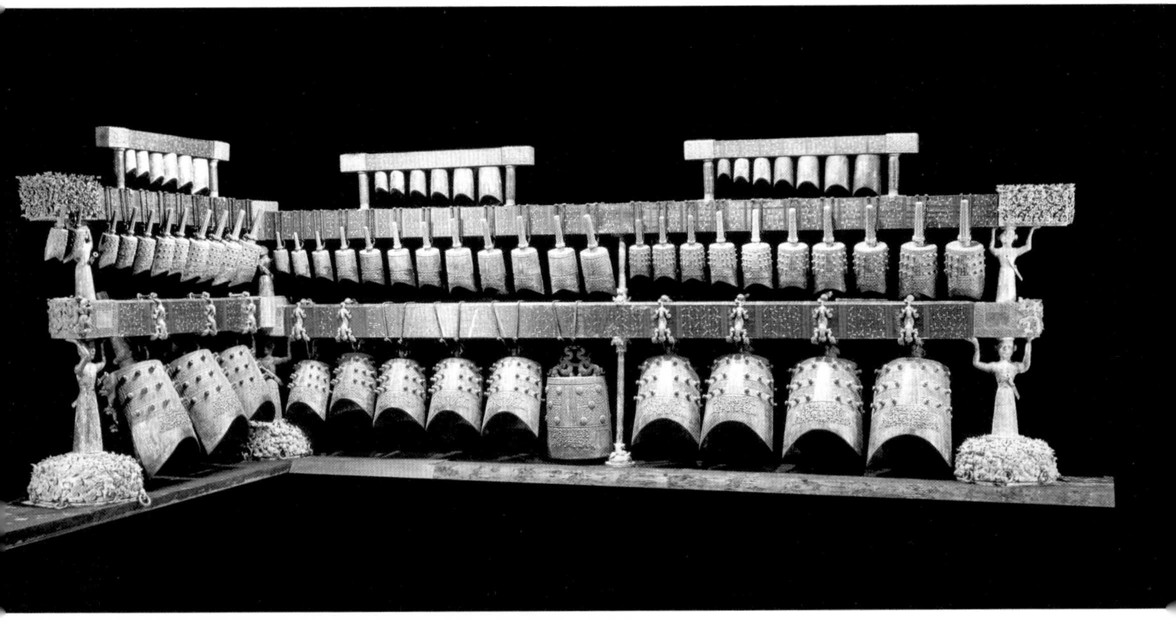

第二十三讲 曹魏白玉杯：简约而不简单

洛阳博物馆藏有一件曹魏时期的白玉杯，玉质上乘，通体光素无纹，大小类似于今天的酒杯，是该馆五大镇馆之宝之一。这件白玉杯虽然形制极其简约，却是魏晋南北朝时期玉器的代表之作，蕴含着丰富的文化内涵。

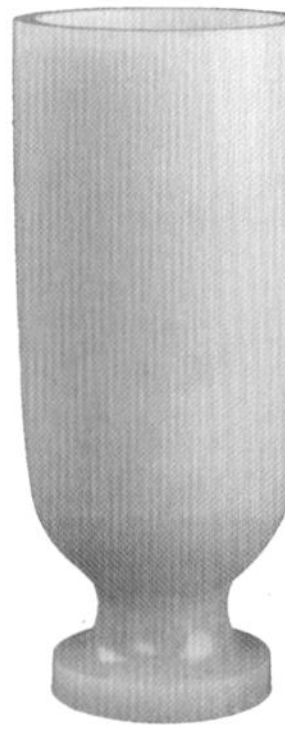

4-20 白玉杯·三国魏

洛阳博物馆藏。

这件白玉杯高11.5厘米，口径5.2厘米，杯底厚4厘米，用上等新疆和田白玉制成，而且是一整块，没有任何瑕疵。杯口、杯壁、杯身与杯底转角处，无不打磨得光滑圆润，但却没有任何纹饰。可以说，这件白玉杯将简约朴素发挥到了极致，但又绝不简单，它摒弃了奢华，却在平凡之中蕴藏了大气，反映了那个时代的面貌。4-20

这件白玉杯是1956年出土于洛阳市涧西区矿山厂的一座曹魏时期的墓葬之中。这座墓屡经盗掘，1956年7月发掘出土的文物以陶器为主，还有少量的铜器、铁器和玉器。铁器中有9件铁帷帐架，由三根或四根短圆管拼接而成，主要是用来构建帷帐（出土之时圆管内均有朽木痕迹）。其中的一件圆管上有“正始八年八月”的铭文，说明这件帷帐架是正始八年（247）铸造而成，相应地证明这个墓葬是曹魏时期的。《周礼》中就有记载，王公贵族在外面举行一些活动，比如外交、军事、祭祀等，都要搭建帷帐，普通百姓却没有这样的礼节。这说明这座墓的墓主人身份不一般。4-21

从曹丕篡汉建立魏朝开始算，曹魏政权一共传了五代皇帝，而正始这个年号是曹魏时期第三位皇帝曹芳的年号，曹芳

4-21 铁帷帐架·三国魏

洛阳博物馆藏。1956年洛阳涧西区16工区曹魏墓出土。铁帷帐架共计9件，是用圆铁棒制成的三柱和四柱的拐角形状，此为其一，应是帷帐顶部的支架，形状如四足外伸的青蛙，各柱均有銎，銎内有木质痕迹，其一柱上刻有『正始八年八月……』等铭文，可知此铁架铸造于正始八年（247）。

是曹丕的孙子，他的父亲魏明帝曹叡是第二代皇帝。从曹芳开始，朝政大权就已经落到了司马氏的手中。曹芳之后的第四代皇帝也是曹丕的孙子，名叫曹髦，是在司马懿的儿子司马师废了曹芳之后改立的。曹髦虽然是个傀儡皇帝，却很有血性，一心想要从司马氏手中夺回大权。甘露五年（260），曹髦召集大臣王经等人，试图发动兵变除掉司马昭（司马师的弟弟，司马师于255年病死），他还对王经说："司马昭之心，路人所知也。"可惜，密谋被司马昭知道了，而且曹髦手中兵力远不如司马氏，这一次兵变也以失败告终，曹髦事后被杀，年仅十九岁。之后司马昭立曹奂为帝，266年，司马昭的儿子司马炎逼迫曹奂退位，建立了西晋王朝。曹髦去世之后，史书上记载是葬在洛阳西北三十里（涧西区就在洛阳西北），地理上有可能；其次是因为当地百姓们把这座墓叫作毛毛墓，与曹髦的名字相近。所以，这件白玉杯的主人可能就是曹髦。

墓中的情况也符合曹髦时代的历史背景：

第一，这个时期的玉料不足。由于战争频仍，玉路不通，和田玉料很难输入；“食玉”之风盛行，许多玉料被吃掉了；而且不少工匠转而去雕琢石窟佛像，导致玉匠也有减少。所以，墓葬中玉器极少，就这么一件。

第二，曹魏时期讲究节葬，不事奢华。史书记载，曹操生前就特别崇尚节俭，也要求薄葬，今天曹操墓的发掘情况与此相符。作为曹操的子孙，曹髦可能也延续了这种风格。

第三，这个时期玄学盛行，讲究质朴自然。这件白玉杯光素无纹，简约平凡，正与这种社会背景相应。

第二十四讲 嵌珍珠宝石金项链：九岁小女孩的奢华陪葬

中国国家博物馆藏有一件罕见的隋代金玉器，名为嵌珍珠宝石金项链，其工艺之繁复、装饰之华丽、所用珍贵材料之多，均为同类物品之冠，堪称举世无双的艺术精品。更令人扼腕叹息的是，它竟然是出自一个九岁小女孩的墓葬之中。

1957年8月，陕西省考古研究所在西安玉祥门外西站大街南约50米（今大庆路南、西仪坊以东的劳动村社区内）发现了一座隋代的石棺墓，让考古人员惊喜的是，这座墓葬保存完好，未发现盗掘的痕迹。

然而，更令考古人员惊叹的却是墓中的文物。

墓主人的棺椁均是青石制成，内棺外椁。其中，外椁由17块青石板拼接而成，内棺尽管是由10块石板拼接，但打开之后却几乎是一座石雕艺术的殿堂。其实石棺长1.92米，宽0.89米，高1.22米，仅仅能够容身而已，可是仔细观察，棺底制成了殿堂的基座，基座之上是由4根方形门柱分隔的3间殿堂，以石棺的西壁作为殿堂的正门（正中间一间），门板、门框、门额、门槛一应俱全，门上还有排列整齐的门钉，五五纵横排列，中部还雕琢了门环。门的两侧各阴刻了一名姿态优美的侍女。正间的两侧偏间没有门，但雕琢了窗户。棺盖则雕琢成殿堂的屋顶，各种瓦片以及瓦当一应俱全，瓦当上还阴刻了莲花纹。有一个筒瓦上还刻有“开者即死”四个字。4-22

这样一来，墓主人即便去世，依然居住在一座华丽的宫殿之中。

4-22 李静训石椁・隋

陕西西安碑林博物馆藏。1957年陕西省西安市梁家庄隋李静训墓出土。

4-23 嵌珍珠宝石金项链・隋

中国国家博物馆藏。

除了棺椁之外，墓中的文物也十分精美，有大量的金器、玉器、瓷器以及陶俑，甚至还有波斯萨珊王朝的银币、玻璃器（椭圆形玻璃瓶，高12.5厘米，经化验，是隋代中国本土制作的吹制玻璃）等，几乎每一件都是艺术精品，工艺或质地稍差的都没有。

在这些文物中，最令人拍案叫绝的就是这一件嵌珍珠宝石金项链。

这条金项链可以分为上下左右四个部分，每一个部分都可以放大了看。

首先看上部，一共有5个镶嵌饰品，正中间是圆形蓝色宝珠，表面还凹雕了一只花角鹿，四周则环绕着一圈金珠。左右两侧各有一方一圆的对称形蓝色宝珠。这5颗宝珠之间全部用金钩、金环连接。凹雕工艺并不是中国固有，也出现在古代两河流域和伊朗高原。4-23

中部左右两侧各有一条由14个直径1厘米左右的链珠组成，每个链珠均由12个小金环焊接而成，上面嵌有10粒小巧的珍珠。这些金环以及珍珠都用多股金丝编成，金光中闪耀着圆润的珠光，工艺之精巧复杂，让人难以想象。这种链珠又称多面

4-22 | 4-24
4-23

金珠，属于古代两河流域、埃及、希腊等地中海沿岸地区的工艺，大约西汉后期传入我国。

下部正中是一个大的圆形金饰，镶嵌着一块晶莹的鸡血石，鸡血石的四周嵌有24颗珍珠，左右两侧有对称的一大一小两颗蓝色宝珠，靠外侧较大的宝珠也有一圈珍珠镶嵌。鸡血石的下方有一个卵形的金饰，在一圈金珠中间镶嵌了一块长达3.1厘米的青金石。据说这条项链出土的时候，鸡血石与青金石依旧光彩夺目，红色与宝蓝色交相辉映，令人难以置信。鸡血石是中国特有的一种玉石材料，元代就用作印石，主要产地在浙江临安区昌化镇的玉岩山，也称作昌化鸡血石，是中国四大名石之一。青金石是另外一种玉石材料，在中国古代玉器上经常用于镶嵌，也可以用来制作蓝色颜料，但主要产地在阿富汗，中国本土不产，从汉代开始出现的青金石基本都是从域外输入的，尤其是这条金项链上硕大的卵形青金石，经鉴定，应该就是来自阿富汗地区。

所以，根据项链上的部件以及工艺，专家们做出推测，这条金项链可能原产于巴基斯坦或阿富汗地区。4-24

这座墓葬的下葬地点也显得与众不同。在长安城内（隋代名为大兴城，唐代改叫长安城）靠近皇城左侧的一座叫作万善尼寺（也叫万善道场）的寺庙中。

4-24 金手镯一对·隋

中国国家博物馆藏。1957年陕西省西安市梁家庄隋李静训墓出土的金手镯，无论是工艺还是造型，在国内是绝无仅有的。但是类似的饰品却在古印度的雕像、壁画上能找到。尤其是印度阿旃陀石窟1号窟内廊后墙壁上绘制的莲花观音像，其中观音右手腕上戴的手镯，其造型与李静训墓出土的金手镯极为类似，这也是人们推测金手镯来源于北印度的证据之一。

这位墓主人到底是谁，为什么其不仅下葬规格十分奢华，居然还能直接葬在长安城内呢？

墓葬出土的时候，在棺椁的南边有一块墓志铭，揭露了这个名叫李静训的九岁小女孩的真实身份。她的父亲叫李敏，母亲叫宇文娥英，外祖母叫作杨丽华，就是隋朝开国皇帝杨坚的大女儿。

原来杨坚为了巩固自己的权位，将女儿杨丽华嫁给了北周宣帝。宣帝病死后，杨坚篡位建立隋朝，对此，杨丽华坚决反对。杨坚因为愧疚，封杨丽华为乐平公主，尽一切可能满足杨丽华的需求。等到杨丽华与北周宣帝的女儿宇文娥英到了出嫁的年纪，杨坚便下旨为宇文娥英选婿，最终选定了幽州总管李崇的儿子李敏。据说选婿的时候，杨丽华亲自把关，让适龄的贵族青年一个一个到宫中展露才艺，这才选中了才貌双全、出身高贵的李敏。4-25

李敏祖父是北周大将军李贤，父亲李崇辅佐北周武帝平定了北齐，又辅佐杨坚建立隋朝，战功赫赫，而李敏本人在《隋书》中更是被形容为“美姿仪，善骑射，歌舞管弦，无不通解”。

因为父母的原因，李静训出生之后可以说集万千宠爱于一身。杨丽华将李静训接入宫中亲自抚养，并为她取字为小孩，可见对她的喜爱。而杨坚出于对杨丽华的歉疚，所给的一切待遇都是最佳，所以，李静训所用的物品，包括首饰、日用品，甚至连吃饭的碗（金扣玉碗）都是绝世珍品。比如墓中出土的玉器就有一只玉鹿，小巧圆润，玉质纯白无瑕，堪称绝品。金扣玉碗是在一只白玉碗的口沿上镶了一圈金边，既增加了玉碗的价值，也使得玉碗更加实用，不至于吃饭的时候伤到嘴唇。而且，玉碗的大小正像我们今天小孩子吃饭的小碗，极有可能是李静训吃饭的碗。4-26

可惜，大业四年（608），年仅九岁的李静训去世了，让杨丽华悲痛不已，于是便将她直接葬在皇城旁边的寺庙中，方便祭奠。杨丽华的丈夫、父亲、弟弟都是皇帝，最终却因权力纷争落得孑然一身，就连她晚年唯一疼爱的这个外孙女也先她逝世，令人扼腕叹息。大业五年（609），杨丽华病逝。

4-25

4-26

4-25 李静训墓志拓本

志石边长39.4厘米。志文共20行，行20字，楷书。志盖阳文篆书『隋左光禄大夫女墓志』。李静训墓志，用笔犀利而畅达，楷书提按、顿挫的笔法已应用得相当熟练，结构也处理得收放自如。

4-26 镶金口白玉杯·隋

中国国家博物馆藏。1957年陕西省西安市梁家庄隋李静训墓出土。高4.1厘米，口径5.6厘米，底径2.9厘米。此杯由上等的和田玉雕琢而成，敞口，口沿镶金带一周，深腹，假留足，平底，通体光洁无纹饰。其柔和的玉质、凝练的造型使得这件玉器虽小却显得高贵典雅、气宇不凡，成为隋代玉器的一件代表作品。

第二十五讲 十三环金玉蹀躞带：昏君最后的身份证明

2013年3月，扬州西湖镇曹庄的一处建筑工地发现了一座墓葬，其中出土了一条帝王等级的十三环金玉蹀躞带，墓志铭也证明墓主人是隋炀帝，但墓葬规模较为“寒酸”，据史书记载与考古调查，还有多处隋炀帝的下葬之地，这为曹庄墓葬带来重重疑云。

从新石器时代到魏晋南北朝时期，主要的束带工具就是小巧的玉带钩，一般主要起的作用就是将布帛质地的腰带两端连接起来。魏晋南北朝时期，一种新的束腰工具——蹀躞带传入中原。蹀躞是小步快走的意思，最早并不是玉质，而是皮革质地，可以用来悬挂一些小巧的随身物品，比如小巧的武器、磨刀石、火石、算囊以及装饰品等，大多是行军必备物品，这些物品就挂在蹀躞带的环上。魏晋南北朝时期的一些墓葬中就有不少的蹀躞带出土。蹀躞带是有等级区别的，一般以环的数量多少来衡量。从出土的情况以及历史记载来看，蹀躞带的环数最高就是十三环。比如北周武帝的孝陵就出土了十三环的铜制扣眼玉带。《隋书》还记载说，隋文帝的蹀躞带也是十三环。甚至到了唐朝，唐太宗为了奖赏李靖，曾给他赐了一幅十三环金玉带，而且是用于阗玉（和田玉）制作而成。不过，唐朝以后，蹀躞带有了一些变化，规定环的数量最多九枚，所以，唐代的考古发掘从没有发现过十三环的蹀躞带。4-27

隋炀帝的这条十三环金玉蹀躞带是目前考古发掘中最高等级的蹀躞带。它的材料以玉为主，在方形带板与十三玉环之间以金丝连接。另外十三个玉环上均有三个孔，目的是用金线附着在内层的皮带或布带之上。出土的时候，内层的皮带或布带已经朽坏，只剩下金玉材料。

出土这件十三环金玉蹀躞带的墓葬还同时出土了墓志铭，墓志铭上明明白白地写着“随（隋）故煬帝墓誌”，告诉大家，这就是隋炀帝杨广的墓。但这座墓葬存在着不少疑问：4-28

第一，墓葬规模确实不大。曹庄的墓葬是隋炀帝与萧皇后的合葬墓，其中隋炀帝的墓通长24.48米，墓室南北长6.17米，东西耳室长8.22米。萧皇后的墓通长13.67米，墓室基本是正方形，长宽5.9米。这种规模与已知的秦始皇陵、西汉帝王们的陵墓、唐高宗李治的乾陵、明万历皇帝的定陵等远远不能相比，确实显得寒酸。有一种说法认为扬州处于江淮地区，无法建造关中地区的那样的大型陵墓。而且，周边地区的一些帝王陵墓确实规模差不多。

4-27 十三环金玉蹀躞带·隋

扬州市文物考古研究所藏。2013年江苏扬州曹庄隋炀帝墓出土。

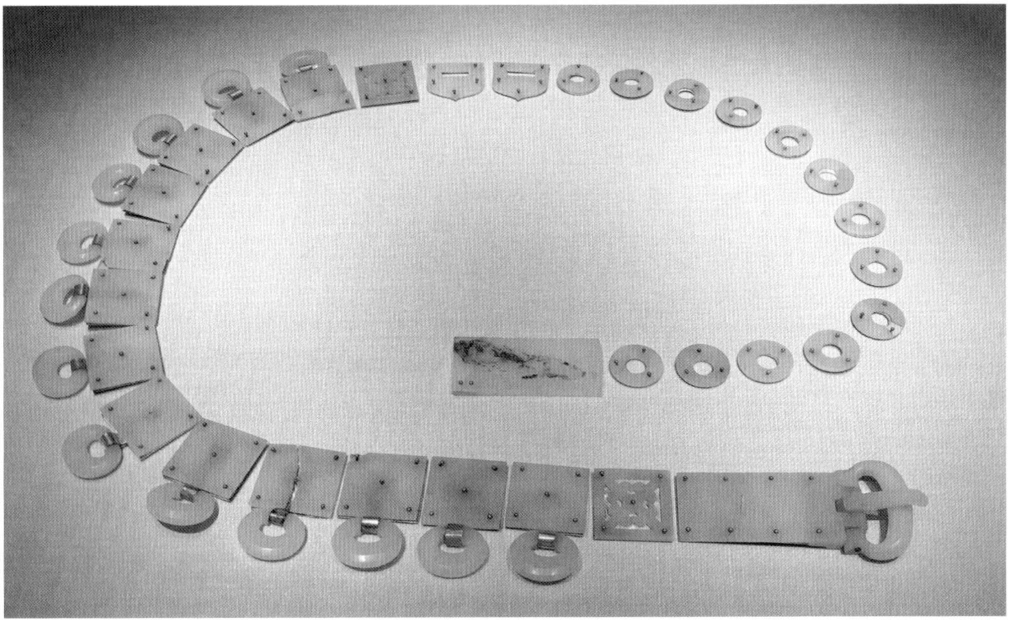

4-28 隋炀帝墓志

扬州市文物考古研究所藏。2013年江苏扬州曹庄隋炀帝出土。志身同为正方形，边长63厘米、厚14厘米。出土时其左下一角已和主体部分断裂，断裂处两侧边缘吻合、石筋接续。裂缝内还有板结及固着物，因石质疏松，故未做进一步清理，尚保持原貌。

第二，隋炀帝到底葬在哪里？在曹庄的墓葬发掘之前，陕西武功县、河南洛宁县都有隋炀帝的墓，其中陕西的墓还在1957年被确定为省级文物保护单位。再加上隋唐时期皇帝下葬，一般都要制作“哀册”，而不是留下墓志铭。另外，墓志铭也有些奇怪，隋朝的国号用的不是“隋”，而是“随”。隋文帝杨坚的父亲杨忠本来封的是随国公，后来被杨坚继承。但是他篡位以后，嫌“随”字有走之旁，不吉利，就改成了“隋”，为什么隋炀帝墓志铭中还使用“随”字呢？

其实这些疑问都与隋炀帝这位历史上有名的昏君有关系。

杨坚篡位建立隋朝之后，南方的陈朝还没有平定，就是杨广统帅大军平定了陈朝，完成了隋朝统一天下的大业。之后，杨坚任命他为扬州总管，平定了江淮地区的一些叛乱。杨广坐镇扬州十年，将扬州治理得十分繁华，之后又统帅大军北伐突厥，大胜而回。

尽管他功劳大，但他的哥哥杨勇才是嫡长子，很早就被立为太子。可是，杨勇此人不懂得收敛，平时生活非常奢华，又纳了很多姬妾，让隋文帝和独孤皇后很不满。原来，隋朝建立后，隋文帝有意崇尚节俭。另外，隋文帝娶了独孤伽罗之后，两人十分恩爱，曾发誓不再纳妃，所以喜欢专情如一的孩子。4-29

4-29 萧后钗钿礼冠复原图

该冠采用了金、铜、铁、玻璃、汉白玉、珍珠、木、漆、棉、丝等10种材料，饰件加工时经过了锤揲、焊接、掐丝、镶嵌、鎏金贴金、铸造、錾刻、抛光、剪裁、髹漆等12类工艺。冠上立12株花树，正面饰钿花12枚，冠前下端置宝钿蔽髻，冠体两侧各置博鬓一件；与冠配套另有宝钿饰首的12枚钗。该冠的部件配置完全符合《隋书》中对皇后等级细钗冠的描述，是皇后萧氏崇高地位的呈现。

为了夺取太子之位，杨广有意讨取父母欢心。每次父母派遣使者到府中，杨广都让其他的姬妾躲起来，只带着萧皇后（当时是王妃）去迎接，而且还让府中的人都穿得十分简朴。这样的反差使得隋文帝夫妇越来越喜欢杨广，嫌弃老大杨勇，最终废了杨勇，改立了杨广为太子。

然而，杨广继位以后，立刻面貌大变，过上了骄奢淫逸的生活。隋炀帝营建东都、开凿大运河、三征高丽，又在全国修建离宫别馆，包括江都宫（扬州），每年征发无穷无尽的劳役，弄得民不聊生，不过才14年时间，就把国力强盛的隋朝折腾得狼烟四起。他特别喜欢到处巡游，在位14年，在都城中的时间总共也就一年时间。

616年，他第三次去江都巡游，第二年李密发动瓦岗寨起义，李渊在太原起兵，杨广滞留在江都回不了都城。他也明白，折腾到这种地步，只怕隋朝保不住了，居然还揽镜自照，说："好头颈，谁当斫之！"618年，宇文化及发动叛乱，缢死杨广，时年五十。4-30

4-30 铜铺首·隋
扬州市文物考古研究所藏。2013年江苏扬州曹庄隋炀帝墓出土。

后来，杨广经历了多次改葬。杨广死后，萧皇后与宫人一起拆了床板，给杨广做了一副小棺材，把他葬在江都宫西院的流珠堂。宇文化及领兵离开江都以后，江都太守陈稜找到杨广的灵柩，把他改葬到江都宫的吴公台下。唐朝建立以后，又把他改葬到扬州的雷塘。到了唐太宗的时期，唐朝击败突厥，将流落到突厥的萧皇后接回长安。萧皇后去世后，就将她送到江都，与杨广合葬在一起。

正是因为多次改葬，导致隋炀帝的下葬地点出现了很多传闻，再加上他去世之时隋朝基本已经灭亡，也谈不上什么太严格的帝王规格，国号"隋"使用起来也很随便，甚至连墓中陪葬的珍贵物品都不多，唯有这条十三环金玉蹀躞带，或许是他生前使用的物品，所以才陪葬在一起。

第二十六讲〇 唐玄宗封禅玉册：泰山上的封禅大典

台北故宫博物院藏有唐玄宗在开元十三年（725）封禅泰山之时的玉册，册文讲述了他在位时期的丰功伟业，并因此以各种祭品向天地之神祭祀祈告。这是中国古代历史上首次公诸于世的封禅册文，堪为绝世孤品。然而，它的出土与流传却迭经波折，具有令人惊叹的传奇色彩。

这件玉器有点像是竹简，只不过质地由竹更换成青玉。其制作方法也与竹简相似，先将玉料切割成长约28厘米、宽约3厘米、厚约1厘米的长方条形，然后以斜刀镌刻字迹，涂上金粉（现金粉基本已经脱落）进行装饰。最后，在每根玉简的上下两端各横穿一孔，以金丝将这些玉简连缀成册。

唐玄宗封禅玉册的文字如下：

维开元十三年（725）岁次乙丑十一月辛巳朔十一日辛卯，嗣天子臣隆基敢昭告于皇地祇：臣嗣守鸿名，膺兹丕运，率循地义，以为人极。夙夜祇若，汔（同迄）未敢康。赖坤元降灵，锡之景祐，资植庶类，屡惟丰年。式展时巡，报功厚载，敬以玉帛、牺齐、粢盛、庶品，备兹瘗礼，式表至诚。睿宗大圣真皇帝配神作主。尚飨。4-31

每根玉简最多9字，共115字，均为隶书，唯有第三根玉简的最下端“隆基”两字是楷书，这是唐玄宗的名字。据研究，册文的字体与唐玄宗的书法风格一致，工整均匀，应该是他本人撰

写并书写而成。

这幅玉册是用来举行封禅大典的。封禅是中国古代帝王祭祀天地的大型礼仪活动。封指祭天，地指祭地。这项礼仪从三代时期就开始施行，比如西周时期，周天子是天下共主，封禅的是天下的名山；而各地的诸侯封禅的则是本国境内的名山。

秦始皇统一天下以后，一直到清代，共有秦始皇、汉武帝、东汉光武帝、唐高宗、唐玄宗和宋真宗六位皇帝在泰山上举行过封禅大典。因为古人认为泰山是天下最高的山，在泰山上祭祀天地，距离天神最近，产生效果的可能性最大。4-32

在祭祀的时候，除了要向天地敬奉各种牺牲等祭祀品以外，还要撰写册文，说明祭祀的原因，甚至向天地之神祈求的愿望。册文往往会埋入地下，叫作瘗。今天我们所能见到的册文只有两个，除了唐玄宗的玉册以外，还有宋真宗的封禅玉册，也藏在台北故宫博物院。

唐玄宗在开元十三年（725）举行了封禅大典以后，玉册就埋入了蒿里山中。到了宋代第三位皇帝宋真宗的时期，因为与辽朝签订澶渊之盟，宋真宗的威望受到了一定的影响，于是他要举办封禅大典来挽回形象（1008），他提前半年就开始准备，营造了天书下降、五色祥云盖顶、醴泉出世等很多吉兆。很有可能在这次封禅的过程中，宋代发现了唐玄宗的封禅玉册，将宋真宗的封禅玉册直接摆在唐玄宗的封禅玉册之上，然后再铺上五色土覆盖。因为是祭地，五色土就象征着五方地祇。4-33

到了1930年的民国时期，西北军阀马鸿逵被蒋介石派到山东作战，打赢了泰安战役，便借口要在蒿里山修建烈士纪念碑，开始挖掘宝藏。1931年5月6日，马鸿逵的特务营果然发现了五色土，在五色土下挖掘出了许多金银玉器，而正中间黄色土下面的十多尺深的地方，又发现了两个大的石头箱子，石头箱子里面装的是黄金盒子，黄金盒子里面又是白玉盒子，白玉盒子里面有许多玉片，用金丝连缀在一起。

马鸿逵不知道这是什么东西，赶紧派人到北平请了古董商来鉴定，结果证明这是唐玄宗的封禅玉册，是绝世珍宝。尽管他下令不许泄露，但一两年后，消息还是传了出来，1933年3月10日的北平《晨报》和《大公报》都报道了玉册被发现的消息，邓之诚等许多专家对此加以肯定，认为唐玄宗封禅玉册是中国文化史上空前的发现。

新中国建立，国民党败走台湾省，马鸿逵也去了台湾，后来又定居美国，但玉册的去向一直有很多传言，有的说马鸿逵卖给了美国人，也有的说被日本特务偷走了。一直到1970年，马鸿逵临死之前将美国洛杉矶银行地下保险柜的钥匙交给了四姨太刘慕侠，嘱托她将保险柜里的东西带回中国台湾。马鸿逵去世的第二年，刘慕侠按照他的遗嘱，将保险柜里的箱子带

◀ **4-31 开元十三年禅地祇玉册·唐**

台北故宫博物院藏。唐玄宗禅地玉册共15简，长短不一。简与简之间以金属线串联。册文系以斜刀镌刻后涂金，但金粉现在多已剥落。其中，除玄宗署名『隆基』二字为楷体外，余为隶书，字迹清晰，保留了原来书写的笔意，端整丰匀，经研究与玄宗的书风相符，应该是他亲笔御书之作。

丑十一月辛巳朔十一
日辛卯嗣天子臣隆基
敢昭告于
皇地祇臣嗣守鴻名膺
茲天運率循地義以爲
人極夙夜祗若汔未敢

◀ 4-32 开元十三年禅地祇玉册局部

4-33 开元十三年禅地祇玉册局部

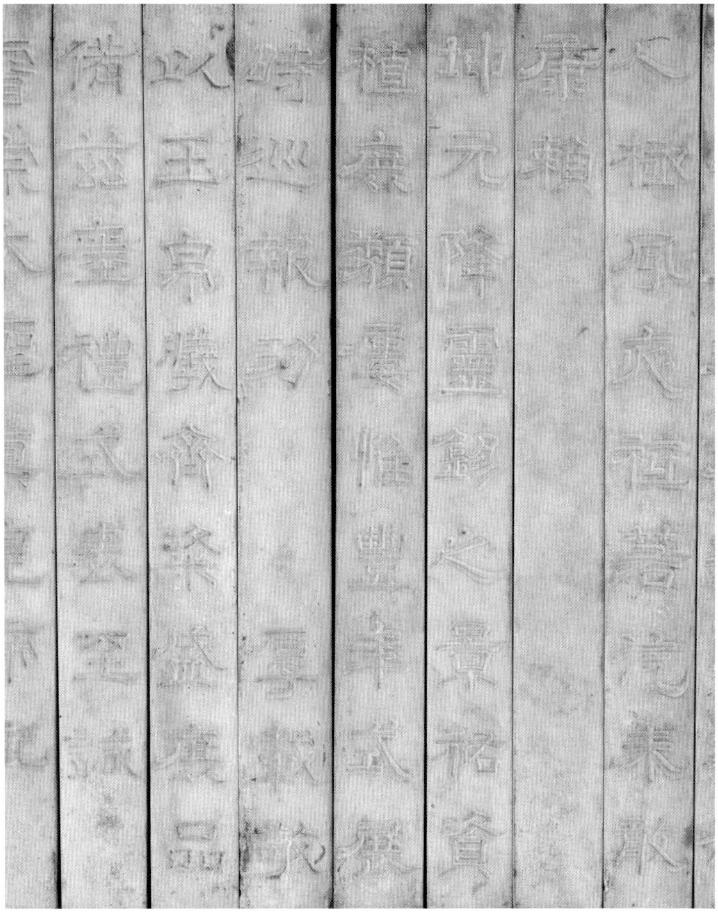

回了台湾，并请了许多专家一起来开启，果然发现了带有“开元”“隆基”等字样的唐玄宗封禅玉册，而且在箱子的底部，还有一个夹层，打开后竟然是宋真宗的封禅玉册，上面有“大中祥符”“恒”的字样，这是宋真宗封禅那一年的年号以及宋真宗的名字。到这里，大家才知道，当初马鸿逵发现的是两件玉册，却只有唐玄宗的玉册传出了消息。4-34

九穀豐穰百姓親比 方輿所資凉德
是愧溥率同詞搢紳協議因以時巡亦
既肆類躬陳典禮祗事 厚載致壽
祖宗潔誠嚴配以伸大報聿修明祀本文
百世黎元受祉謹以玉帛犧齊粢盛庶
品備玆禋瘞式表至誠 皇伯考太祖
啓運立極英武聖文神德玄功大孝
皇帝 皇考太宗至仁應道神功聖德文武
大明廣孝皇帝配 神作主 尚饗

維大中祥符元年歲次戊申十月戊子朔
二十五日壬子嗣天子臣敢昭告于
皇地祇無私垂祐有宗肇基命惟
天啓慶賴 坤儀 太祖神武威震
萬寓 太宗聖文德綏九土臣恭膺寶

4-34 大中祥符元年禅地玉册・宋

台北故宫博物院藏。这件宋真宗在大中祥符元年（1008）于泰山旁的社首山（今日称为蒿里山）举行禅礼所用的玉册及全组共52片玉嵌片，其质地都是蕴于昆仑山、采自和阗的白色闪玉；玉册共16条长简，上下两端有横向小穿，可用金属丝串联。正面雕刻再泥金共228字，内容为皇帝祭地祇时在典礼中宣读的祭文。嵌片中的40片可组成8组，6组雕琢龙纹与卷云纹，另两组除龙纹与卷云纹外，还雕有成对凤纹，这些应是贴饰在玉匮表面的饰片；其他则有10条或长或短的装饰片，和两件各刻有五道凹槽的『玉检』。在禅礼完成后，皇帝要将玉册迭放入玉匮中，再用涂了金泥的绳索环绕五圈，每圈卡入玉检中的一个凹槽，最后用金泥封住缠绳末端，用『受命宝』，也就是玺印印封之。再将封好的玉匮放入大型方石凿制的石内，最后用五色土将石圜封于祭祀现址。

第二十七讲 前蜀龙纹玉带：真火炼就宝带出

1942年到1943年，在抗日战争的硝烟中，考古工作者克服了种种困难，对被意外发现的五代前蜀皇帝王建的墓葬进行了考古发掘。这是中国考古史上第一次发掘帝陵，出土了大量的文物。其中有一件龙纹玉带，是王建生前的御用腰带，有助于了解古代高级贵族的腰带制作及佩戴方式，现为四川博物院的一件镇馆之宝。

王建墓的发掘工作主要是在四川考古先驱冯汉骥先生的主持下进行的。冯汉骥先生出生于1899年，1931年赴美深造，在宾夕法尼亚大学人类学系获得博士学位，1937年放弃了哈佛大学终身教授的工作机会，回国参加中央博物院的筹建，但因抗战爆发，11月到成都四川大学任教。

冯先生到了成都之后，听到当地人说起“抚琴台”的传说，称“抚琴台”就是当初司马相如为卓文君演奏《凤求凰》的地方，但冯先生怀疑这里是一座墓葬。

1940年秋，为了躲避日寇的轰炸，当地铁路局在抚琴台一带修建防空洞，发现了一些砖墙，以为是琴台的地基，但冯先生认为可能是墓葬的砖墙。1942年9月到1943年10月，在冯先生的主持下，考古工作者对这座墓葬进行了发掘，1942年10月的时候发现了一些玉册，后来经过辨认，证实这座墓的墓主人是五代时期前蜀政权的第一代皇帝王建。

王建墓的发掘是由政府牵头组织学界精英进行的一次考古发掘，是全国首例，而且规章制度比较规范，并撰写了发掘报告（1964年出版《前蜀王建墓发掘报告》），可以说是中国考古发掘的一次里程碑。当时郭沫若、梁思成、李济，英国人李约瑟等许多专家都对此十分关注，冯先生还发表了一篇英文的学术文章介绍相关情况，引起了国际关注，连瑞典王储古斯塔夫六世都曾通过外交渠道询问发掘情况。

这条玉带是在1943年的6月15日发现的。据冯先生介绍，发现之时，这条玉带与墓中的一些银钵、银盒等放在一起，可能是盗墓贼将这些重要物品搜集到一起准备带走，但不知什么原因，最终放弃了。玉带发现的时候，主要的部件包括1块铊尾、7块带銙和2个银扣，内里的带鞓已经腐朽，只剩下少数痕迹。4-35

可是，图片上这八块玉的颜色似乎有些暗沉。铊尾背面刻有的铭文解释了玉带的制作缘由：在永平五年（915）的冬天，宫中突然发生大火。第二天在烈焰中居然得到了一团宝玉。当时工人们很奇怪怎么连大火都烧不毁这团玉。皇帝王建说，这团宝玉是天生神物，怎会被烧毁？于是，他下令将这团洁白温润的宝玉做成了一条大带。

墓主王建（847—918）是五代时期前蜀政权的第一代皇帝。他出身平凡，家里是做饼的。他年轻的时候干了不少坑蒙拐骗、偷鸡摸狗的事情，因为排行第八，又姓王，还做贼，所以被人取了个绰号叫“贼王八”。他还因为犯罪进过监狱，逃出来

4-35 **龙纹玉带·五代前蜀**
四川博物院藏。1942—1943年四川省成都市西郊王建墓出土。

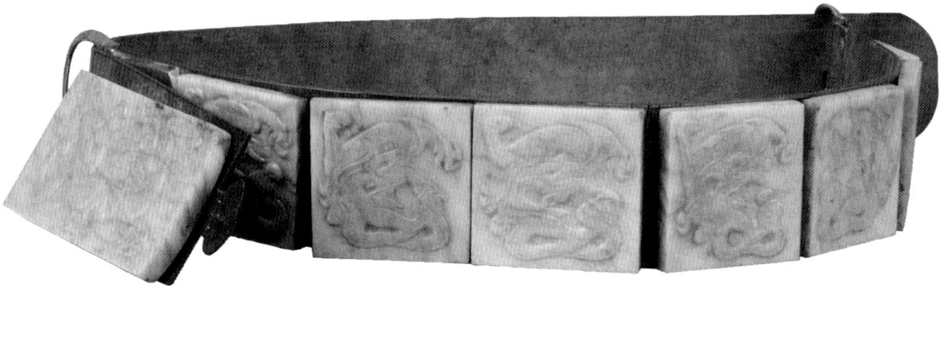

以后跑到武当山被人指点，说他面相尊贵，应该去从军。于是，他真的去忠武军（今河南淮阳）当兵了，还立了一些功劳。

唐僖宗的时期，黄巢大起义爆发，王建因为镇压起义军有功，受到唐僖宗的重用。据记载，有一次僖宗在逃亡的时候，是王建拉着马将僖宗从战火中突围出来，王建还让僖宗枕着自己的腿睡觉。所以，僖宗把自己的御衣赏赐给王建，还封他做了壁州（今四川通江）刺史。

王建在四川招兵买马，一直打着尊奉唐朝的旗号，所以，在扩大势力和地盘的同时，还不断得到唐昭宗的封赏，官越做越大，地盘也越来越大。903年，王建被封为蜀王。904年，朱温杀了昭宗，立了唐哀帝。907年，朱温篡位建立后梁。王建立刻传檄天下，号召各地节度使讨伐朱温，不肯承认后梁政权的正统性。也有人说，其实王建的真实目的是割据四川。果然就在这一年九月二十五日，王建宣布建立大蜀政权，自己做了皇帝。

史书记载，确实就是在永平五年（915）这一年发生了大火。原来，这一年王建向东汉光武帝设立云台二十八将、唐太宗设立凌烟阁二十四功臣学习，建立了一个扶天阁，把功臣们的画像都挂在里面。没想到，扶天阁才建立，就发生了大火，一下子烧了个精光。这场火灾与玉带铊尾上记载的火灾恰好能够对应上，都是发生在915年的冬天。又过了三年，到918年的时候，王建生病去世，终年七十二岁，他的儿子王衍继位。925年，后唐出兵攻打，王衍投降。前蜀政权总共持续了18年时间。

第二十八讲◯ 鲁荒王九旒冕：荒唐的亲王完整的冕

明朝建立后，服饰制度有了较大规模的调整，有意吸收了周、汉、唐、宋等朝代的特色，特别是作为皇帝最高等级的冕服，几乎直接承袭西周。20世纪70年代发掘的明初鲁荒王墓出土了一顶九旒冕，由竹丝、金、玉等材料制成，是我国现存唯一一件明初冕冠实物，具有极高的文物价值和研究价值。

这其实是一顶帽子，古代叫作冕，由竹丝编成骨架，再加上金、玉等材料，基本是原貌。最上面那块板叫作綖板，綖板前后都挂着9串玉珠，叫作旒或冕旒。每串玉珠9颗，加起来一共18串162颗。需要注意的是，玉珠是五色的，除了正中间的黑色只有1颗，其余赤、白、绿、黄四色各有2颗。冕的正中间有一根金簪，横穿头发，主要起固定和平衡的作用。在金簪的上方，紧贴着綖板有一根玉衡，青玉质地。玉衡两侧各有绳孔，悬挂着同样的青玉圆珠，叫作充耳。4-36

大约从西周时期开始，皇帝在举行最为隆重的祭祀仪式时，要穿戴一套特殊的礼服，叫作冕服，冕服包括头上戴的冕、身上穿的玄衣纁裳、脚上穿的赤舄三个部分，其中的冕最能体现天子的身份。

一般来说，天子的冕有綖板、旒、充耳、发簪等。根据文献记载，天子的冕讲究更多，比如綖板是前圆后方，颜色上外黑内黄，旒一共24串，每串12寸长，12颗玉珠，也是五彩玉珠串成，共288颗等。发簪一般都是玉质。秦汉以后，皇帝戴的就是这种形制的冕。从皇帝往下，每低一等，冕旒的数量就会减少，每串

4-36 九旒冕·明

山东博物馆藏。1971年山东邹城鲁荒王墓出土。九旒冕通高18厘米，綖板板长49.4厘米，宽23.5厘米，筒径18.5厘米。

冕旒上的玉珠数量也会减少。比如分封出去的诸侯王，像这位鲁荒王，冕旒前后各有9串，每串上面的玉珠也只有9颗。再往下，上大夫是7，下大夫是5，士是3，等等。

到了明代，能够戴冕的除了皇帝以外，就只有皇太子、亲王和郡王及他们的世子，其他人不许戴。其中，皇太子和亲王及亲王世子都是9旒，郡王及郡王世子是7旒。1957年发掘的万历皇帝定陵出土了2顶皇帝专用的冕，与文献中记载的周天子所戴冕的形制一样，前后各12旒。

其实不论是天子还是诸侯王，都是统治者或高级贵族，因而冕上面的这些部位都带有礼仪上的意义和劝勉统治者勤政爱民的寓意。比如天子綖板的形状是前圆后方，代表着天圆地方；外黑内黄，寓意天玄地黄，可能都是指天子统治的这个天下。充耳的字面意思是塞住耳朵，但其实是对统治者起一个劝谏的作用，即在治国的时候不要听信谗言。

既然有这样的寓意，这个九旒冕的主人鲁荒王又是谁呢？

鲁荒王的墓葬位于今山东省济宁市邹城市东北12公里处的九龙山麓，是鲁荒王朱檀与他的两个嫔妃汤妃、戈妃以及儿子鲁靖王朱肇辉的陵墓，其中以朱檀的陵墓规模最大。1969年，当地在进行基本建设的时候发现了这座墓葬。1970—1971年，山东博物馆以及济宁市的考古工作者对它进行了抢救性的发掘，共出土文物2000多件，是当时山东省发掘的最完整、出土文物最丰富的明代墓葬。其中，出土玉器数量最多，还有丝织品、乐器、古籍、木俑、家具类型的明器等，许多都是难得一见的珍品。4-37

朱元璋在建立明朝后，除了长子朱标被立为皇太子以外，还将23个儿子和一个侄孙分封到全国各地做诸侯王，目的当然是希望这些子孙能够辅佐皇帝，维护大明江山稳固。为此，他不仅给这些子孙王爵、封地，还给了他们兵权。特别是北方边境上的一些诸侯王，比如后来的永乐皇帝，当时封的是燕王，封地就在北京，长期驻防北部边疆，作战经验十分丰富，远不是后来继位的建文帝可比。

朱元璋的这些儿子中，排行第十的是朱檀，生于洪武三年（1370），母亲是郭宁妃。据《明史》记载，朱檀出生才两个月就封了鲁王，十五岁的时候奉命去了自己的封地兖州，下辖4州23县。这位鲁王本来名声很好，谦躬下士，博学多识，甚至还能写诗作赋，朱元璋也很喜爱他。不料，去封地以后，他在王府中养了一些所谓的道士，教他每天焚香念经，还帮他炼制长生不老的“仙丹”。古代的“仙丹”很多都是毒药，鲁王吃了“仙丹”以后毒性发作，眼睛失明，十九岁便去世。朱元璋十分恼火，觉得这个儿子太荒唐，所以，特意给他定了一个“荒”的谥号，可能有警示其他儿子的用意。4-38

不过，鲁王朱檀给自己选陵墓地点是很下了一番功夫的，

4-37　4-38

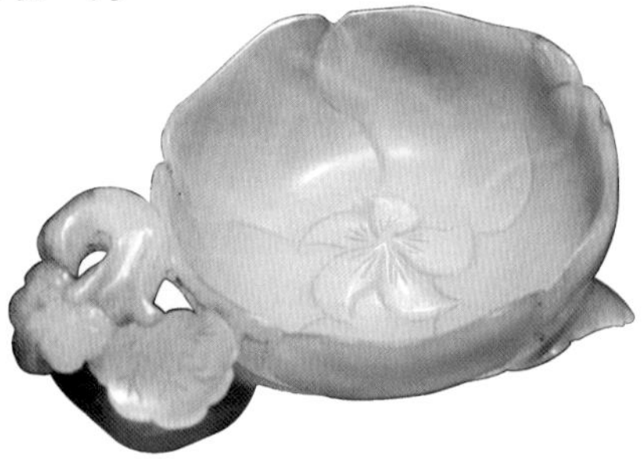

4-38　镶宝石金带饰·明

山东博物馆藏。1971年山东邹城鲁荒王墓出土。通长16.7厘米，最宽10厘米，最高2.8厘米，重395克。带饰为如意云形，托体金质，镂空串枝花卉。花卉表面镶嵌各种宝石33颗：如意云托正中镶嵌大蓝宝石1颗，四周分嵌大珍珠4颗、小珍珠4颗、红宝石12颗、猫眼石2颗、祖母绿1颗、绿松石6颗、小蓝宝石2颗、缟纹玛瑙1颗，共计33颗。带饰看上去绚丽多彩、雍容华贵，在一枚带饰上镶嵌如此多的珍贵宝石，是极其罕见的。

4-37　白玉花形杯·明

山东博物馆藏。1971年山东邹城鲁荒王墓出土。高3.2厘米，口径7.3厘米。杯体犹如一朵盛放的花朵，五片花瓣相连，内底花蕊凸起，镂雕的枝叶组成杯柄与杯托，枝叶脉络清晰可见。

他命精通风水的术士踏遍了鲁国的山水，这才找到了背靠着九龙山、南临白马河的这块风水宝地。当时，朱元璋对这个儿子还是很关心的，特意派遣刘基（刘伯温）来主持陵墓的修建。虽然朱檀去世得早，但鲁王这一支在明朝绵延不绝，一共10代，出了13个鲁王。明朝灭亡后，张国维等人还曾拥立鲁王朱以海抵抗清军。

鲁荒王朱檀是亲王身份，其尊贵程度仅次于皇帝，因而他所戴的冕在级别上也仅次于皇帝，其冕旒才有9串9颗的规格。

第二十九讲 嵌宝石金镶玉带：沐王爷的腰带

位于南京市雨花台区与江宁区交界处的将军山有“南京九寨沟”的美誉，这里不仅风光秀丽，而且还埋葬着明代开国功臣沐英和他的子孙。1974年，考古工作者抢救性发掘了沐英第十世孙沐睿的墓葬，出土了嵌宝石金镶玉带等一批珍贵文物，揭示了明代功臣世家沐氏的一段历史。

这是一条腰带，共由20块不同形状的部分组成，工艺是一样的，均采用模压工艺制成金质外框，中间镶素面白玉，白玉四周镶嵌红、蓝宝石及珍珠，红、蓝宝石及珍珠镶嵌在金丝编织的孔中。出土之时，珍珠已经风化无存，现存红宝石70颗、蓝宝石61颗。整条玉带重2016克。4-39

从新石器时代开始，中国人就在使用玉质的束腰工具，最早是玉带钩。到了魏晋南北朝时期，草原民族进入中原，将蹀

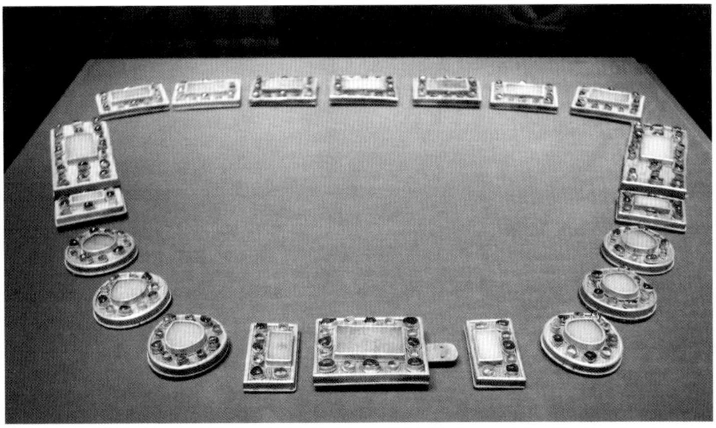

4-39 **嵌宝石镶金玉带·明**

南京市博物馆藏。南京江宁将军山沐启元墓出土。黔国公世代镇守的云南是明代重要的宝石集散地，嘉靖四十二年（1563）一次就『进宝石青红黄三色三百六十两有奇』，隆庆六年（1572）朝廷又要求云南进宝石二万块，沐氏家族墓出土过很多镶宝石的文物。

蹀带这种新式的束腰形制带到中原。到了隋唐时期，蹀躞带就演变成了玉带，一般是将各种材质的带板缀在皮质的带鞓上进行装饰，当然也能体现出等级和地位的区别。从唐代到明代，在各类材质中，玉带始终等级最高，这一点没有变化，但到了明代，玉带的形制跟唐代不一样了，有了新的规范组合。

原来明朝建立后，朱元璋意图在制度上恢复汉唐旧制，而官员的腰带正是区别等级、地位、权力的一个重要方面。朱元璋在位的洪武年间多次对服饰制度进行规定，腰带的区别主要是材质上的区别，一品官员是玉带，等级最高，其次二品犀（角），三品金，四品素金，五品银，六、七品素银，八品、九品乌角（黑色角质材料）。除了官员以外，一些有爵位在身的人员也有规定，公、侯、伯、驸马等人与一品官员一样佩玉带。所以，玉带是明代等级最高的腰带，是带具之首，制作数量极多。据文献记载，正德年间的锦衣卫指挥使钱宁被抄家时有玉带2500条（《明史·佞幸传》），嘉靖年间的严嵩被抄家时有玉带202条（《天水冰山录》），今天考古发掘的明代高级官员或皇亲国戚的墓葬基本都有玉带。4-40

明太祖朱元璋在位的时期是明朝各种制度不断形成的时期，所以，这个时期的玉带形制还不太固定。洪武二十六年（1393）以后，玉带的基本模式就固定了下来，一直到明末，基本没有太大的变化，从皇帝到一般官员都是标准组合，在明代张自烈的《正字通·戌集上·銙》中所说："明制，革带前合口处曰三台，左右排三圆桃，排方左右曰鱼尾，有辅弼二小方。后七枚，前大小十三枚"，即包含1三台（计3枚）、6圆桃、2辅弼、2铊尾和7排方在内共20块的标准组合。这条金镶玉带以及同墓出土的还有一条纯粹白玉制成的玉带，材料虽然不同，但都是这种20块组合的标准模式。

这条包含了多种珍贵材料且以高超的工艺制作而成的珍宝是在哪里出土的呢？

1974年，南京市博物馆对南京市中华门外江宁县殷巷乡陈墟村将军山（因岳飞击败金兀术收复南京而命名）南麓的一座墓葬进行了发掘，结合墓志的记载和墓葬所在的位置判断，这座墓葬的墓主是明朝开国功臣沐英

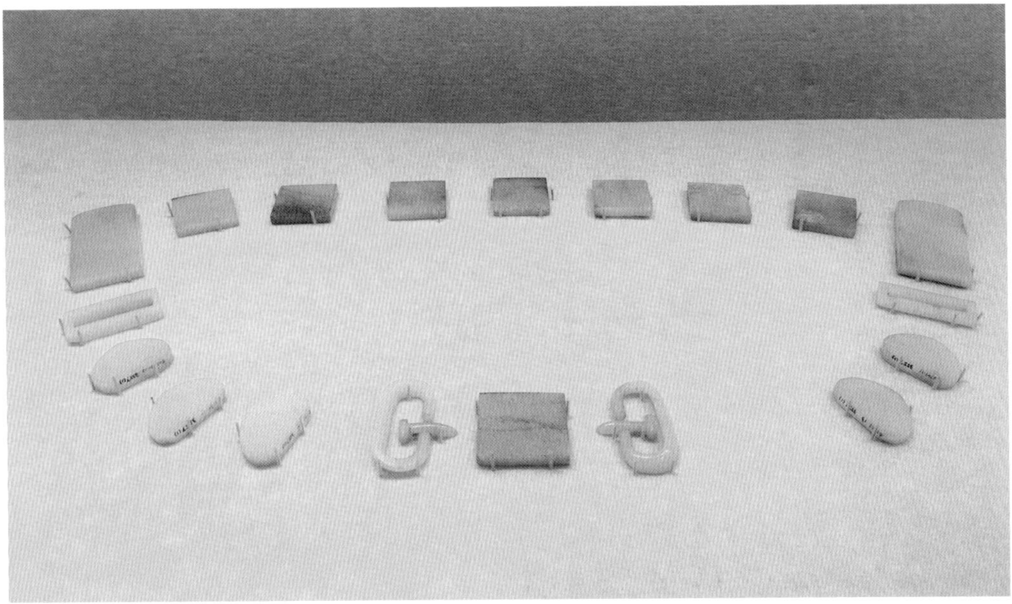

4-40 玉带板·明

南京市博物馆藏。南京中华门外戚家山俞通源墓出土。素面玉带板21块，其中长方形带板8块，桃形带板5块，圭形尾2块，玦形带环2块，带扣2块，钉形2枚。带板形制较为特殊。据墓志记载：俞通源卒于明洪武己巳年二月二十九日。葬于同年五月初二，享年四十四岁。己巳年即洪武二十二年（1389）。又据《明史》记载：俞通源，字伯川，元代濠（今安徽凤阳）人，河间郡公俞廷玉次子。

的第十世孙沐睿。墓志出土的时候已经残缺，只有少部分文字可以辨识，其中提到墓主“进爵西平侯”“薨赠宁远王”“太保公讳睿”等信息，与沐睿的基本信息能对应上。而且，这座墓葬所在的位置是将军山南麓，恰恰是明朝开国功臣沐英及其家族墓葬所在地。新中国成立初期，沐英的墓葬曾遭盗掘，位置就在这里；1959年，南京市博物馆发掘了沐英次子沐晟墓，并清理了被盗的沐英墓；1974年发掘了第十世孙沐睿墓；1979年，发掘了沐英第九世孙沐昌祚的墓葬。沐氏家族的这些墓葬都在将军山这里。4-41

沐睿的墓葬出土了180多件文物，大部分是金银玉琥珀等珍贵材料制作而成，文物价值极高，其中有一块金牌，正面刻有“黔宁王遗记”，背面有“凡我子孙，务要尽忠报国，事上必勤慎小心，处同僚谦和为本，特谕，慎之戒之”，也是为沐氏家族墓葬的一个佐证。

以上提到的“西平侯”“定远王”“黔国公”“黔宁王”等爵位，到底是怎么回事呢？4-42

沐英生活在元末明初，出身于贫苦家庭，八岁的时候就被朱元璋收为义子，跟着朱元璋参与反元斗争，并不断立下功劳。洪武九年（1376），因为立功被封为“西平侯”。明朝建立后，他还率兵征讨北元、吐蕃等，洪武十四年（1381），沐英与傅友德、蓝玉等人率兵三十万征讨云南，随后朱元璋命他留下镇守云南，从这个时候开始，沐英和他的子孙便世世代代为明

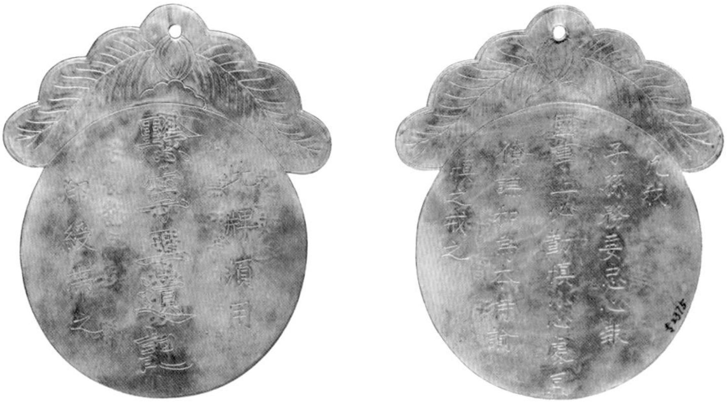

4-41 黔宁王遗记金牌·明

南京市博物馆藏。1974年南京江宁县殷巷将军山沐睿墓出土。金质，圆形。上端饰两片蕉叶，穿一孔。正面中间刻『黔宁王遗记』5字，右侧刻『此牌须用』4字，左侧刻『印绶带之』4字。反面刻『凡我子孙，务要尽忠报国，事上必勤慎小心，处同僚谦和为本，特谕，慎之戒之。』凡5行，满行10字，共30字，每行字数不等。书写字体除『黔宁王遗记』字体为隶书，且空心字外，其余均为楷书。此牌是沐氏家族告诫子孙处世之物，迄今明代考古中仅见。

4-43 云鹤纹玉碗·明

南京市博物馆藏。1974年南京江宁将军山沐启元墓出土。

4-42 渔翁戏荷琥珀杯·明

南京市博物馆藏。1974年南京江宁将军山沐启元墓出土。琥珀杯选用整块深红色血珀制成，尽材施艺，造型别致。由一片卷起的荷叶构成杯身，荷叶下水草皱侧交错，形成杯的底托。荷叶边渔翁跃出水面，袒胸束发，肩挎鱼篓，侧身盘腿，右手拽着飘动的荷叶，左手紧握跳动的鱼，渔翁欢愉的姿态与荷叶形的杯身巧妙结合，烘托出渔翁戏荷弄鱼乐在其中的主题，充满了浓郁的生活气息。

4-41 4-42 | 4-43

朝镇守以云南为中心的西南地区。沐氏家族世代镇守云南是有大功的，除了始终保持领土完整外，沐氏家族还在云南地区组织屯田，兴修水力，大力发展农工商业，推广儒学教育，极大地推动了云南地区的社会进步。洪武二十四年（1392），沐英因病去世，年仅四十八岁，朱元璋十分伤心，下令追封他为黔宁王，葬在自己的皇陵附近，也就是将军山这里，子孙仍旧镇守云南。

到了第三代沐晟时期，永乐皇帝晋升西平侯为黔国公，沐晟死后还追封为定远王。沐氏家族从此变成了国公世家，一直到明末，一共十三代黔国公，沐睿就是第十一代。4-43

沐睿主要生活在万历时期，在他担任黔国公的时期，云南武定府（今属云南楚雄自治州）发生动乱，当地的酋长率兵攻入府城，将府印带走。沐睿因为镇守不力，被抓住关进监狱，后来死于狱中。墓志有残缺，《明史》也没有说他是何时归葬到南京将军山的沐氏家族墓地，但他的墓中发现了一枚压胜钱，上面的钱文是“天启通宝”，很有可能他死于狱中后，并没有马上葬入祖坟，而是在明熹宗的天启年间才葬到今天的地点。

从沐睿的情况来看，他其实是罪臣，但也是正宗的黔国公沐氏子孙，墓中出土的文物表明了他生前的身份。

第三十讲

定陵玉圭：墓葬与画像的相遇

明朝继元朝之后定鼎天下，试图恢复周、汉、唐、宋以来的中原传统礼仪，对此传世文献多有记载，但缺乏实物证明。20世纪50年代，考古人员发掘了万历皇帝的定陵，弥补了这个缺憾，尤其是其中出土的玉圭实物，与传世文献以及故宫中的传世画像三方印证，足以帮助我们了解明朝与皇帝相关的一些礼仪制度。

明代建立后，太祖朱元璋定都南京，他死后葬在南京的钟山，称作孝陵。明成祖朱棣发动靖难之役，夺取帝位，迁都北京，从他开始，明代一共十三位皇帝死后葬在北京市昌平区的天寿山附近，这就是今天的明十三陵。定陵位于十三陵陵园北部偏西的大峪山下，山前是一片平原，万历皇帝认为此处是背山面水的风水宝地，所以选定为陵址。为此，他还三次到现场督察营建，非常用心。定陵大概花了五年时间初步建成，耗费了八百万两白银，相当于他在位时期全国赋税年收入的两倍。不过，清朝建立后，为报明朝后期毁坏金代皇陵之仇，曾对明十三陵进行了破坏，其中以万历皇帝的定陵和天启皇帝的德陵遭到的毁坏最严重。4-44

1956—1957年，考古人员对定陵进行了发掘和清理。这座帝陵是神宗万历皇帝与孝端皇后、孝靖皇后（都姓王）的合葬墓，共出土各类器物2648件（不包括钱币和纽扣），包括纺织物、金银器、铜器、瓷器、玻璃器、玉石器、漆木器，按用途分包括首饰、冠带、佩饰、梳妆用具、木俑、武器、仪仗用具、谥

4-44 明十三陵图·清·无款

美国国会图书馆藏。明十三陵，坐落于北京市昌平区十三陵镇的天寿山下40平方千米的小盆地，距离北京市中心约50千米，是明朝皇帝的墓葬建筑群。自永乐七年（1409）五月起用，直到安葬崇祯帝后结束，历时230多年，共葬有13位皇帝、23位皇后、2位太子、30余名妃嫔、1位太监，是全球保存最完整的皇陵墓葬群之一。

册、谥宝、圹志等。由于当时新中国刚刚成立不久，科技条件不够成熟，一些文物，特别是纺织物，损毁比较严重。但不管怎样，这是皇帝的陵墓，这些文物有不少都是皇帝、皇后生前直接使用之物，为研究明朝的历史提供了最为直接的研究资料，意义十分重大。4-45

在所有出土的文物中，玉圭一共有8件，其中4件出自万历皇帝棺内西端胸前，另外4件则出自随葬的器物箱内，可能有5件属于万历皇帝，其余分属孝端皇后、孝靖皇后。

出自万历皇帝棺内的玉圭有2件比较特殊。一件是“四山纹”圭，长27.3厘米、宽6.4厘米、厚1厘米，重470克，白玉质地，上尖下方，正面刻有四山纹，上下两山较大，中间分左右的两山较小，所以称作“四山纹”，纹饰内还填了金漆。出土时放

4-45 金瓶・明万历

明十三陵博物馆藏。1956—1958年北京市昌平区明十三陵定陵出土。高26.5厘米，口径9.1厘米，底径13.9厘米。瓶盖向上拱起，花瓣形钮，直颈，肩宽且外鼓，腹部向下渐收，至底部外撇，通体錾花。壶盖錾『吉』字折枝纹，颈部饰图案化的凤纹，凤首侧视；肩部为如意纹；壶身饰祥云仙鹤纹，仙鹤的造型有前飞的，有俯视的，有回首的；腹底饰海水和假山，以两道阴线与足部分开；器足饰一圈与壶颈相似的凤纹，但羽翼更似波浪般翻卷，与海水交相呼应。其形制与瓷器中的将军罐十分相似，为万历时期流行的样式。

4-45
4-46 4-47 | 4-48 4-49

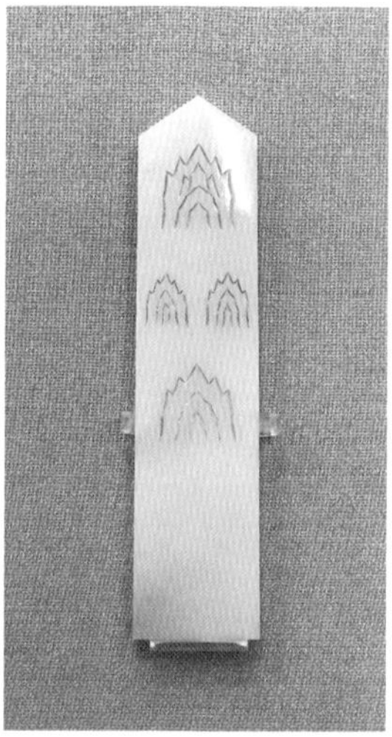

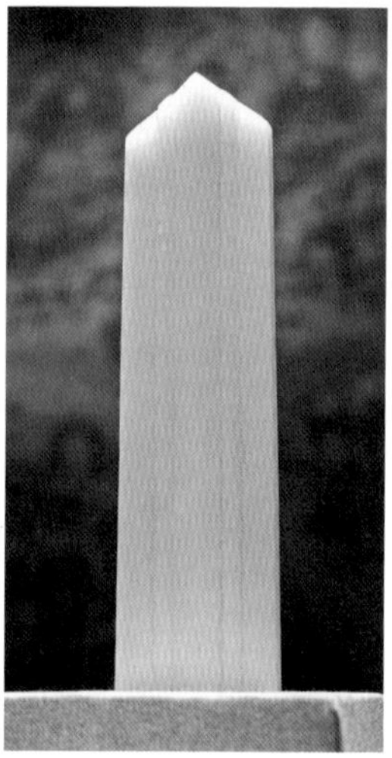

置在长方形漆匣内，同时出土的还有丝质玉圭垫3件，玉圭套1件，套手玉圭套5件，玉圭袋1件。4-46 另外一件是“脊圭”，长26.8厘米、宽5.9厘米、厚0.9厘米，重399克，白玉质地，上尖下方，正面中间有两道脊，所以出土的时候被称为“脊圭”。4-47 同时出土的还有丝质玉圭垫2件，玉圭套1件，套手玉圭套3件，玉圭袋1件。

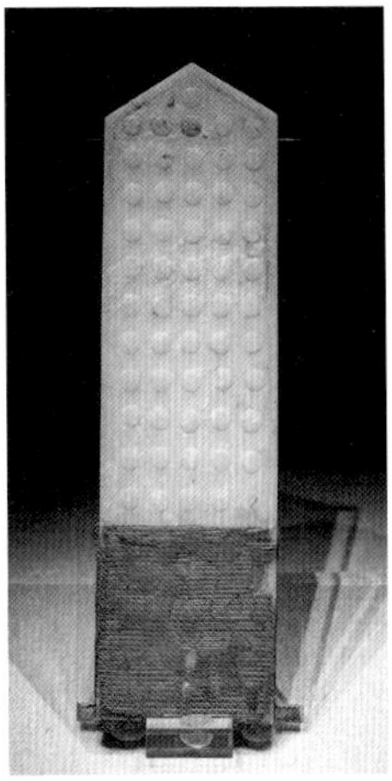

4-46 **四山纹圭·明**

明十三陵博物馆藏。1956—1958年北京市昌平区明十三陵定陵出土。

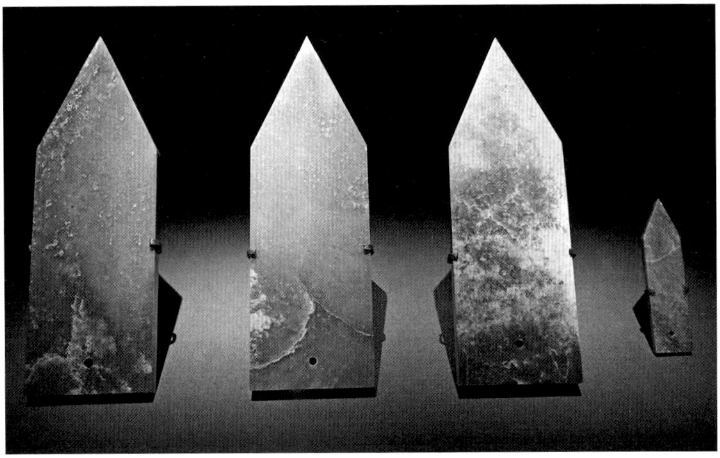

4-47 **脊圭·明**

明十三陵博物馆藏。1956—1958年北京市昌平区明十三陵定陵出土。出土时放置于长方形漆匣内，与此同出的还有丝织玉圭垫二件，玉圭套一件，套手玉圭套三件，玉圭袋一件。圭为白玉制成，正面中间有脊，两侧各有一道凹槽，槽内突起一条抹角圆棱或谓『双植纹』。根据纹样，此圭当为皇帝服皮弁服时用圭。

4-48 **谷纹玉圭·明**

明十三陵博物馆藏。1956—1958年北京市昌平区明十三陵定陵出土。

4-49 **素面玉圭·明**

明十三陵博物馆藏。1956—1958年北京市昌平区明十三陵定陵出土。

除了这2件之外，其余6件是4件谷纹圭和2件素面圭，分青玉和白玉两种质地。谷纹圭的正面雕琢谷纹，万历皇帝棺内的谷纹圭上面雕琢的谷纹一共有108枚，另外3件则是81枚。从数量来判断，108枚的谷纹圭当然是万历皇帝所用之物，81枚的应为两位皇后所用。4-48 素面圭没有雕琢纹饰，有1件出自万历皇帝的棺内，另外1件出自随葬器物箱。4-49

玉圭的使用涉及明朝的礼制，咱们得从明朝的建立说起。明朝之前是元朝，蒙古族统治者在汉化方面远不如契丹人建立的辽朝和女真人建立的金朝，在元朝统治的百年间，中原地区传统的制度在一定程度上遭到了摒弃。所以，朱元璋建立明朝以后，试图恢复周、汉、唐、宋以来的传统礼制，这在《明史》《明会典》等文献中有记载，但也需要实物来证明。而定陵是唯一主动发掘的明代皇帝陵墓，并且非常完整，没有遭到任何盗掘，保持了下葬之时的原貌，这就给我们提供了一批"会说话"的文物，特别是定陵中这些玉圭的出土，基本证实了文献中的记载。

"四山纹"圭也叫"镇圭"。《周礼》中记载："王执镇圭。"汉代的郑玄注释说：镇，安也，所以安四方。镇圭者，盖以四镇之山为瑑饰。意思是说，周代的时候，天子所执的圭叫作镇圭，上面有四座山的纹饰，寓意"安定四方"。定陵出土的这一件出自万历皇帝的棺内，他生前当然是天子，也需要"安定四方"，纹饰又确实是四座山，实物与文献记载对得上。此外还有一重证据。故宫有一座宫殿叫作南薰殿，里面收藏了历代帝后贤臣的画像，其中就有万历皇帝的画像，虽然画出来的形象未必完全照搬他本人，但一些涉及礼制的方面却不能乱来，比如万历皇帝的坐像（身穿冕服），双手所持的就是一柄镇圭，连纹饰都明明白白地画了出来，就是四座山。所以，文献记载、出土文物和传世画像这三者都对得上，镇圭自然也就没问题了。4-50

"脊圭"也叫作"桓圭"。《周礼》中记载："公执桓圭。"郑玄注释说，双植谓之桓，桓，宫室之象，所以安其上也。桓圭盖亦以桓为瑑饰。意思是说，周代的时候，公爵在拜见周天子时手中所持的礼玉叫作桓圭，上面的纹饰是两道竖纹，象征着宫殿的墙，寓意使天子安居。《明会典》也说，在永乐三年的时候，朝廷规定皇帝穿皮弁服，要持桓圭，正面确实有两道脊纹。巧合的是，南薰殿里万历皇帝还有一幅穿皮弁服的

画像，手里拿的还真就是这种带有两道竖纹的桓圭。当然，这两种玉圭是有等级区别的。与镇圭配套的是冕服（用于祭祀天地），这是皇帝最为尊贵的一套礼服，而皮弁服（用于上朝等）的等级就差一些了，配套的桓圭自然也差了一等。

如果大家仔细看万历皇帝的画像，就会看到两件玉圭的最下端手握的地方露出黄色圭套的痕迹。但其实圭套分四种：第一种是玉圭垫，这应该是为了避免放置的时候磕碰损坏，垫在玉圭下面的；第二种玉圭套，套在玉圭下部，长方袋形，应该就是图中的黄色部位；第三种是套手玉圭套，长方袋形，套手的部位呈梯形，口部有双股丝线可以收紧，能够将手和玉圭隔开（防滑等，便于持握，保证玉圭的安全），且分为罗、缎两种质地，适用于不同季节；第四种玉圭袋，一个是圭形，一个是长方形，上下都可以打结。

由于玉圭是非常严肃的礼仪用器，保护得非常严格，所以，在下葬的时候被放入到万历皇帝的棺内。存放的方法是这样的：玉圭下方套着玉圭套，放入玉圭袋内，再放入玉圭匣中（漆器），但需要垫上玉圭垫。套手玉圭套是备用之物，也放在玉圭匣中。

故宫南薰殿还有一些皇后的画像，有些皇后手中也持有玉圭，有带纹饰的谷圭，也有不带纹饰的素面圭，虽然与万历皇帝的有所不同，但也是重要的礼器，圭匣、圭套的使用应该是相似的。4-51

我们借助定陵的文物、传世文献和南薰殿的画像大体上能够了解到明代玉圭的用法，而且明代人其实是根据《周礼》等传世文献来恢复传统礼仪的，所以，明代玉圭的这种用法可能还有利于我们了解周代礼仪中玉圭的用法。

▶ 4-51 神宗孝端显皇后像·明

台北故宫博物院藏。此为南薰殿旧藏明代帝后像册中的一幅，画像中孝端显皇后所持玉圭清晰可见。

第三十一讲 清代东珠朝珠：胸前的民族、宗教与文化

清代建立后，在服饰制度方面既有对前朝的继承，又有独特的方面。故宫博物院藏有一串清代顺治时期的东珠朝珠，由东珠、珊瑚、青金石、绿松石、猫眼石、红宝石等材料制成，华美而尊贵，是清代制度在服饰上的独有特征，也是满族传统与佛教和中原传统文化相融合的见证。

这件朝珠基本结构是这样：最外围一圈一共由108颗东珠串成，用4颗红色的珊瑚珠进行四等分，分别位于上下左右四个中间点，每颗珊瑚珠两侧都有2颗深蓝色的青金石衬托。在朝珠中，这4颗红色的珊瑚珠叫作“结珠”（或“佛头”）。上方正中间佛头下的一串饰物叫作“背云”，托着上方佛头（三个眼）的塔形绿松石叫作“佛头塔”。背云正中间镶有一颗金镶猫眼石（上下各有一颗雕成蝙蝠的珊瑚珠），最下方则用黄金累丝托着一颗红宝石。红宝石所在的位置叫作“坠角”。背云上还有4颗大小相似的东珠。背云两侧是三串绿松石，叫作“纪念”或“记念”，各由10颗绿松石串成，下方的坠角各有一颗红宝石，红宝石上还串有一颗东珠。4-52

这串朝珠总共有115颗东珠，东珠是其最主要的材料。东珠是产于东北松花江流域的一种特殊珍珠，满族也是发源于东北，因此他们十分珍视这种珍珠，一般人不得使用。实际上，东珠在东北地区的黑龙江、鸭绿江、乌苏里江、混同江等流域均有出产，从宋代开始就非常珍贵，因为产于北方，也叫北珠。满族人生活在东北地区，采集东珠可以说是满族人的传统行业。

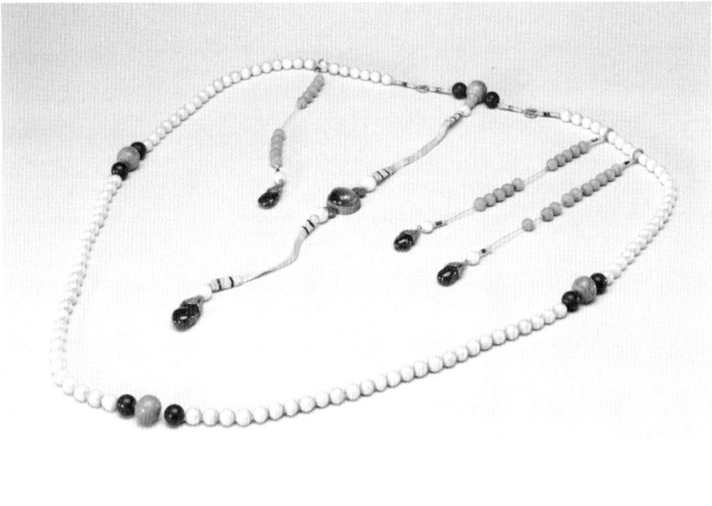

4-52 东珠朝珠·清顺治

故宫博物院藏。周长137厘米。清朝典章制度规定，东珠朝珠只有皇帝和皇太后、皇后在宫中举行大典时才能佩戴。清代皇室非常看重东珠这种产于东北松花江下游及其支流的淡水珍珠，曾作出规定，只有宫中可以支配，王侯大臣不得随意使用。其大而圆者饰于皇冠或朝珠之上，异形珠则用于镶嵌。

辽代，女真人采集东珠进贡给契丹人；明代，满族人同样采集东珠进贡给明朝，同时换取各种生活物资。有文献记载说，清太祖努尔哈赤时期就因为辖地之内出产东珠而日益富强。他还委派专人到乌拉（今吉林省吉林市以北）地区采集。清朝建立后，在这里专门设置了打牲乌拉总管等职务，由内务府直接管辖，负责采集松花江流域的各种特产，东珠便是其中最为贵重的物品。清朝十分重视东珠的出产，管理非常严格，严禁偷采，一旦发现，重则绞死，轻则流放。采集的过程十分艰苦，一般是每年四月下河，但东北地区四月份还十分寒冷，再加上东珠是供应皇室使用，个头、成色都有讲究，也不是每个蚌壳都有珠子，所以采珠人要长时间下水作业，很容易冻伤。4-53

今天的北京故宫博物院、沈阳故宫博物院和台北故宫博物院都藏有不少朝珠，材质也是五花八门，几乎包括各种玉石（和田玉、翡翠等）、宝石（红宝石、蓝宝石等）、贵金属（金银等）、贵重木料（楠木、沉香木）等，甚至还有象牙、瓷珠。但是，在所有的朝珠材料中，东珠应是等级最高的。根据清代典章制度规定，东珠朝珠只能由皇帝、皇太后和皇后佩戴，而

▲ **4-53 东珠朝珠·清雍正**

台北故宫博物院藏。长130厘米，珠径1厘米，佛头径2厘米，青金石隔珠径1.3厘米，松石纪念径0.9厘米。此件带青金石佛头的东珠朝珠原贮于黄绫衬里之木匣中，有黄签墨书『世宗』。

且一般是在重要的大典之上，其他人一律不许佩戴。由于这串朝珠制于顺治时期，可能是顺治皇帝，或他同时的皇后、皇太后的佩戴物品。4-54

一般来说，清代的朝珠就是从佛珠演变而来的。佛教传入中原后，许多与佛教相关的物品也随之传入，佛珠（也叫念珠）就是其中一种。佛珠分为持珠、佩珠和挂珠三种，常见的就是串在手里一颗一颗捻动的持珠。佛教也传播到了北方草原上，满族人就十分崇信佛教，甚至可能还超过了他们原本信仰的萨满教。清太祖努尔哈赤建立后金政权的第一年就修建寺庙，供奉高僧，佛珠是他们信仰佛教的重要物品。努尔哈赤和皇太极经常将手持的佛珠赐给下属，几乎成了一种时尚，很多官员都随身佩戴佛珠。顺治皇帝就非常崇信佛教，一度还想出家为僧，由此演化出了许多传说和故事。入关之后，清朝开始建立严格的服饰制度，乾隆二十八年编撰的《大清会典》就对朝珠的佩戴进行了严格的规定，文官五品以上、武官四品以上以及命妇五品以上才能佩戴朝珠。中央一些特殊机构，像军机处、礼部、国子监等所属官员，不分品级也可以佩戴朝珠。但平民百姓一律不许佩戴。4-55

当然，官员品级不同，朝珠的数量（指朝珠的盘数，而不是朝珠上珠子的数量）和材料也有严格规定。东珠朝珠最为尊贵，只有皇帝、皇太后、皇后才能戴，其他人戴了就是僭越犯上。皇贵妃、贵妃等各种嫔妃，可佩戴琥珀、蜜蜡、珊瑚质地的朝珠；皇子、亲王等皇家子弟除了东珠，其他都可以用。这些规定还真是起到了作用的，清朝初年的摄政王多尔衮、乾隆时期的大贪官和珅等人，在被抄家的时候都有一条“私匿东珠朝珠”的罪状。不过，朝珠的制作材料大部分都比较罕见珍贵，价值不菲，有些低级官员无力置备，只好用瓷珠、核桃珠来制作。4-56

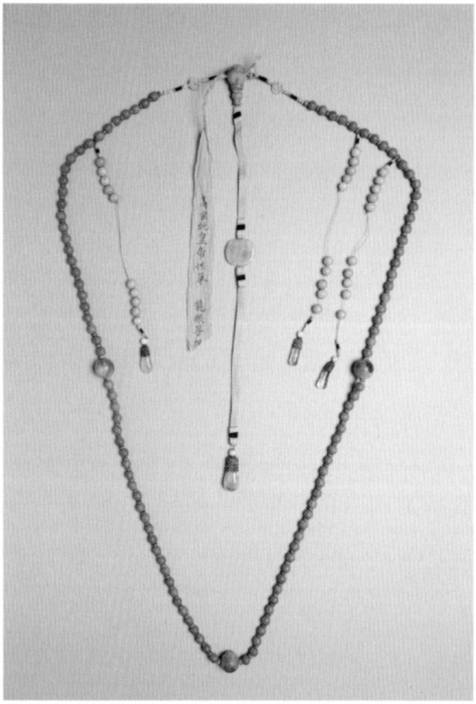

4-54　4-55 | 4-56

4-56　瓷朝珠·清道光

台北故宫博物院藏。瓷朝珠计一百零八颗，色泽呈蓝绿色，每隔二十七颗间一颗红瓷珊瑚佛头，共四，顶端之佛头贯有红瓷佛头塔、红宝石背云及三颗珊瑚坠角。黄签：『道光二十三年七月二十五日收鞥可交瓷朝珠一盘，玻璃背云大小坠角油珀记念瓷佛头塔。』

4-55　东珠朝珠·清嘉庆

台北故宫博物院藏。嘉庆皇帝东珠朝珠，由一百零八颗珠径达1厘米的东珠串成，珊瑚隔珠四，旁饰翠玉小珠，顶端青金石佛头塔以明黄色绦带连缀嵌碧玺背云与坠角，并有三串由十颗碧玺小珠并蓝宝石坠角之纪念。原贮于黄绫衬里木匣中，内有黄签墨书『仁宗』。

4-54　龙眼菩提子朝珠·清乾隆

台北故宫博物院藏。菩提子朝珠，菩提子一百零八颗，每二十七颗插入一颗蓝色佛头，菩提子、佛头间串有珊瑚小环。顶端有佛头、佛头塔，下垂黄绦，缀有翠玉背云、点翠宝盖嵌翠玉坠角；两侧有纪念共三串，各串贯松石珠十颗，点翠宝盖嵌宝石小坠角。附有黄签：『高宗纯皇帝供奉龙眼菩提』。

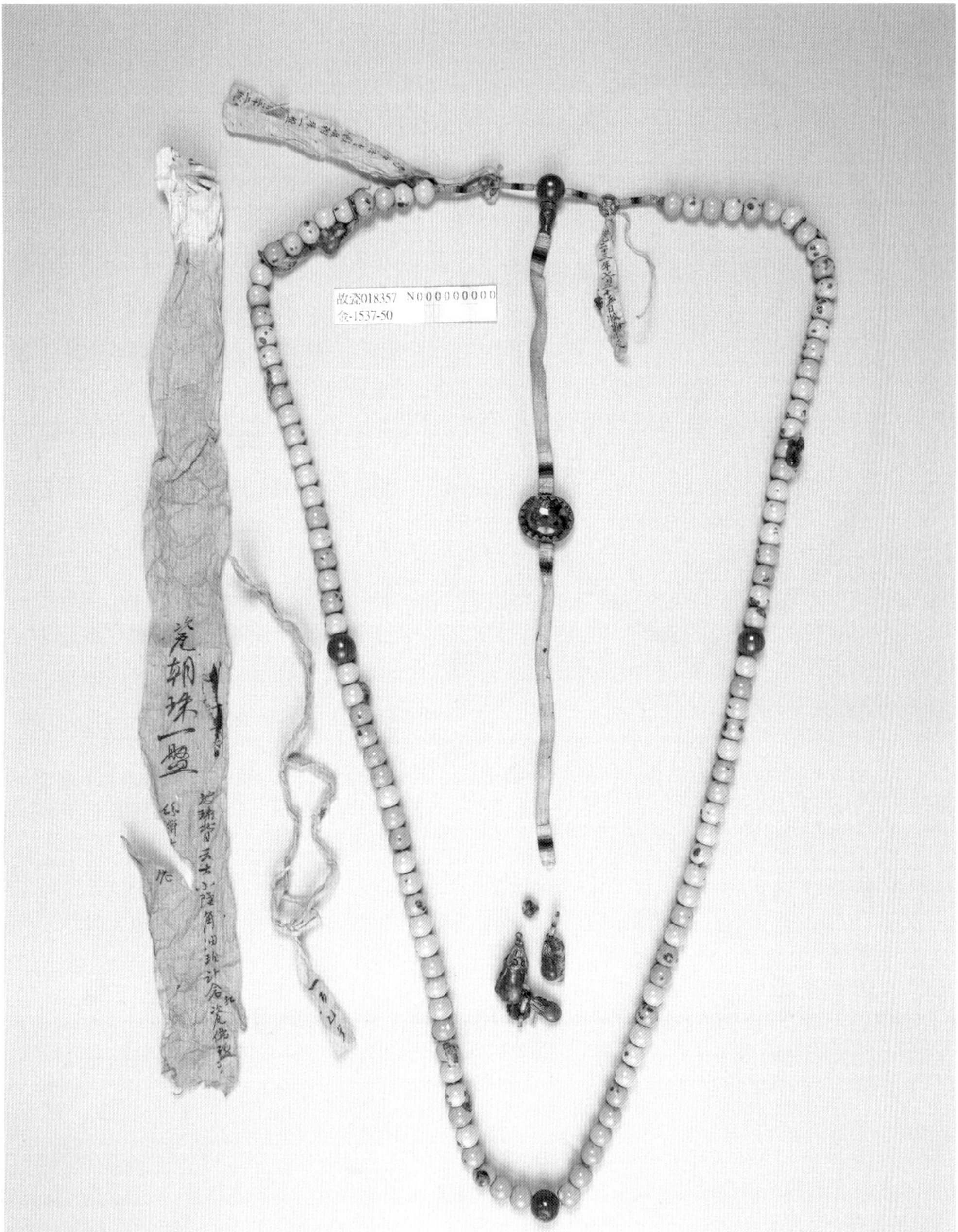
故瓷018357 N000000000
佥-1537-50
朝珠一盘

4-57 茄楠木刻『囍』字朝珠・清

台北故宫博物院藏。计有茄楠木珠一百零八粒，佛头为雕团寿粉红碧玺，与木珠间以绿松石相隔，佛头塔以黄丝长带连方形翠碧背云与粉红碧玺坠角。纪念穿有珊瑚珠，下有翠碧、粉与黄碧玺坠角。茄楠木珠表面，皆浅浮雕四『喜』字，或为婚宴喜庆佩戴。

清代重视朝珠，制定各种规定，还因为朝珠融入了中原传统文化，带有深刻的寓意。

朝珠当然就是戴在胸前，背云位于背后，这都一样。但三串纪念则有所不同。男子佩戴朝珠，两串在左，一串在右；女子则相反，两串在右，一串在左。佩戴上去以后，108颗珠子象征着十二月、二十四节气、七十二候，即一年。4颗结珠又将108颗珠子均分为四份，象征春夏秋冬四季。三串纪念则象征一个月有30天，每串象征一旬。后来又以这三串纪念象征“三台”，但三台也有几种说法，一说天子有三台：灵台（观天象）、时台（观四时变化）、囿台（观鸟兽虫鱼）。二说指中台（尚书）、宪台（御史）、补台（谒者）的统称，象征皇帝身边的近身官员。4-57

总的来说，这串东珠朝珠带有满族的特色，它的主要材料是东珠；带有佛教特色，是从佛珠演变而来；同时也具有中国传统文化的特点，包含了古代中国人对天时、气候、政治的认识，可以说是民族、宗教和文化融合的产物。

Jade Culture
and
Chinese Civilization

·第五章·

事死如生

葬玉中的精神世界

中国人的哲学具有典型的社会伦理特征，尤以流传两千多年的儒家学说为代表。儒家对以血缘为纽带的伦理关系无比重视，这种观念应用在丧葬之中便产生了“事死如事生”的丧葬习俗。“事死如事生”最早产生于何时已不可考，可能在原始社会时期便已有了雏形。武王伐纣建立周朝之后，殷商时代那种浓厚的鬼神观念被修改，剔除了对神灵的过分祭祀，但对祖先的纪念则保留了下来，可能还进行了一定的强化，为后来基于血缘的儒家伦理奠定了基础。孔子说：“祭如在，祭神如神在。”（《论语·八佾》）这里就有明显的视死者如同生者之意。孔子以后，儒家对丧礼的重视影响到了整个社会，大约在战国时期便出现了明显的“事死如事生”的观念，战国晚期的儒家大师荀子说：“丧礼者，以生者饰死者也。大象其生以送其死也。故事死如生，事亡如存。”（《荀子·礼论》）这段话指明了丧礼的重要含义，是对孔子礼论的发挥，第一次明确提出了“事死如事生”。

就玉器而言，如何体现“事死如事生”呢？用葬玉！夏鼐先生认为，葬玉是指那些专门为保存尸体而制造的随葬玉器，而不是泛称一切埋在墓中的玉器。今天我们有科学知识，知道玉器是不能保存尸体的，夏鼐先生所谓“保存尸体”当然是就古人的观念而言，而这种观念便藏着古人为逝者构建的精神世界。

早在新石器时代，口中含玉而葬已成为一种习俗。1957年发现于上海青浦崧泽遗址的崧泽文化玉器中就已经有玉琀出土，有圆形、鸡心形等多种，且出土时位于口中，或事后修整头骨时才在口腔中发现，具有明显的含玉而葬之风。出自江阴南楼遗址M7的鸡心形玉琀尤其精致，明显是精工细作而成，应是受到了特别的重视。这可能来自给死者口中填塞实物的做法，如同《礼记·檀弓》所记：饭用米贝，弗忍虚也；不以食道，用美焉尔。用米、贝等物填入口中，是不忍让死者空口而去。之所以不用熟食，是因为米、贝等物更加美观。后来，美玉取米、贝而代之，在美观上便更上一层楼了。同时，含贝（或铜钱）之风并未消失，只是相对于含玉，在礼制等级上略低。

到了西周时期，葬玉已蔚为大观，除玉琀仍旧保留外，还出现了玉握、玉覆面，尤以后者为主要代表。玉覆面也称玉幎目或玉瞑目，是将仿照脸部各个器官制作出来的玉片缀在丝织物上制作而成，丝织物一般为黑色，用于覆盖在死者脸部。西周时期的玉覆面，今天在山西晋侯墓地、三门峡虢国墓地、张家坡西周墓地等西周时期的墓葬中均有发现，山西晋侯墓地出土尤多，晋侯和晋侯夫人均有使用，大多包含数十块仿脸部器官的玉片，上至印堂、眉眼，中含鼻子、脸颊，下至嘴、下巴等，几乎是死者面部表情的再现。5-1

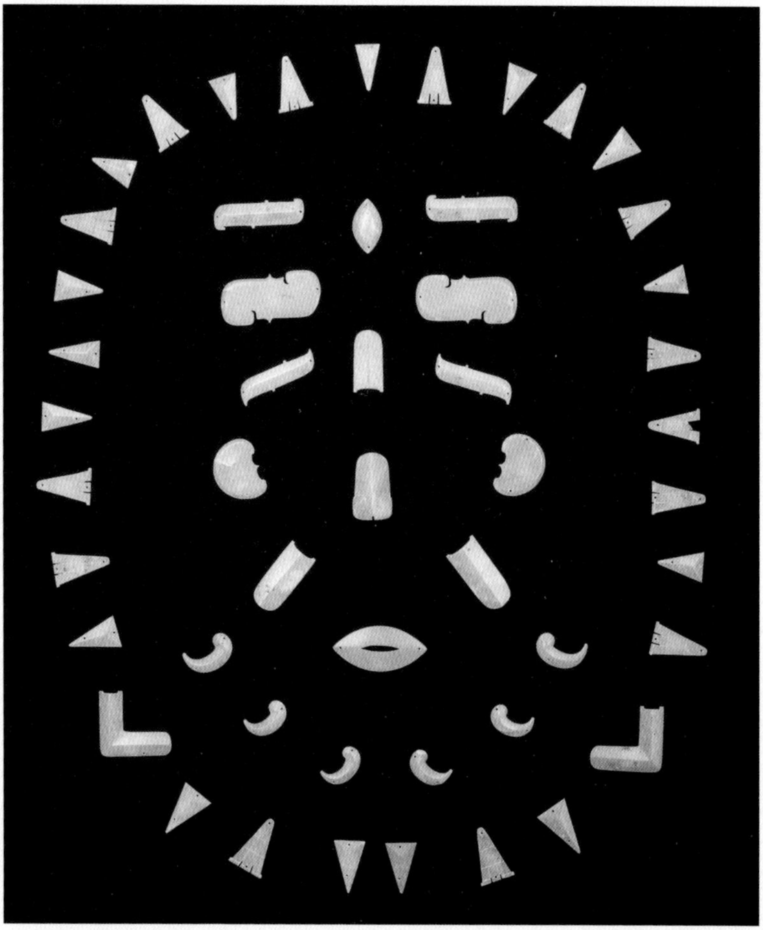

5-1 玉覆面·西周

南阳文物保护研究院藏。青白玉。由51件不同形状的玉饰件拼缀而成，每件器物边缘均有钻孔，以供缝缀之用。覆面周边用29件两种等腰三角形围绕，中间由各种不同形状的玉饰作额、眉、眼、鼻、颊、口、颌等，其中有6个豆芽状饰件，安排方式不明了。

5-2 玉覆面·战国

荆州博物馆藏。湖北荆州荆州区秦家山二号墓出土。用一块墨绿色玉料雕成，出土时覆于死者面部，五官比例协调，刻划出头发、眉毛、胡须。已发现的先秦玉覆面一般为若干块薄片玉器连缀而成，像这样用一块整玉制成的覆面，目前仅见这一件。

古代中外文明中，以贵重材料制作类似于面具的物品用于送葬之事并不少见，常见黄金面具，如古希腊的阿伽门农黄金面具，古代埃及的图坦卡蒙黄金面具，古代印第安黄金面具等。在中国，亦有三星堆的黄金面具、辽代陈国公主墓黄金面具等。但黄金面具或许只是对死者面貌的一种模仿，用于送葬可能仅代表着后人对死者的面貌的怀念。

玉覆面则具有迥然不同的精神内涵，这当然与中国人自史前以来便卓然独帜的玉文化息息相关。史前时期，玉器便作为一种特殊器物与原始宗教有着密切的联系，其原因有多种。除明显肉眼可见的外观（如颜色、透明度等）有别于一般矿石外，最令古人惊异的发现是：这种无法解释生成原理的材质居然能够长期维持外观不变，而矿石却会风化，木头会腐朽，金属器物会生锈。这使得玉和玉器具有了某种亘古不变的神性，因而不仅可以用作与神灵沟通的媒介，而且以之覆盖于尸身之上，尤其是面部，似乎可以将这一特性延伸过去，保持逝去之人容颜不变。战国早期可能已有这种观念的雏形，《墨子》说："诸侯死者虚车府，然后金玉珠玑比乎身。"这说明当时的贵族们已经将玉器作为主要的贴身陪葬物使用了。5-2

汉代将这种观念发展到登峰造极，玉琀发展为玉蝉，玉握发展为玉猪，玉塞往往成套出现，但最典型的物证莫过于玉衣了。玉衣可能是由玉覆面发展而来，且将部分覆盖转变为全身覆盖的葬玉形态，像是一件铠甲，由大量的玉片连缀而成。这些玉片以方形为主，经过精细的打磨、钻孔，再使用某种线缕穿过玉片上的孔连缀成头套（前后两片）、躯干（前后两片）、臂套、手套、裤腿、鞋套六个部分，将逝者的全身完完全全地包裹起来，没有任何肌肤暴露在外。

不过，从玉覆面到玉衣的转变并不是瞬间完成，而是渐进式的。西汉早期，玉覆面本身还有一定的使用范围，尤以徐州地区的一些汉墓发现较多。到西汉中期以后，玉覆面便基本消失不见了。与此同时，西汉早期出现了类似玉衣的葬玉，如山东临沂刘疵墓发现的玉衣，仅有头套、拳套、足套等五个部件，明显是玉衣的不完全状态。大约到文景时期，玉衣便发展到了全身覆盖，满城中山王墓及王后墓各发现了一件完整的玉衣，可以说是中国考古史上所发现的第一件男性和女性玉衣，意义十分重大。5-3

因连缀玉片的线缕材质不同，玉衣又可分为金缕玉衣、银缕玉衣、铜缕玉衣、丝缕玉衣四类，分别以金丝、银丝、铜丝及丝线连缀玉片。前三类发现较多，可能存在着以线缕来区别身份的情况，如《西京杂记》记载说：“汉帝送死皆珠襦玉匣，匣形如铠甲，连以金缕。”这说明汉代的皇帝下葬之时

5-3 金缕玉衣·西汉

徐州博物馆藏。徐州狮子山汉墓出土。长175厘米，宽68厘米。由头罩、前胸、后背、左右袖筒、左右裤管、左右手套、左右靴等十余部件组成。玉片均由新疆和田玉制成，玉质白而温润，呈半透明状。该玉衣所用玉片4248片，玉衣片尺寸较小，最大的玉鞋片不足9平方厘米，最小的不足1平方厘米，有的厚度仅有1毫米。在四角或周边钻孔，单面钻，孔径极小。玉片形状多样，有正方形、长方形、半月形、三角形等。穿缀玉片用的金丝重1576克。根据玉衣出土时部分金缕遗留痕迹测得，金缕的直径有四种规格：0.70毫米、0.62毫米、0.52毫米、0.44毫米。其打结的方法是以一根金丝四孔连缀并在正面盘绕为螺结。

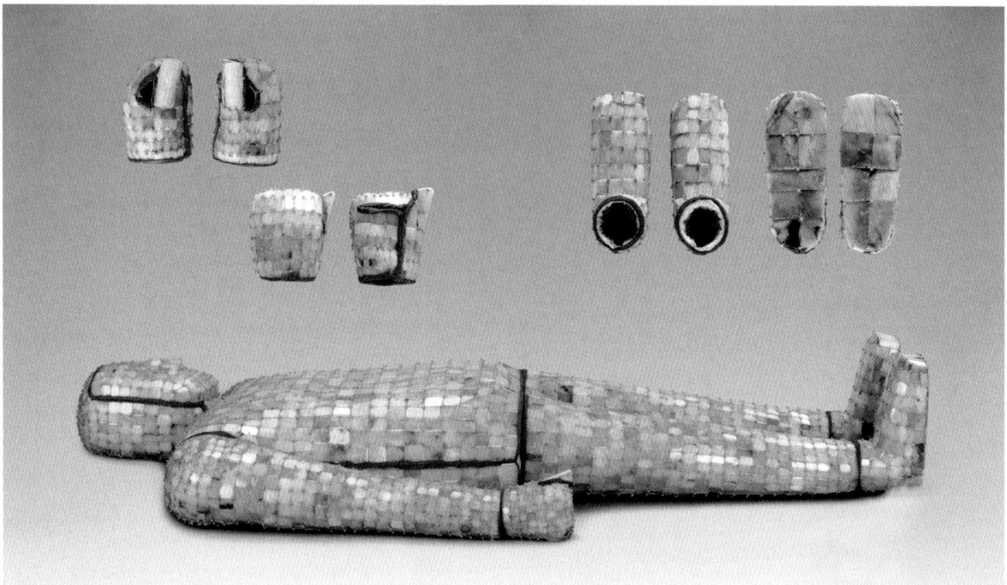

均穿戴金缕玉衣。《后汉书》又记载说："诸侯王、列侯、始封贵人、公主薨，皆令赠印玺、玉柙银缕；大贵人、长公主铜缕。"表明皇帝之下，王、侯及相当级别的贵族应使用银缕玉衣，而大贵人、长公主却只能使用铜缕玉衣。当然，这种制度之下也有例外，即许多诸侯王、列侯都有可能由皇帝下诏赏赐金缕玉衣，如中山王刘胜、博陆侯霍光等。至于丝缕玉衣，目前仅在南越王墓中发现一件，它可能是中原的玉文化与南越国的本土文化融合的产物。

以上是制度，但对汉代人而言，更重要的是制度之上的精神世界。汉代人始终认为，这种全封闭式的玉衣能够起到保护尸身不朽的巨大作用，因而在汉代多有传闻。据说，汉武帝时期的广川王刘去疾特别喜欢挖掘自己封国内的古墓，有一次就挖到了春秋时期的晋灵公墓，晋灵公墓中大多数陪葬物品都腐烂朽坏了，但一只玉蟾蜍却光润如新。更离奇的是，晋灵公居然尸身不坏，因为孔窍之中皆有金玉。又有传闻说，两汉之间的赤眉军攻入长安之时，挖掘破坏了许多西汉的墓葬，但这些墓葬中的尸体由于使用了玉衣以及玉塞等玉器，个个面目如生。这类传闻可能是玉的永恒特性发展到汉代，在仙道思想的进一步推动之下形成的，所以，道教的文献《抱朴子》说，"金玉在九窍，则死者为之不朽"，便是对以玉护身的典型写照。

人是肉身和灵魂的结合。汉代人迷信玉对尸身的保护作用，可能出自对逝去先人的怀念和仙道思想的影响，但同时也为灵魂的升华留下了空间。所以，汉代玉衣往往与玉璧配合使用，因为玉璧呈环形，中间的圆孔象征灵魂出入的通道。比较典型者当属南越王赵眜，他所穿的丝缕玉衣被发现之时，头顶有一块玉璧，正是灵魂升华之路径。一些贵族的棺椁往往会镶嵌玉璧，如中山王后窦绾的红漆玉棺，可能也有同样的用意。5-4

5-4 镶玉漆棺·西汉

徐州博物馆藏。徐州狮子山汉墓出土。镶玉漆棺出土时已散乱，棺木朽毁，剩下大量原来镶嵌在棺壁外面的玉片。玉片在盗洞、甬道、东面第5侧室和西面第5侧室等都有发现，共清理出1781片，有三角形、菱形、长方形、正方形、窄长条形、弧形等。其中大玉版厚薄不均，分素面、带孔和带玉璧图案三种，绝大多数玉版背面都有朱书文字，内容为其尺寸和方位等。镶玉漆棺局部保持镶贴原状的仅有六组。1998—1999年，徐州博物馆根据出土状况，在认真细致研究的基础上，对镶玉漆棺进行了成功修复。

曹丕篡汉之后，因盗墓猖獗而下诏废除使用玉衣等厚葬制度，墓中使用的玉器数量大为减少，曹操高陵便是明证。高陵仅有的一些小玉器不过是服饰等其他物品的佩饰物，几乎没有独立使用的玉器，更谈不上玉衣、玉璧等贴身使用的葬玉。但曹丕的做法并没有刹住玉器塑造出来的精神世界，人们对玉之永恒的信仰实际上转变为食玉之风，一些名士如嵇康、王羲之等均有食玉的记载。隋唐以后，随着玉器的使用面逐渐向下层社会扩大，其作为葬玉能起到的肉身不朽与灵魂升华的作用逐渐淡化，作为文人的精神寄托和民众的吉祥民俗的意义却越来越浓厚了。

第三十二讲 虢国缀玉面罩：葬玉中的哀思

20世纪50年代末和90年代初，考古工作者对河南省三门峡市北部的上村岭一带先后进行了两次大规模的发掘，共发掘墓葬243座，车马坑60多座，出土文物1万多件，包括玉器近4000件。其中，2001号墓出土了一件华丽精美的缀玉面罩，由58件小型玉片组成，是西周末期、春秋早期葬玉的卓越代表。

葬玉也叫殓玉，是古人迷信用来保存尸身不腐的一类玉器。地下出土的玉器大部分都是从墓葬中发掘出来的，这些玉器总体上可以分为两类，一类是用于陪葬的玉器，可能是墓主人生前使用的，可能是用来匹配墓主人身份的，也可能是代表墓主的某种心愿等等，均属于这一类；第二类就是贴身放置的玉器，即葬玉，在古人的观念中，玉是天地之精华，具有某种神秘的特性，能够保持尸身不腐，护佑灵魂顺利升天。

葬玉在新石器时代的崧泽文化中已经出现，但直到西周时期才形成一定的规模和礼制。这类葬玉往往包括三类。第一类称作玉握，就是握在尸体手中的小型椭圆形玉器，雕成猪的形象比较多一些。第二类是玉塞。古人认为，人死之后，自身的“精气”会从身体的某些开窍的部位泄漏出去，所以要将这些地方堵住，比如耳朵、鼻子、嘴巴等，这就是玉塞。其中，放在嘴里的一般叫作玉琀，到了汉代的时候，往往会雕琢成蝉形，也叫玉蝉。5-5 根据古人的说法，蝉会使用脱壳的方式来保持自身的清洁，故而古人也会将玉蝉作为佩饰品随身佩戴，甚至还会作为帽子的装饰；作为葬玉，它寓意着人正通过死亡来实现

5-5 玉蝉·西汉

汉景帝阳陵博物院藏。玉琀蝉，置于墓主口中。用线雕手法在玉片上刻画出蝉的造型，蝉头略带弧度，背腹部突出，口器及后腹部刻画明显。表面平整洁净，造型概括，刀刀见锋，寥寥数刀，刻出栩栩如生的玉蝉，这种表现手法常被人们称之为『汉八刀』，由于埋藏地下时间较长，表面形成一层青色『雪花沁』。

5-5 5-6

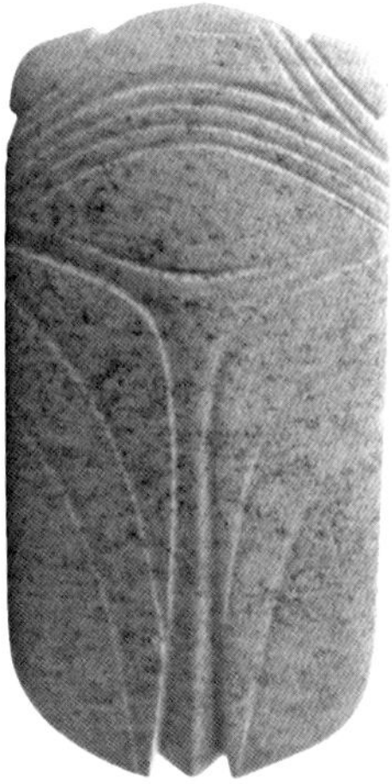

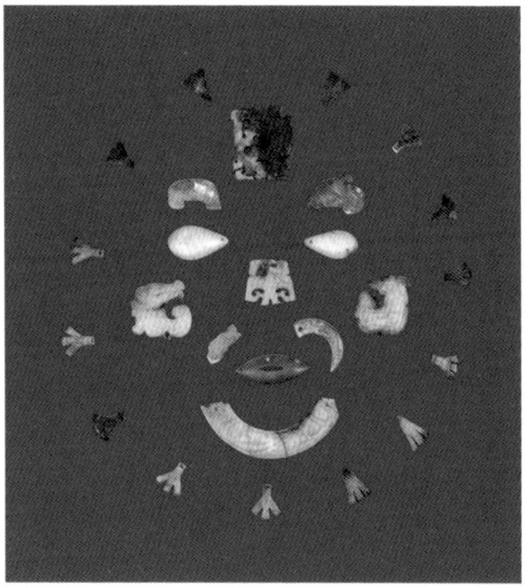

5-6 **缀玉面罩·西汉**

徐州博物馆藏。徐州子房山三号汉墓出土。玉面饰是由23件不同形状的玉片，按人面部五官形状，编缀组合而成。

自身的蜕变，正如蝉的脱壳一样，肉身虽死，而精神长存。第三类是玉瞑目，或叫玉覆面。最初就是将一些玉片用丝线联结起来，缀在丝织物上，再覆盖到脸上，将眼、耳、鼻、嘴等部位全部遮住，这些玉片往往会刻意雕琢成相应部位的样式。5-6

这件缀玉面罩的部件可以分为两个部分，中间的象形玉片和外部的几何形玉片。象形玉片共14片，从上往下，有1件象征印堂、2件象征眉毛、2件象征眼睛、2件象征耳朵、1件象征鼻子、2件象征胡须、2件象征脸颊、1件象征嘴巴、1件象征下颌，恰好将人面部的各个部位都表示了出来。几何形玉片处于外围，包括三角形、梯形玉片各22枚，它们的主要作用是压住丝织物的边缘，使其稳定地覆盖在头部。这件器物出土之时，由于丝线早已朽坏，所以玉片只是散乱地覆盖在墓主人的面部，但很多玉片附近都有一些红色小玛瑙珠，这些可能是在穿系玉片之时起固定作用的。5-7

能够使用这么华丽精美的缀玉面罩来保护自己的尸身，这位2001号墓的墓主是谁呢？

考古发掘证实，三门峡上村岭一带其实是西周到春秋时期

5-7 缀玉瞑目·西周

三门峡市虢国博物馆藏。由12件似男人面部器官形状的玉饰与14件三叉形薄玉片组合连缀成人的面部形象。是目前发现的西周时期为数不多的结构完整、形制规范、工艺考究的缀玉瞑目，是西汉以后玉衣的前身。

5-8 虢季盨·西周

河南博物院藏。1990年河南省三门峡市虢国墓地2001号墓出土。盨为盛放谷物的器皿。椭方形，盖隆起，上有四个矩形支钮，便于仰置；器身有子口，腹壁微鼓，两短边各有一兽首状耳，底近平，下有带缺口的圈足。盖顶用一个大的突目窃曲纹装饰，盖沿、器口与圈足亦饰窃曲纹，余饰瓦棱纹。器、盖对铭『虢季作旅盨永宝用』8字。

的诸侯国虢国的公墓，埋葬了历代虢国的国君和贵族，墓葬总数达500多座。一般来说，墓葬的等级往往根据鼎的数量来确定，称作列鼎制度，其中，天子9鼎，诸侯7鼎，大夫5鼎，士则只有3鼎。2001号墓总共出土了10个鼎，其中有3个鼎是作为陪葬的明器，另外7个鼎才是表明墓葬等级的列鼎，说明墓主是诸侯。同时，在这座墓中出土的青铜鼎和青铜编钟上都有“虢季”字样的铭文，证实了他就是西周末期的虢国国君虢季。有专家推测，这位虢季可能是《史记》中记载的周宣王在位时期的虢文公，是辅佐宣王的贤臣，还曾劝谏宣王行籍田之礼，但宣王没有采纳，结果打了败仗。5-8

虢季身为诸侯国君，使用缀玉面罩下葬可能因为礼制的规定，但也可能出自对玉器的喜爱，这种喜爱甚至影响到了他的夫人梁姬。虢季夫人梁姬墓编号是2012，墓中的青铜罐刻有铭文“梁姬”，告

5-7 | 5-9
5-8

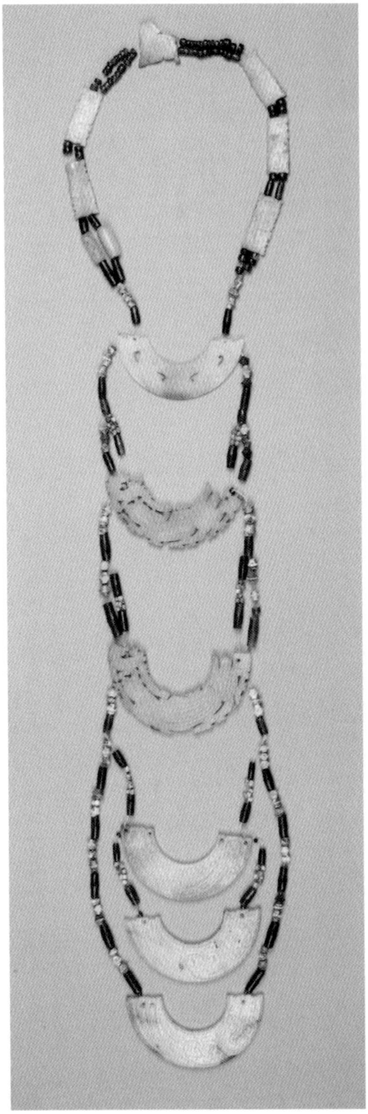

5-9 六璜连珠组玉佩·西周

三门峡市虢国博物馆藏。一组258件（颗）。由上下两部分组成，上部由一件人龙合纹玉佩、五件龙纹玉牌、二件玉管与七十件（颗）红玛瑙珠、管以及六颗料珠相间串联而成；下部由六件玉璜与四十七件（颗）红色玛瑙管、珠及部分浅蓝色料珠相间串联而成。是目前所见西周联璜组玉佩中最为精美的组玉佩。六件玉璜皆为白玉或青白玉制成，厚重大气，纹饰精美，做工精湛。尤为珍贵的是其中的两件人龙纹璜为一件玉璧对剖而成，纹样完全可以吻合，是《周礼》中『半璧为璜』的最直接例证。

诉后人她的名字。论墓中玉器的数量，可能还看不出梁姬对玉器的痴迷，她的墓中出土了玉器806件，数量已经不少了，但还比不上虢季墓的967件。不过，梁姬墓中的情形却让人目瞪口呆。当内棺打开之时，只见梁姬整个人都被玉器淹没了，从头到脚都覆盖着密密麻麻的玉器。耳朵附近有玉玦，这是耳饰，脖子附近有玛瑙珠组合的项饰以及代表身份的五璜组玉佩，两手手腕上都带有腕饰，由玛瑙、绿松石、玉管等组成，手中握有玉管，身体上还覆盖着玉璧、玉璜等一些礼器，脚底下还有玉圭。似乎当时凡是能够获取的玉器，都被装进了她的内棺之中。5-9

从虢季和夫人梁姬的墓葬情形来看，西周贵族的用玉可能有礼制的影响，但似乎也是当时统治阶级共同的爱好，甚至因此赋予了玉器神秘的属性，开汉代奢华葬玉之先河。

第三十三讲 满城汉墓金缕玉衣：葬玉的极致奢华

1968年5月23日，解放军某部到河北省满城县陵山执行国防施工任务之时，偶然炸出了一座古墓，这就是满城中山王墓。在周恩来总理的亲切关怀和时任中国科学院院长郭沫若同志的精心布置下，考古工作者与解放军指战员对中山王墓进行了艰苦的发掘，清理出了大量的国宝。在这些国宝中，最引人注目的无疑是第一次在世人面前显露真身的金缕玉衣。

当时，解放军北京军区第六工区的165团8连奉命到满城的陵山执行国防施工任务。在5月23日中午，8连3排11班的班长李锡明率领战士们刚执行完爆破任务，副班长白秀贞带着全班回驻地吃饭，现场只剩下代理排长曹培成与班长李锡明，两人发现爆破之后只听到了炮响，没发现爆破点有烟排出，非常奇怪。于是两人到爆破点查看，发现作业面已经出现了一个直径约60厘米的洞，往洞里扔石头，好一会儿才能听到响声，说明洞很深，再用皮尺拴上石头测量，发现深达6米。两人连忙叫来战士们，拉了电线，带着电灯，手拉手到洞里查看，里面爆破的烟还没有散去，发现了一些文物，证明这是一座古墓。5-10

5-10 满城汉墓考古发掘现场

满城汉墓的发掘正值中国历史上一个特殊时期，但是对于考古工作，周恩来总理给予了大力支持。这次考古的成功，是考古工作者和人民解放军共同努力的结果，这张照片反映的就是当时的情景。

消息上报以后，中央高度重视。周总理在百忙之中亲自听取了汇报，并部署了发掘工作。当时，中国科学院院长郭沫若郭老精心挑选了19位同志组成了考古发掘队，又先后抽调8连150余人负责警卫、后勤和发掘工作，保证了中山王墓的顺利发掘。

其实，中山王墓一共有两座，一座的墓主是中山靖王刘胜，另一座的墓主则是他的夫人窦绾。两座墓葬的发掘是有难度的。那个时期，科技条件远不如我们现在，而且两座墓葬又是在陵山正中间的山顶上，上下十分不便。发掘工作进行了三个多月，基本是在夏天进行的，但墓中却十分阴冷，考古工作者和战士们还得穿棉衣御寒，条件非常艰苦。5-11

5-10

5-11

5-11 河北满城陵山远眺

陵山是一座石灰岩的小山，中山王墓和夫人窦绾墓是开凿在山岩之中的大崖墓，墓上没有坟堆。《汉书·文帝纪》记载，霸陵的建造即是『因其山，不起坟』。中山王墓依山为陵的营建方式，有可能是仿效汉文帝霸陵。

最终，一直到9月底，发掘工作才顺利结束，发掘的文物一共装了300多个包装箱，分装在11辆大卡车上运到了北京。这些文物中有大量的国宝，包括长信宫灯、错金博山炉等，尤为珍贵的是刘胜与他的夫人窦绾身上所穿的两件金缕玉衣，填补了金缕玉衣发现的空白。

什么是金缕玉衣呢？葬玉发展到汉代，达到了顶峰。尤其高级贵族们，在死后下葬之时，葬玉不仅多，而且十分奢华。手中要握着圆柱形的玉器，多半是猪的造型；嘴里要含着小块玉器，叫作玉琀，多半是蝉形，甚至连鼻子、眼睛、耳朵等一些孔窍都要塞上一些玉器，防止人的精气流失，使尸身不至于朽坏。在所有的葬玉中，规格最高、最奢华、对身体保护最全面的就是玉衣。

玉衣是有等级的，主要的差别就是连缀玉片的线各不相同。如果是用金丝连缀玉片，就叫作金缕玉衣；用银丝连缀，就叫作银缕玉衣；用铜丝连缀，就叫作铜缕玉衣；用普通的丝线连缀，就叫作丝缕玉衣。但不论采用何种线连缀，所有的玉衣都只能由帝王及其亲属使用。不过，有些皇亲国戚、功臣将相也可能会受到皇帝的奖赏，赐予一件玉衣下葬，比如昭宣时期的权臣霍光，他是武帝、昭帝、宣帝三朝元老功臣，下葬时，汉宣帝也赐予了金缕玉衣。《西京杂记》记载，汉武帝下葬的时候穿的就是金缕玉衣，上面雕琢有蛟、龙、鸾、凤、龟、龙等汉代瑞兽的形象，称作“蛟龙玉匣”。我们很难想象，到底他作为汉代鼎盛时期的帝王，下葬所穿的玉衣是怎样一幅奢华的模样。5-12

玉衣该怎么穿呢？玉衣就像是铠甲，又是穿在逝者身上，直接套上去不现实。事实上，整套衣服可以拆分为头部、躯干、四肢、手套、鞋套等部分，头部和躯干都分为前后两片，以各种线缕缀合；四肢、手套和鞋套则可以直接套进去。

在玉衣的制作过程中，耗费最多的无疑就是玉料了。刘胜

5-12 刘胜金缕玉衣·西汉

河北博物院藏。1968年河北省保定市满城汉墓一号墓出土。全长188厘米。该玉衣是用金丝将玉片编缀而成。玉片为岫岩玉制作。上衣呈绿色，玉质莹润。下身为灰白和淡黄色。整体主要分为头罩、上衣、手套、裤筒和鞋等五部分。共用不同形状玉片2498片，金丝约1100克。其外观和人体形状相同，是汉代皇帝和高级贵族死后的殓服。这是我国考古发掘中出土年代最早最完整的玉衣。

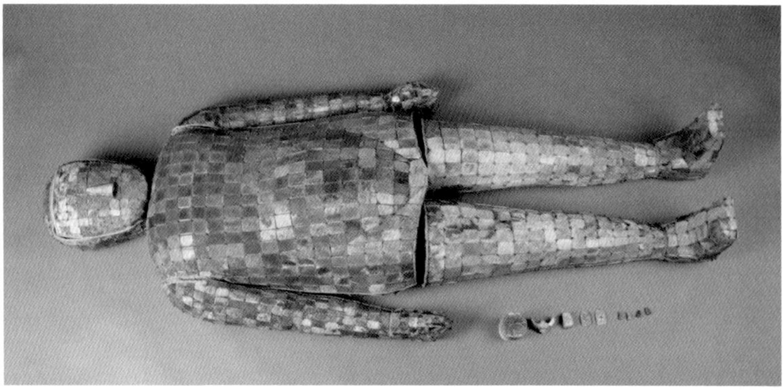

5-13 **窦绾玉衣·西汉**

河北博物院藏。1968年河北省保定市满城汉墓二号墓出土。窦绾玉衣为女式的，体形比较瘦小，上衣有织物纹饰。腹部下有一圭形玉片。玉衣结构除上衣的前片和后片外，其余与刘胜玉衣结构基本相同。

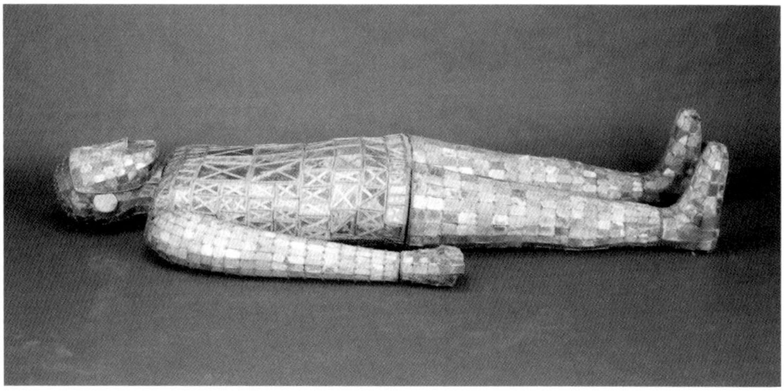

5-12

5-13

的玉衣一共有玉片2498片，穿玉片的金丝重达1100克；他的夫人窦绾的玉衣有玉片2160片，所用金丝重700克。5-13

为什么他们夫妇二人能够穿着如此奢华的玉衣下葬？刘胜其实是汉景帝的儿子，汉武帝同父异母的兄弟，但他的母亲贾夫人并不受景帝宠爱，因而只是一个普通的诸侯王。再加上武帝时期对地方诸侯王的限制十分严格，所以，他的人生目标不是治国理政，不是开疆拓土，当然也不是诗和远方，而是音乐、美人与酒。考古发掘给我们提供了证据：在刘胜的墓中有一个专门存放酒和食物的部分，即北耳室，里面用大陶缸储存了相当于今天6000多千克的酒。可以想见，刘胜夫妇生前拥有何等奢华的生活，穿着金缕玉衣下葬自然也不意外了。

第三十四讲〇

四神纹玉铺首：武帝的门环

1975年7月19日，天气十分炎热。陕西省兴平县南位公社道常大队第一生产队在田间劳作之时，忽然在地里发现了一件奇怪的玉器，上面竟然有青龙、白虎、朱雀、玄武的形象，它是什么玉料制成的呢？又有什么样的寓意呢？发现地点正好在汉武帝茂陵的陵园内，它能够体现出汉武帝至高无上的地位与永垂千古的功业吗？

5-14 四神纹玉铺首·西汉

茂陵博物馆藏。1975年7月19日发现于汉武帝茂陵东南约1千米处。这件玉铺首呈青灰色，正面为四角弧圆、下有凸钮的长方形，图案为一尊粗眉鼓目、卷鼻龇牙的兽面轮廓；兽面上部饰卷云纹，两侧透雕青龙、白虎、朱雀、玄武『四神』纹。

这件国宝名为四神纹玉铺首，苹果绿色，高34.2厘米，宽35.6厘米，厚14.7厘米，重达10.6千克，现藏于茂陵博物馆。整体是一个夸张的兽面形象，眉毛很粗，鼻子卷起，两只大大的圆眼睛鼓突出来，眼睛下面有一排清晰的大牙，显得十分凶猛吓人。5-14

这件国宝的材质是蓝田玉，是中国古代的名玉之一，主产地在陕西蓝田县。早在《汉书》《后汉书》等关于汉代的文献中就有关于蓝田产玉的记载，唐代著名诗人李商隐在《锦瑟》一诗中写道："沧海月明珠有泪，蓝田日暖玉生烟。此情可待成追忆，只是当时已惘然。"说明蓝田产美玉是古代人的共识。东晋一部名为《搜神记》的神怪小说还记载了"玉田种玉"的传说，地点可能就在唐山的玉田县，甚至玉田县麻山山顶还有"古人种玉处"的石碑，但与陕西蓝田县相距甚远。

如果仔细观察，会发现在面部的云朵间还浮雕起四个神兽形象，左边靠上的是一只脚踩祥云、身躯矫健的白虎；白虎下面是龟蛇合体的玄武，神龟口中衔着一条长蛇。最右侧是一只青龙，身躯修长，嘴里咬着祥云。在整个兽面的中部，背靠着青龙的是一只朱雀，头部回望隐于云朵之中的身躯。青龙、白虎、玄武、朱雀，这就是汉代人十分崇信的四神。在先秦时期，这四种传说中的神兽可能就已经创造出来了，也称作“四灵”或“四象”。青龙在五行上属木，与东方和青色对应；白虎在五行上属金，与西方和白色对应；朱雀在五行上属火，与南方和赤色对应；玄武在五行上属水，与北方和玄色（黑色）对应。到了汉代，四神崇拜十分流行，四神的形象也应用到了许多的方面，如瓦当、铜镜、壁画、服饰纹饰等，或许带有驱邪镇宅的寓意。

正因为如此，专家们分析，这件出自武帝茂陵陵园中的玉器可能是茂陵外城墙城门上的一个装置——铺首。铺首是古代大门上的部件，往往是猛兽衔环的样式，门环可以叩击来敲门。汉代的铺首出土了不少，尤其以金属质地的比较多，但玉质的铺首，而且是如此大的一个部件，实在罕见，这就与茂陵的主人汉武帝相关了。5-15

汉武帝统治西汉中期，是中国古代最有名的帝王之一，在位时间长达54年之久，而茂陵从他继位伊始就开始修建，直到他去世才结束，可以说见证了汉武帝一生北击匈奴、南征百越、沟通西域的不朽功业。汉武帝本人的墓室当然没有发掘，但在历史发展过程中，陵园的一些附属建筑遭到了毁坏，比如陵墓外围的寝殿、陵园四周的城墙等等。这一件玉铺首就是在外城墙被毁坏的过程中埋入地下，直到1975年才重新发掘出来。因为城门往往是两扇，铺首一般也是一对，因此，很有可能还有另外一件类似的玉铺首淹没在了历史的洪流中。

5-14

5-15

5-15 镶玉鎏金铜铺首·西汉

河北博物院藏。1968年河北省保定市满城汉墓一号墓出土。铺首作兽面衔环状，铜质边框和衔环，兽面部分镶嵌黄玉。玉质兽面为浅黄绿色，细腻莹润，浮雕对称卷云纹，组成象征性的兽面，棱角各部分修饰得极其圆润。在额、眉、鼻、须的卷云纹中，填满细密的平行斜线，做工精湛。铜质部分鎏金，两侧边框做二龙攀附，龙身蜿蜒，首向外扭曲，似兽面之双角。上框似山字形，下框作钩衔环，背面有一插钉。下部为鎏金铜环。

第三十五讲○

宋代蕉叶纹水晶杯：地宫之中藏珍宝

位于南京市中华门外、秦淮河南岸的大报恩寺遗址公园是目前为止国内保存最完整、规模最大、规格最高的寺庙遗址，令人心生向往。然而，谁又知道，这座1800年来迭经建毁的寺庙地宫中竟深藏着无与伦比的国宝级文物，有鎏金七宝阿育王塔，有佛顶真骨舍利，也有蕉叶纹水晶杯这种稀世罕见的玉器。

这件水晶杯高4.2厘米、长18.7厘米、宽7.1厘米，使用一整块晶莹剔透的水晶雕琢而成，椭圆形杯，侈口，浅腹，通体光素，器形宛如蕉叶，叶脉疏朗，口沿一侧扁扇形柄，器口镶银鎏金包边。5-16

水晶在中国古代玉器史上是一种常见的材料，从新石器时代就开始使用，在中国古代被称为“水玉”“水精”“玉晶”“千年冰”等。由于其纯净、透明、坚硬，也经常被视为心地纯洁、坚贞不屈的象征。

5-16 **蕉叶纹水晶杯·北宋**

南京市博物馆藏。南京市秦淮区宝塔顶北宋大中祥符四年长干寺地宫出土。水晶质，椭圆形杯，侈口，浅腹，通体光素，器形宛如蕉叶，叶脉疏朗，口沿一侧扁扇形柄，器口镶银鎏金包边。此器用整块莹洁的水晶碾磨而成，光亮澄澈，具有玻璃般的透明度，基本不做过多的细部装饰，恰如其分地呈现了符合宋代注重形神勾勒的简朴玉雕风格。

5-17 **水晶球·北宋**

南京市博物馆藏。南京市秦淮区宝塔顶北宋大中祥符四年长干寺地宫出土。宋代佛教大量使用水晶，『阿育王塔』塔身就用到大量水晶珠镶嵌，地宫中也出土有水晶球、水晶葫芦、水晶念珠等。

5-16 | 5-17

这件水晶杯发现的时候还有两件趣事：第一，刚刚发现的时候，由于这件水晶杯太过于纯净，一度被认为是一件玻璃器，命名为“蕉叶玻璃杯”，直到它被送到江苏省黄金珠宝检测中心，才最终确认这居然是水晶杯，而且是用一整块水晶雕琢而成，十分罕见。水晶的硬度很高，要雕琢出如此均匀清晰的蕉叶纹，琢玉技术自然也非同凡响。第二，水晶杯出土的时候，杯子里面还盛有乳香。乳香是中药，其实是橄榄科植物乳香树树皮渗出的树脂，从古至今都是非常著名的香料。由于气味芬芳，经常被用在宗教场合中，基督教、伊斯兰教和佛教都有使用的记载。之所以用水晶杯来盛乳香，是因为水晶与佛教的关系也十分密切。佛教将水晶与砗磲、玛瑙、珊瑚、琥珀、珍珠、麝香合称为七宝，而水晶由于晶莹剔透，能够闪射出神奇的灵光，据说有普度众生之效，因而又有“菩萨石”的美称。5-17

水晶杯的出土地是江苏省南京市中华门外、秦淮河南岸、雨花路以东的大报恩寺遗址，古代名为长干里，整个遗址占地约25万平方米。

公元211年，孙权从京口（今镇江）移治秣陵（今南京江宁区秣陵关一带），改称建业。229年，孙权称帝，定都建业，使得建业成为三国时期的政治中心之一。当时建业城的南门是朱雀门，朱雀门外是秦淮河，两岸的居民区和商业区叫作长干里。就是在长干里，东吴政权建立了南京最早的寺庙——建初寺。据说当时有一位僧人来自西域康居国（位于今中亚地区），带来了如来的舍利，在长干里传播佛教，聚集了不少信徒，影响较大。于是，孙权便下令建了建初寺和阿育王塔，用来供奉佛舍利、佛爪、佛螺髻发，这是江南地区第一次建寺立塔。

到了东晋后期，一位来自并州西河的僧人刘萨诃（360—436）登上南京建康城头，发现长干里有异气，便到那里膜拜居住。到了傍晚，总有一个地方大放光明，于是，刘萨诃在这个地方挖了下去，结果得到了三块石碑，中间的一块石碑凿开后有金银铁三函。金函中有三颗舍利，又有爪甲，还有一束头发，大约数尺长，但很快就变成螺髻发的样式。大家都认为这就是阿育王所藏的佛陀圣物。于是，东晋孝武帝司马曜又建了一座塔，用来供奉佛舍利、佛爪、佛螺髻发。

南朝梁武帝时期，建初寺正式改名长干寺，并进行了大规模的扩建。隋朝末年，长干寺毁于战火。唐穆宗时期，因为年久失修，宰相李德裕曾打开过长干寺的阿育王塔地宫，重建后又埋入进去。5-18

到了宋真宗大中祥符年间，僧人可政鉴于长干寺已毁，上奏朝廷，请求重建，真宗赐寺塔名曰“圣感舍利宝塔”。天禧年间，又改寺名为天禧寺。宋真宗时期，为了挽回澶渊之盟的恶劣影响，他又是封禅泰山，又是重建寺庙，其实有争取民心的用意在其中。元朝时期，天禧寺被敕封为“元兴慈恩旌忠教寺”，仍旧是南方一流的大寺。5-19

明代洪武年间，天禧寺塔得到了新的修整。不料，到了永乐六年（1408），天禧寺被人纵火烧毁。于是，明成祖朱棣在永

5-18 鎏金木胎七宝阿育王塔・北宋

南京市博物馆藏。南京市秦淮区宝塔顶北宋大中祥符四年长干寺地宫出土。塔为檀香木胎，外包银皮，表面鎏金。通体镶嵌水晶、玛瑙、玻璃和青金石等多色宝珠数百颗。整座塔金光闪耀，气势恢宏，是迄今为止国内发现的体形最大、制作最精美、工艺最复杂的阿育王塔。塔身上下錾刻有铭文二十条，为我们了解长干寺建寺、建塔的过程提供了关键史料。

5-19 鎏金莲花宝子银香炉·北宋

南京市博物馆藏。南京市秦淮区宝塔顶北宋大中祥符四年长干寺地宫出土。银质，鎏金，整体造型为横置的莲花一枝，花、叶、果实及枝茎一应俱全。以一枚荷叶下俯为托座，叶脉清晰可见。一朵莲花亭亭玉立为炉，莲瓣錾刻而成，生动逼真。炉下擎出一茎，上承佛像一尊，后有背光，结跏趺坐于莲座之上。又有含苞待放的花蕾两枝，宝子一枝。数枝结为一束，成为香炉的长柄，柄身满饰花叶纹。柄末又附宝子一枚。宝子均有制作精细的器盖，以器盖和器身合成一朵栩栩如生的莲蓬。

乐十年（1412）下诏重建，将这座寺庙升格为皇家寺院，以五彩琉璃为塔身，八面九级，高达78米，并改名为“大报恩寺”。这次重修很下了一番功夫，历时17年，而且“准宫阙规制”，也就是说，寺中不少建筑是按照宫殿的规格建造的。建寺的总督工是下过西洋的郑和，郑和下西洋获得的100余万两银子也投入其中。耗费的劳役超过10万，包括跟随郑和下西洋的官兵。重建完成之时，已经到了永乐皇帝的孙子宣德皇帝在位时期。

清代咸丰年间，太平天国运动爆发。太平军从广西一路打进南京，改名天京，定都于此。在南京攻防战中，大报恩寺又毁于战火。

2007年2月到2010年底，为了配合“大报恩寺遗址公园”的建设，南京市考古研究所对遗址进行了全面的发掘。2007年11月，考古队发现了地宫，并在地宫中发现了大量珍贵的文物，包括佛顶真骨舍利、七宝阿育王塔等，也包括这件蕉叶纹水晶杯。

第三十六讲　辽代玉组佩：陈国公主的珍藏

1986年发掘的陈国公主墓是辽代少有的保存完好的高等级墓葬，出土了以玉器为代表的大量文物。这些文物不仅揭开了鲜为人知的一段历史，也是中国古代历史上民族交往交流交融的实物见证。

1983—1985年，由于山洪的冲刷以及兴建水库的需要，位于内蒙古自治区哲里木盟奈曼旗青龙山镇斯布格图村附近连续发现了三座辽代的墓葬。1986年，考古工作者对这三座墓葬进行了发掘，其中两座墓葬被盗掘一空，而第三座墓葬却十分幸运地保存完好，墓中出土了大量的文物，包括精美的金银器、陶瓷器、玻璃器、木器等，而玉器则是其中的大宗，不仅数量众多，而且质量极高，在辽代玉器中最具典型性，而玉组佩又是其中的代表。

玉组佩一共三件，均为白玉质地，但颜色深浅有别，形制上相差无几，均为一件对称形玉饰系鎏金银链，下挂五六件其他玉饰组成，通长14—18厘米。第一件是镂雕绶带纹玉饰，下方是龙鱼形、双鱼形、双凤形、双龙形和鱼形玉饰；5-20 第二件上方为出廓玉璧形玉饰，刻有十二生肖纹（阴刻细线），下方是蛇形、猴形、蝎形、蟾蜍形、蜥蜴形玉饰；5-21 第三件上方是莲花形玉饰，下方是剪刀、觿、锉、小刀、锥子和勺子6种形状的玉饰。5-22

玉组佩很早就出现了，周代的时候十分流行，而且在当时可能有政治上的含义，长度和佩件的多少都能体现佩戴者的身份。周代以后，玉组佩失去了政治上的功能，渐渐消失不见。到辽代再出现的时候，体现的更多是日常生活中的意义。

5-20 | 5-21
5-22

第一，造型大多与生活中常见的事物有关。如鱼形佩饰很多，是契丹人渔猎经济的反映；工具形的佩饰可能象征着生活中常用的一些小型工具；而动物形玉饰应该就是生活中常见的一些动物和昆虫。

第二，带有一些佛教的影响。契丹人虽然生活在草原上，但在扩张过程中渐渐接受了佛教的传入，所以，一些辽代的文物上出现了佛教的象征。

第三，体现了中原文化对契丹人的影响。最典型的就是第二件的十二生肖纹饰，这是中原地区传统民俗文化的代表。另外，玉璧也是传统玉器中的一个固定的器型。契丹人原本是逐水草而居的游牧民族，并没有发展出玉器相关的文化；而这座墓葬中大量的玉器说明，契丹人已经接受了中原地区传统的玉器文化，将之纳入了自己的文化体系和日常生活中。

这座墓中随葬品总数达到3200多件（套），用金1700多克，银1万多克。发掘之时，墓中文物依然保持着下葬时的大概位

5-20 花结形玉佩·辽

内蒙古自治区文物考古研究院藏。1986年出土于内蒙古哲里木盟奈曼旗辽代陈国公主墓。玉质白润，上部饰透花盘长纹玉佩，下部用金丝链连缀玉鱼龙、双鱼、双凤、双龙和单鱼等不同形式的透花玉坠各一。

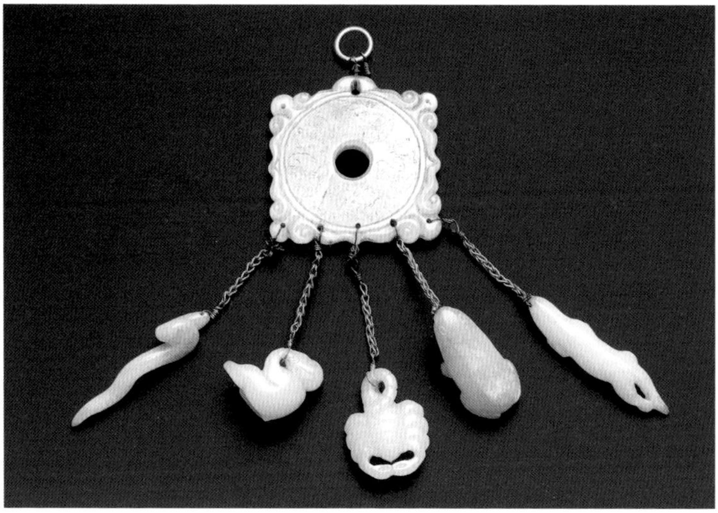

5-21 十二生肖玉佩·辽

内蒙古自治区文物考古研究院藏。1986年出土于内蒙古哲里木盟奈曼旗辽代陈国公主墓。辽陈国公主墓出土动物形玉佩出土前置于公主腹部位置，由一件璧形玉饰以鎏金银链垂挂5件玉坠组成。璧形玉饰外周雕刻如意云纹，其正面用细线线刻十二生肖形象。玉坠有蛇、猴、蝎、蟾蜍、蜥蜴五种形象，大概借用了汉地五毒之说，以求辟邪。

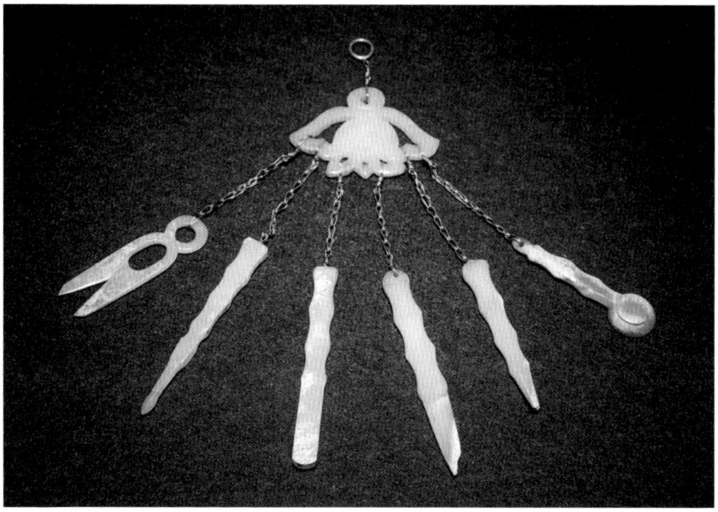

5-22 用具形玉组佩·辽

内蒙古自治区文物考古研究院藏。1986年出土于内蒙古哲里木盟奈曼旗辽代陈国公主墓。出土时玉组佩置于公主腹部。由一件莲花形玉饰以金链下系6件用具形玉坠组成。均为白玉质。玉用具包括玉剪、玉觿、玉锉、玉刀、玉锥、玉勺。

置。两位墓主均头枕银枕，身穿银丝网络，戴金面具，脚蹬银靴，胸口佩戴琥珀璎珞（每人2串，共用琥珀800多颗）。另外，女性墓主头戴珍珠琥珀头饰，颈戴琥珀珍珠项饰，双手手腕都有一对金镯子，每根手指都戴一枚金戒指，腰间还有金荷包、金针筒，以及各种小型的玉佩和琥珀佩饰。男性墓主腰间束着

金銙银鞓蹀躞带，挂着银制刀具、银锥子等，也有不少小型的玉饰和琥珀佩饰。5-23

5-23 胡人驯狮琥珀佩饰·辽

内蒙古自治区文物考古研究院藏。1986年出土于内蒙古哲里木盟奈曼旗辽代陈国公主墓。长8.4厘米，宽6厘米。琥珀随形圆雕胡人驯狮。其形象刻画细致入微，彪悍的人物与狮子的顺巧形成鲜明对比。两侧穿孔，出土时位于公主腹部。

如此奢华的陪葬，这两位墓主究竟是谁呢？

因为墓葬保存完好，墓志也十分清晰，告诉我们，这对夫妻就是辽代的陈国公主耶律氏和她的驸马萧绍矩。

陈国公主是辽景宗的孙女，辽圣宗的侄女。她最初封太平公主，后来改封越国公主，死后又追封为陈国公主。她应该是16岁就嫁给了她的舅舅，即驸马萧绍矩，这是辽代常见的现象，因为帝族耶律氏和后族萧氏长期通婚，所以，越往后，近亲结婚的现象就越多。两人成婚后不久，父亲耶律隆庆去世了。后来，陈国公主和驸马大约生活了不到两年的时间，萧绍矩因为生病也去世了，可能只有35岁。也就是说，她在两年时间内连续经历了父亲、驸马去世的打击。到1018年，她自己也因病去世，年仅18岁。

陈国公主本身就是辽朝的公主，身份地位非同一般，能够从朝廷获得大量赏赐。她嫁给驸马萧绍矩以后，两人有了自己的头下州，即辽朝贵族通过军事征伐占领或掳掠人口建立的私属城市。陈国公主与驸马合葬墓位于内蒙古自治区哲里木盟奈曼旗青龙山镇东北10公里处，在这附近还发现了两座古城遗址，出土了“灵安州刺史印”，但灵安州不见于历史记载。专家推断，这两座古城可能就是陈国公主墓墓志中提到的“行宫北之私第”，即公主和驸马的头下州私城。此外，辽宋之间的澶渊之盟也带来双方长期的和平，宋朝传统的玉器文化和大量精美的玉器因此传入辽朝。所以，陈国公主才能拥有奢华的陪葬，而这些玉组佩也可以说是辽宋双方文化交流、民族融合的实物见证。

第三十七讲◎

辽代七宝塔：十万晶珠五重塔

1988年11月，在配合辽宁省朝阳市北塔维修加固的考古勘察过程中，考古人员发现了举世震惊的辽代七宝塔。这座供奉有佛祖真身舍利的七宝塔有着悠久的历史、奢华而齐全的构件种类，以及相当严整的佛教规格，是迄今唯一一件以佛教“七宝”打造而成的供养佛塔，其表面覆盖的以水晶珠为主要材料的串饰构件多达10余万颗。

朝阳市位于辽宁省西部，市内原有三座方形砖塔，称为东塔、南塔和北塔。其中，东塔在清代倒塌，仅存塔基。南塔与北塔均为方形十三层密檐式砖塔，其中，南塔所藏为世界唯一有明确文字记载的定光佛（燃灯佛）舍利；北塔则藏有释迦牟尼佛真身舍利。

北塔年久失修，破损严重，所以，从1984年起，国家拨款进行修缮加固，辽宁省市文物部门也同时进行了考古勘察。1986年11月，发现并清理了辽代地宫。1988年11月，又在第十二层塔檐中部发现了辽代天宫，出土了舍利金塔、鎏金银塔以及七宝塔等大量珍贵罕见的文物，轰动世界。5-24

天宫遭到过雷击火烧，七宝塔内外的许多木制器物已经损毁，但发现了金、银、铜、水晶、玛瑙、玉、琥珀、玻璃、瓷、骨雕、石雕等大量小件文物，种类之全、档次之高、数量之多，在全国舍利塔中绝无仅有。

七宝塔从外向内包括石函、宝盖、木胎银棺、舍利金塔、玛瑙舍利罐五层。

5-24 朝阳北塔

北塔，位于辽宁省朝阳市双塔区北大街。原构始建于北魏太和年间（477—499），为木质塔，后毁于兵火；隋仁寿年间（601—604）在木塔遗址上重建密檐式砖塔，唐代曾进行大规模维修；至辽代，又在隋、唐旧塔之外套建新塔，从而形成了塔上建塔、塔外裹塔的特殊建筑结构。现存北塔为方形十三层密檐式，砖构，空心，通高42.6米。

石函呈方形，以六块绿砂岩石板构成，长1.4米，宽1.17米，高1.26米。其中，南面石板应为正门，上面刻有假门，两旁各站一个手持长剑的守门力士。东西石板上均刻有法身、报身、化身的三身佛像。背面石板线刻一佛八菩萨，大日如来居中，周围有观自在、弥勒、文殊、普贤、金刚手等菩萨。

宝盖平面呈长方形，高约1米，宽约46厘米，以木板和银条作架，用银丝穿系各种珠宝、法器等物，但木质物已毁。宝盖也称天盖、华盖，置于佛、菩萨或其他供物之上，以防灰尘。这是首次在考古工作中发现宝盖的实物，是七宝塔最为华丽的部分，水晶、玛瑙等佛教“七宝”串饰构件就有10余万颗，因而在展览中号称“世间唯一七宝塔”。5-25

木胎银棺以木板制成，外面包钉银片，舍利金塔置于棺内。木板烧毁后仅存银片3块，以及银钉。从出土位置看，银片原钉在棺的东、西、北三侧面，大小基本相同，约长33厘米，宽

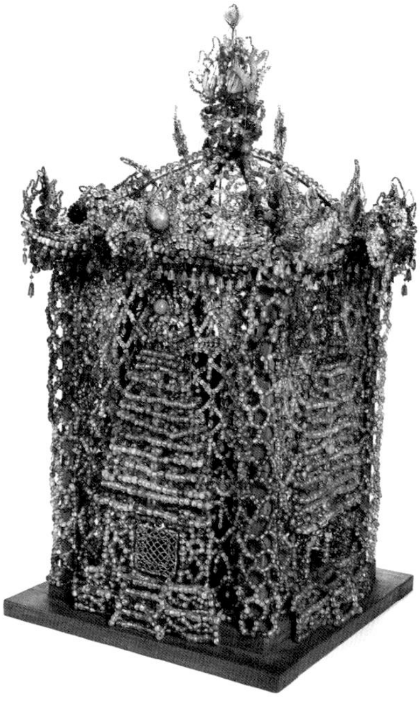

5-25 七宝舍利塔·辽

辽宁朝阳北塔博物馆藏。七宝舍利塔为方形单重檐式，塔高约1米，塔身宽约0.5米。塔身用成千上万颗水晶珠为主体材料穿缀、装钉而成。这座七宝塔以水晶为主体，计有金、银、玛瑙、琥珀、珊瑚、琉璃、珍珠、玻璃、玉石、贝壳等材料。

5-24 | 5-25

17厘米，厚0.1厘米。东侧银片线刻释迦牟尼佛涅槃像，头南足北，头枕右手，侧卧在七宝床上，周围有各种面相哀恸的天人，还有娑罗树、狮子、象、锡杖、钵盂以及脚踏夜叉、双手执箭的护法天王。北侧银片上线刻三尊佛像，分别代表法身、报身、化身的三身佛，头顶华盖，手结契印，有背光、头光，趺坐于莲座之上，莲座下还有一盆莲花。西侧银片线刻帝后礼佛图，释迦牟尼佛坐在莲座上，双脚下垂，脚下生出莲花，两弟子侍立两侧，帝后跪于佛前，右侧还有一个手持宝剑的护法天王。5-26

舍利金塔高11厘米，重269克，以金片制成，为方形单层四角攒尖顶（像故宫中和殿），由莲座、宝珠组成，脊上和檐下装饰珍珠串穿的流苏。基座是三层平台，上面和侧面均錾刻云纹。基座上放置单层八瓣金莲座，座上是方形塔身。塔身四面均刻有坐佛一尊，头戴宝冠，手结契印，趺坐于莲座之上，有祥云环绕。塔檐是单层。5-27

5-26 木胎银棺·辽

辽宁朝阳市北塔博物馆藏。木胎银棺系木板制成，外包钉银片，舍利金塔应置于棺内，木板烧毁后仅存银片3块，并残存银钉。一侧银片上刻帝后礼佛图，一侧银片上刻佛祖涅槃，一侧银片上刻三尊佛。

5-26 | 5-27 5-28

5-27 舍利金塔·辽
辽宁朝阳市北塔博物馆藏。

5-28 玛瑙舍利罐·辽
辽宁朝阳市北塔博物馆藏。

金塔内装有金盖玛瑙舍利罐，通高4.5厘米，腹径4.2厘米。金盖与罐身以金链连接，罐身是平底鼓腹，小口圆唇，以一整块质地精良的玛瑙精雕细刻而成，光洁莹润，褐色中泛红白相间的天然流云纹装饰。罐底垫着一块玉璧，玉璧上放着两粒舍利，如米粒大小，分别呈红、白色，另有鎏金珍珠5颗。5-28

所以，在藏入天宫之时，应该是将玛瑙舍利罐放入金塔，金塔放入银棺，银棺放入宝盖，宝盖再放入石函。谁能想到，外表看似普通的北塔，内里竟藏有如此神奇的舍利天宫。

朝阳北塔被称为五世同堂塔，七宝塔位于第十二层的天宫之中，可谓塔中塔、塔包塔。这五世分别是：

第一世，东晋十六国时期。这个时期，以燕为国号的前燕、后燕、北燕三个政权都曾在以北塔为中心的龙城（朝阳市当时称龙城）旧址建都。这个时期，北塔其实是宫殿所在地，还没有佛塔。今天在北塔下面发现了一个宏大的台基，就是宫殿的

5-29 鎏金银塔·辽

辽宁朝阳市北塔博物馆藏。此器件为六角形三重檐式，由基座、须弥座、塔身、塔檐、刹顶组成。第一层塔身每面錾刻一尊坐佛，应为释迦牟尼和密宗五方如来；第二层塔身刻写梵文字母，应是六佛梵文『种子』；第三层塔身刻梵文，当是『六字真言』；最珍贵处是在塔身内藏有题记铜板一件，铜板两面刻字，一面写有『重熙十二年四月八日与舍利同时葬此银塔并摧碎小佛顶陀罗尼各一本』。

台基，附近也发现了一些三燕政权的建筑构件，如筒瓦、瓦当、陶器等。

第二世，北魏时期。孝文帝太和年间，文成文明冯太后在这里建立了“思燕佛图”，北朝末年被大火烧毁。“佛图”就是佛塔，而“思燕”可能是冯太后借佛塔来追思已经灭亡的北燕政权。这是第一次在这里建立佛塔。今天在北塔也发现了北魏时期“思燕佛图”的塔基和殿堂建筑遗址，可能与北魏平城（今大同）的永宁塔规格相同。5-29

第三世，隋朝时期。仁寿二年（602），隋文帝敕令在思燕佛图的基础上修建宝安寺塔，用于安葬释迦牟尼真身舍利。隋文帝在位时期崇信佛教，下令在全国各州建立“灵塔”，用于供奉佛舍利，而营州（治所就在朝阳市）也是其一。当时一位法号宝安的高僧带来的舍利就供奉在这里，在塔下还建了一座名叫梵幢寺的寺庙，后来改名叫宝安寺可能也与这位高僧有关。1986年在勘察北塔地宫的时候发现了一块题记砖，说是宝安寺的法师们奉隋文帝敕令安葬舍利，但在地宫中没有发现。

第四世，唐玄宗时期。这一时期修缮了宝安寺塔，改称开元寺塔。唐代，朝阳市所在地是营州的柳城郡，玄宗时期担任营州都督的就是安禄山，此地也在他后来担任的平卢节度使辖区内。天宝年间，唐玄宗几次下诏修缮全国寺庙，宝安寺塔的修缮和改名应该就发生在这个时期。今天在北塔塔门的基座内发现了唐代的石碑，第二至十层也有部分唐代天宝年间的彩画，还有朱书“天宝”的题记。

第五世，辽朝时期。916年，辽太祖耶律阿保机建立了契丹国，在今朝阳市设立霸州，兴宗时期改为兴中府，是辽代行政规格最高的五京六府之一，地位很重要。所以，辽太祖命人全面修葺柳城，对开元寺塔也同时进行了修缮，改名为延昌寺塔，任命韩知古为彰武军节度使（治所就在柳城）。今天在天宫中发现了题记砖，上面有“延昌寺大塔下重熙十二年四月八日再葬舍利记”，说明这座七宝塔中的舍利就是在辽兴宗时期（重熙十二年，1043年）葬入天宫的。

第三十八讲○ 梁庄王墓玉叶组佩：凄美的爱情与西洋的珍宝

2000年春节前后，位于湖北省钟祥市区东南25公里处的一座明代墓葬遭到了三次盗掘。2001年，经过考古工作者的抢救性发掘，这座墓葬共出土各类随葬品5300余件，尤以金、银、玉器数量大、质量高，在明代同级别墓中首屈一指。在所有文物中，一套部件繁多的玉叶组佩十分引人注目，它不仅揭开了一段凄美的爱情故事，也从侧面见证了大明王朝七下西洋的赫赫天威。

这件组合型玉器修复后长59厘米，总重328.3克，一共包括49个部件：玉叶32片，分为4行，每行8片，每2片连缀在一起。每两片树叶下面都有一个小型的玉雕饰物，包括玉桃4只，玉瓜4只，玉石榴4个，以及2只玉鱼，2只玛瑙鸳鸯。此外，还有居于正中间的玉珩，起平衡作用。5-30

这种玉器名为玉组佩，西周时期就已经大量出现，是贵族身份的象征，很多西周墓葬中都有玉组佩出土。西周以后，玉组佩的数量大为减少，同时也失去了礼制上的意义，更贴近人们的日常生活：玉叶象征着金枝玉叶，玉瓜象征瓜熟蒂落，玉石榴象征多子多福，玉桃象征福寿平安，玉鸳鸯象征百年好合，玉鱼象征鱼水情深。这些寓意怎么听起来像是婚嫁用品呢?

另外，在明代，这种玉器一般贵族不能用。据《明会典》记载，它叫作“玉禁步”，是皇帝娶皇后之时，皇后身上的佩饰品。所谓“玉禁步”，其实多少有要求皇后讲究仪态的意思，即佩戴后不能奔跑，要缓步慢走。明代的这种玉叶组佩不止这一

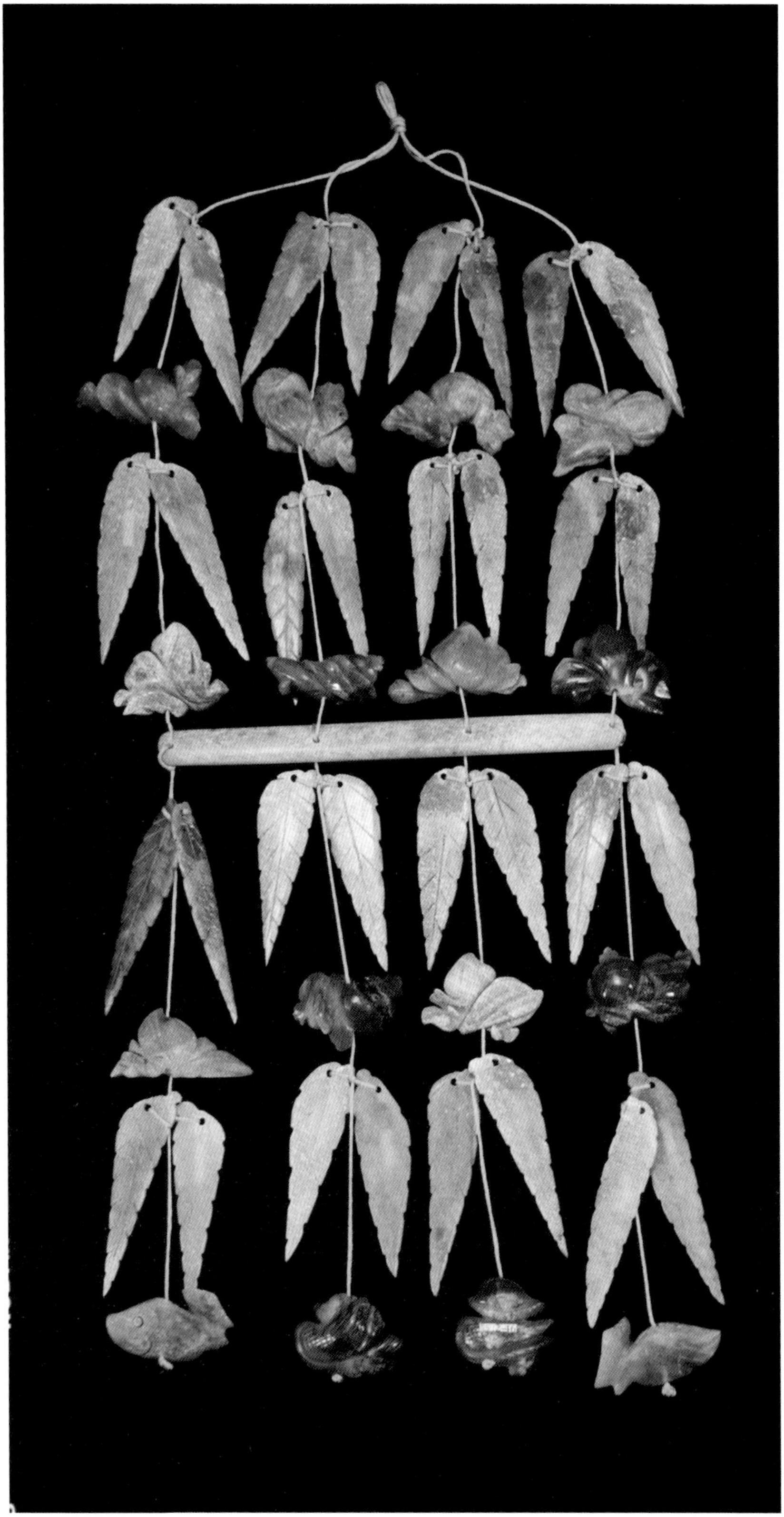

5-30 玉叶组佩·明

湖北省博物馆藏。2001年湖北省钟祥市长滩镇大洪村梁庄王墓出土。长59厘米。组佩是由玉叶和玉或玛瑙圆雕成的各种动物、植物果实形状的串饰，以黄色丝线穿缀而成的组合佩饰，为王妃使用的佩饰。

件，万历皇帝的定陵中还出土过类似的一件。这说明“玉禁步”确实有可能是皇后的用品。

这座墓葬的墓主人身份其实很清楚，因为墓中出土了两块墓志铭，是墓主人梁庄王与王妃魏氏的，还有一件镀金银封册，是册封魏氏为王妃的诏书。

这位梁庄王名叫朱瞻垍，是仁宗皇帝的第九个儿子，爷爷是永乐皇帝，哥哥就是仁宗之后的宣宗，年号是宣德，也叫宣德皇帝。朱瞻垍在永乐二十二年（1424）被封为梁王，但一直没去藩国，直到他哥哥宣德皇帝即位第四年（1429），才去了湖广安陆（今钟祥）的封国。英正统六年（1441）病逝，谥号“庄”，享年31岁。5-31

5-31 **梁庄王圹志·明**

湖北省博物馆藏。2001年湖北省钟祥市长滩镇大洪村梁庄王墓出土。长73厘米，宽72.7厘米，厚20.8厘米。梁庄王墓志分为志盖和志底，志盖上书4个大字『梁庄王墓』，志底刻文190字，记载了梁庄王的生平。

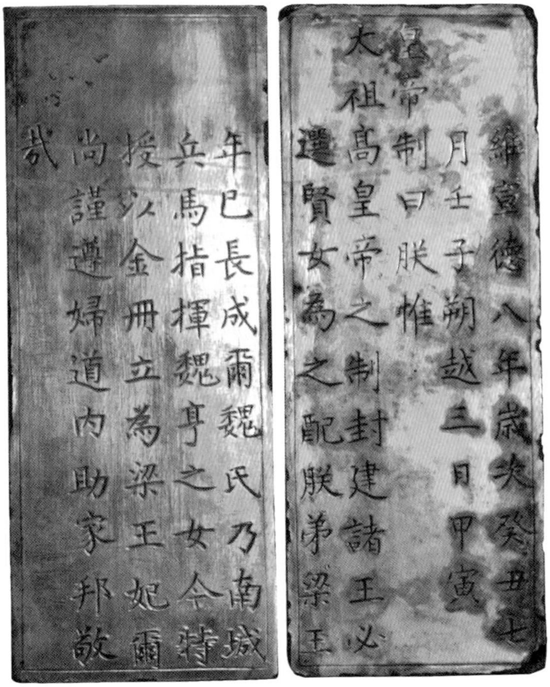

5-32 鎏金银梁王妃封册・明

湖北省博物馆藏。2001年湖北省钟祥市长滩镇大洪村梁庄王墓出土。每板长23厘米，宽9.1厘米。封册由两块大小相等的长方形鎏金银板扣合而成，两板的长侧面各有相对应的五对『V』形联孔，册板扣合后，用线将两册板的联孔串缀，使之吻合牢固。素面。两侧板相扣合的一面铸有册文，每板五行，满行铸铭文十字，共计十行八十八字。册文内容如下：『维宣德八年岁次癸丑七月壬子朔，越三日甲寅，皇帝制曰：朕惟太祖高皇帝之制，封建诸王，必选贤女为之配。朕弟梁王年已长成，尔魏氏乃南城兵马指挥魏亨之女。今特授以金册，立为梁王妃。尔尚谨遵妇道，内助家邦。敬哉！』

魏氏其实是梁庄王的第二任王妃。第一任王妃是纪氏，去世较早，没有与梁庄王合葬，据推测墓葬可能就在梁庄王墓东北500米处，俗称娘娘坟，但已经被盗掘一空。梁庄王墓之所以三次被盗却得以保存，主要因为它是崖洞砖室墓，要凿石为圹，再用砖室搭建，十分结实，盗墓贼用了炸药，也只是把墓顶炸出一个深坑，依旧没能进入。

根据魏氏的墓志铭和镀金银封册，她的父亲是南城指挥魏亨。南城指挥是五城兵马司的五个统领之一，官居正六品，应该是武官。但魏氏的墓志铭又说她出身于文官家庭，是“文臣之女”。原来，明代有规定，亲王王妃的父亲如果没有官职，一律授予兵马指挥，郡王王妃就授予副指挥，只是名义上的武官，没有实际的兵权。5-32

魏氏在宣德八年（1433）被立为梁王妃，那一件镀金银封册应该就是册封之物。1441年梁王去世，魏氏悲痛欲绝，请求殉情并随梁王一起下葬。但英宗下旨不许，保留了梁王的王宫，让她抚养梁王的两个女儿。直到代宗景泰二年（1451）去世，享年38岁。

从现有的发掘情况来看，梁庄王墓本来是单葬墓，王妃魏氏去世后，经过朝廷特许，才掘开梁庄王的墓，将魏氏合葬入内。梁王的棺床居中，魏氏的棺床位于墓室偏西，其实是后来添加的。

不过，魏氏只是王妃，怎能拥有皇后的物品呢？原来宣德皇帝十分疼爱梁王这个弟弟，《明史》记载说，宣德皇帝继位之初，给诸侯王们颁下赏赐，梁王是其他诸侯王的两倍。这件玉组佩就是梁王娶魏氏为王妃的时候，宣德皇帝下旨赏赐的。大概是因为追求赏赐的丰厚，所以干脆连赏赐物品的级别也提了一级，将本属于皇后级别的物品赐给了魏氏。

梁王娶妃魏氏，宣德皇帝不仅赏赐了这件“玉禁步”，而且还赏赐了大量的宝石，这些宝石都是郑和下西洋带回来的，被梁王镶嵌在了自己的金冠及各种首饰物品上。5-33

5-33 金镶宝石绦环·明

湖北省博物馆藏。2001年湖北省钟祥市长滩镇大洪村梁庄王墓出土。长13.4厘米，宽7厘米。中心方为连弧边的椭圆形。銙面中心托呈弧顶横长方形，托内的镶嵌物为木片和髹漆骨头：在托内底先垫一块薄木片，其上再放一块骨头。骨头的髓腔朝下，骨外壁朝上并髹褐色漆。绕中心托一周有10个小托，存镶8颗宝石，为红宝石2颗、蓝宝石2颗、祖母绿3颗、东陵石1颗。

在梁庄王墓的5300多件文物中，珠宝玉器有3500多件，其中有各色宝石771颗，包含了钻石之外的四大宝石：红宝石（173颗）、蓝宝石（148颗）、祖母绿（54颗）、猫眼石。还有金绿宝石、绿松石、石榴石、玛瑙、尖晶石、珍珠、水晶、琥珀等等。很多宝石品种十分罕见，比如墓中出土的一件金镶宝石帽顶，顶端镶嵌了一粒近200克拉的橄榄形无色蓝宝石，是目前考古发现的最大的蓝宝石。此外，还有很少见的金色蓝宝石，具有猫眼效应的猫眼石，具有星光效应的红宝石和蓝宝石等。经过科学检测，除了绿松石和珍珠，其他的宝石产地均为东南亚和西亚，当然就是郑和下西洋带回来的。5-34

从永乐三年（1405）到宣德八年（1433），郑和率领一支前所未有的强大舰队七次下西洋，经过东海、南海、印度洋，最远到达非洲东岸，据说有宣扬国威、寻找建文帝等目的。郑和每次出海都带着中国本土的一些特色商品，如瓷器、丝绸、茶叶等，归来都带回大量的印度洋沿岸各国使节和域外物资，这叫朝贡贸易，客观上起到了中外物资交流的作用。

郑和七下西洋是在1405年到1433年间。1433年，郑和最后一次下西洋返回，宣德皇帝随即下令停止，并颁布海禁政策。而魏氏被册封为梁王妃恰恰在1433年，郑和下西洋带回的各种奇珍异宝自然可以拿出来进行赏赐。出于对梁王的喜爱，宣德皇帝便将大量的域外宝石和珍贵物品赏赐给了他，明代亲王无出其右，与梁王感情深厚的王妃魏氏也获得了诸多赏赐，这件玉叶组佩就是见证。

5-34 金镶无色蓝宝石帽顶·明

湖北省博物馆藏。2001年湖北省钟祥市长滩镇大洪村梁庄王墓出土。高7.5厘米。由金镶宝石五重瓣一覆一仰莲花底座和蓝宝石顶饰组成，共存嵌10颗宝石：底座面覆莲瓣面『碗镶』4颗（红宝石1颗、蓝宝石3颗），其上仰莲瓣面『碗镶』5颗小红宝石，座顶端『拴丝镶』1颗特大的橄榄形无色蓝宝石。

第三十九讲 明代霞帔坠：五品命妇的奢华装饰

1993年，上海一座明代墓葬中出土了保存完好的一件霞帔坠。它使用了金、银、白玉、红宝石、蓝宝石等多种贵重材料制成，在明代同类型出土文物中最为复杂和奢华。经研究证实，这件霞帔坠是明代御医顾定芳的夫人生前所用之物，对于我们了解明代上海地区的历史及名门顾氏家族有一定的帮助。

5-35　5-36　**银鎏金嵌宝石白玉松鹿牡丹绶带纹霞帔坠·明**

上海博物馆藏。上海市打浦桥明顾氏家族墓出土。霞帔下端多有金、玉等制成的坠件，可帮助垂坠，亦可为装饰，被称为霞帔坠。

此件霞帔坠长12.5厘米，宽11.0厘米，厚2.0厘米，用银片打成七边形的上部和六边形的下部，以两根短柱相接，框外边角处又饰珠纹。正面上下部中心处分别嵌有透雕的松鹿纹玉饰和绶带牡丹纹玉饰，并绕之镶嵌有红宝石和蓝宝石数颗。背面为模压的双凤牡丹纹，顶端有系孔。

这件器物的正式名称很长，叫作银鎏金嵌宝石白玉松鹿牡丹绶带纹霞帔坠。其中，银鎏金是指金银制作工艺，它的主体框架是银质，但使用鎏金工艺刷了一遍，所以正面和背面都显得金光闪闪。5-35

嵌宝石是指上下两格的四周镶嵌的红宝石、蓝宝石等，这是明代很多高等级器物的特色。郑和下西洋及以后，东南亚、印度洋乃至非洲东岸输入了许多珍贵的宝石，它们颜色丰富，且在中国版图中几乎不出产，因而显得很珍贵，可以镶嵌到金银玉铜等一些器物上，给许多器物增添了异样的华美。

白玉松鹿纹牡丹绶带纹是指上下两部分中间的白玉纹饰。这两块镂空雕琢的白玉质地上佳，工艺精湛。其中，上部七边形中间是松鹿纹（秋山图），描绘的是松间的一头小鹿。在中国

5-35　5-36

古代，松代表长寿，鹿又与“禄”谐音，寓意都非常美好。下部的六边形中间是牡丹绶带纹，正中间是一朵盛开的牡丹，象征富贵吉祥；牡丹两侧是两只回首相望的绶带鸟（即练鹊，尾巴较长），寓意长寿。5-36

霞帔坠是指一种特殊的装饰物，往往悬坠在披帛、霞帔等服饰之下，而且一般都使用金银玉等贵重材料制作，器型都比较小。坠是指坠子，也就是缀在衣服的各个部位的小型装饰物，霞帔坠则是霞帔上的坠子，那么，到底什么是霞帔呢？

霞帔应该在唐代就已经出现，虽然文献中没有确切记载，但应该是从西域传入的，很可能与佛教的传入同时。唐诗写到了霞帔，比如白居易在《霓裳羽衣歌·和微之》一诗中就写到“虹裳霞帔步摇冠，钿璎累累佩珊珊”，说明在唐代，著名的歌舞“霓裳羽衣曲”的表演者应该就穿戴着霞帔。另外，在唐代的一些绘画、陶俑、三彩俑等上面能看到，许多唐代仕女都会绕肩披上一条长而轻薄的帛巾，有点像今天的围巾，比较长，上面会印上各种纹饰，从颈肩两侧搭下，可以任意裹缠，这是唐代的特色服饰之一，称为披帛，算是霞帔的前身。但唐代的霞帔是不加坠子的，所以才能随意裹缠。5-37

从宋代开始，霞帔有了变化。第一，加了坠子，目的是使得霞帔平整下垂，不随意飘动，同时也增加了装饰感；第二，宽度增加，穿着的时候略往胸腹中间靠拢，而不是像唐代那么飘散；第三，穿戴者往往有一定的身份，一般是贵族女子或朝廷所封的命妇。

到了明代，霞帔有了官方的规定。《明史》记载，霞帔是命妇的礼服，从一品到九品，纹饰各有不同，且坠子的材质也要区别开来，变成了封建社会女子身份的一种象征。明清时期，霞帔还经常与凤冠搭配在一起，称作凤冠霞帔。除了正式的礼仪场合，在一些婚礼上，新娘也会穿戴凤冠霞帔，十分美观。

5-37 银鎏金牡丹绶带纹玉饰霞帔坠·明

上海博物馆藏。上海市打浦桥明顾氏家族墓M4出土。为御医顾东川夫人的陪葬首饰。长9.3厘米，宽7.5厘米，厚2.5厘米。鸡心形，四边有系，顶系银丝粗大，用以钩挂，三个小系用以缝缀衣物。正面边框内侧透雕菊花纹，花蕊嵌宝石，中心圆形开光，双层底座，伸豹爪，嵌白玉透雕绶带鸟牡丹纹玉饰。出土时放置于霞帔上面，胸部位置。

5-37 5-38

从材质上来说，宋代到明代，霞帔坠因为是贵族女子穿戴，所以基本上都使用金银玉等贵重材料。不过，明代的霞帔坠因为有严格规定，所以，不同身份的命妇使用的材质也有所不同。一到四品都使用黄金，五品使用镀金的白银，六到九品使用白银。所以，戴这件霞帔坠的人可能是五品的命妇。5-38

从形制上说，宋代常见鸡心形。明代就比较丰富了，除了鸡心形之外，还有马蹄形、六边形、如意形等，比较特殊的是，后面这些新的形制几乎都出现在上海地区，比如这件明代霞帔坠，就是在上海地区的一座墓葬中发现的，而且由于墓葬保存较好，这件霞帔坠出土的时候位置基本没有变动，恰恰在墓主尸身腹部，霞帔的下摆。

1993年，上海卢湾区（今黄浦区）肇嘉浜路打浦桥附近的建筑工地发现了10多座墓葬。虽然这些墓葬中没有墓志，但棺木盖着的锦罩上有文字，经辨认，考古人员确认是明代上海地区的名门望族顾氏的家族墓地。

顾氏家族墓基本保存完好，没有经受盗扰，最主要的一个原因是墓葬的形式是浇浆墓，即使用石灰、粗砂、糯米浆等材料混合调制成胶浆，层层夯筑而成，密封性非常好，且十分坚固，很难挖开。正因为使用了浇浆墓的形式，所以墓中文物大体上保存完好，包括一些丝绸等文物，还基本能看到原貌。

这件霞帔坠出自顾东川夫妇合葬墓，位于顾东川夫人尸身的腹部，霞帔的下端。顾东川，名叫顾定芳，字世安，号东川，生活在明代世宗嘉靖时期。顾家早年以经商致富，到了顾定芳的这一代，开始专心向学，但从小体弱多病，经过了太学的学习，总是考不中。后来他在家乡“置学田、建义塾”，获得了很高的名望。到嘉靖十七年（1538），当时内阁辅臣夏言、李时以及太医院院使共同推荐他去太医院做御医。虽然他是读书人，但在医学上却很有一套，居然考试合格被录用了。这御医

5-38 **银鎏金鸳鸯衔荷纹霞帔坠·南宋**

上海博物馆藏。上海市宝山区月浦镇南塘谭思通家族墓地出土。这是挂于霞帔底端作为压脚的装饰。本品为鸡心形，由模压的两片金片扣合而成。边沿饰花朵纹间连珠纹，中心是一对鸳鸯，口衔绶带，上系荷花，下垂绣球，尾羽伸出两只莲蓬。鸳鸯或芦雁衔荷的纹样盛行于唐宋辽金时期，唐代的最为生动，之后逐渐程式化。

一干就是14年，多次得到嘉靖皇帝的奖赏。到嘉靖三十年（1551），顾东川才上表请求退休回家养老。5-39

这里有个问题，太医院的院使（院长）也才是个正五品官，顾东川自己不过是个普通的御医，肯定到不了正五品，他的夫人怎能使用五品命妇的霞帔坠呢？原来，顾东川的大儿子名叫顾从礼，后来经过科举考试做官，官居光禄寺少卿，恰恰是五品官。因为儿子的缘故，所以顾东川的夫人便有了五品命妇的身份，相应地也可以使用这种五品的霞帔坠。

5-39 金镶玉葫芦形耳环·明

上海博物馆藏。上海市打浦桥明顾氏家族墓出土。顶覆金瓜叶，中间二珠相缀若葫芦，亚腰处是小金珠做成的圆环，下端又用金叶托底。出土于顾氏家族墓M2，该墓为夫妇合葬墓，墓主身份不明。明代流行葫芦形耳环，多与妇女盛装相配，属于整套头面中的一件。此种耳环自元代掩耳耳饰发展而来，有所谓『大塔形葫芦环』，即五颗或四颗珠儿用金丝装缀在一处，上端总覆一枚花叶，其式略如塔形；而常见为『天生葫芦』形，即如此件，另有称为『天生茄儿』的一珠环。

Jade Culture
and
Chinese Civilization

·第六章·

文房藏玉

士大夫的
精神寄托

中国古代玉器发展到封建社会的后半期，大量与文人士大夫相关的玉质书房用具出现，几乎被使用在书房中的各种活动和活动的各个环节之中。这些文房用玉形成了一个仅限于书房、仅属于文人士大夫的小天地，古代知识分子的家国天下情怀便在这小天地中无限延伸开来。

文房用玉的产生和使用经历了长期的发展过程，与中国古代玉器发展史、学术思想史、物质文化史等息息相关。

当中国古代玉器发展到三代时期，尤其是西周时期之时，礼制成为玉器最重要的内涵。春秋时期，以孔子为代表的儒家学派尊崇周礼，逐渐开始将儒家的伦理道德与玉器相结合，德玉说开始形成。德玉说将君子的品德与玉的物理性质联系起来，使得玉成为文人最重要的身份物证。汉武帝独尊儒术之后，儒学在整个汉帝国推广开来，并成为人才选拔的重要标准。隋唐科举制形成之后，这种标准得到了进一步的强化，以至于文人与儒学之士之间被画上了等号。在这种大背景之下，玉作为能体现君子德行的标志性物品，自然不可或缺，“君子无故玉不离身”在现实中得以彻底贯彻。

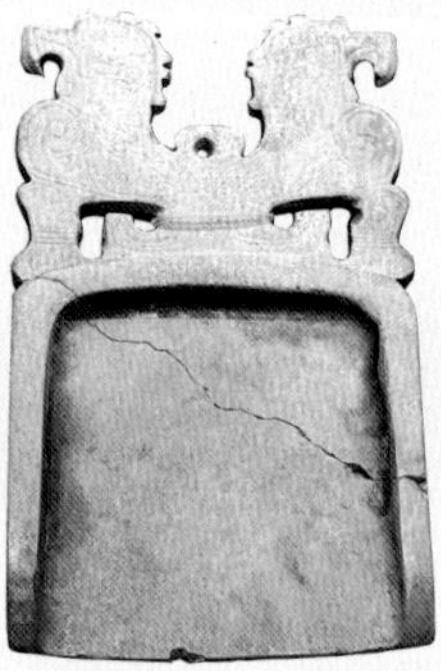

6-1 玉调色盘·商

中国考古博物馆藏。1976年河南安阳殷墟妇好墓出土。盘内底染满朱砂，可能用作调色。朱砂是古代重要的颜料原料，早在两三万年前的旧石器时代末期已为人类所认识、利用，人们也常在宗教、巫术活动中使用朱砂。妇好墓还出土了研磨朱砂的玉臼、玉杵各一件，可能与调色盘配合使用。

不过，“玉不离身”在东汉以前主要指的应该是身边的佩饰玉，这时玉尚未进入到书房之中，这与造纸术的发明和发展相关。今天的考古发掘证实，西汉时期造纸术已经出现。在此之前，人们的书写载体主要是简帛。但简牍沉重而绢帛昂贵，皆有缺点，限制了书写群体的扩大。到东汉蔡伦改进造纸术之后，质量提高、价格低廉的纸迅速取代了简帛，成为文人群体书写的主要载体。所以，东汉后期，蔡邕等一大批书法家出现，推动魏晋南北朝时期书法家和画家群体蜂拥而出，他们都需要自己的书房，都要在书房中从事自己的书画活动。因此，东汉后期，文房用玉作为一种独特的玉器类别，正式出现。

商代还谈不上书房，所以，妇好墓中可能用于作画的玉杵臼与玉调色盘或许只能说是文房用玉的雏形。6-1 故宫博物院所藏的一件汉代辟邪形玉水滴可能是较早的文房用玉，此器外壁雕琢一大二小三只辟邪，固然带有驱邪之意，但更重要的是内部中空，原本可能有盖，应是书房中储水调墨之用。江苏扬州邗江甘泉老虎墩东汉墓还出土一件辟邪形玉壶，可能亦有类似的用途。6-2 陕西历史博物馆所藏的独孤信煤精玉印是西魏高级贵族独孤信的专用印章，多达26个面，其中14个面有印文，可用于上奏、书写公文和家信，是独孤信书房中的重要物品。2023年4月嘉德春拍玉器中有一件北齐时期的汉白玉兔钮镇纸，略呈上小下大的圆柱形，外覆莲瓣纹，是目前所见古代玉器中第一件玉质镇纸，是典型的文房用玉。6-3 陕西西安兴庆宫遗址出土过一件龙凤纹兔钮汉白玉镇纸，钮下为扁长方形，侧面浅浮雕龙纹、凤纹和蔓草纹，极有可能是唐代皇室御用之物。

文房用玉的大兴是在宋代，这可能与宋代特殊的历史背景有关。宋太祖赵匡胤自黄袍加身之后，便着力解决安史之乱以来的藩镇割据弊病，借“杯酒释兵权”将军事权力集中到皇帝手中，大大提升了文人的地位，武将遭到打压，文风之盛远超历代。此外，宋代虽与辽、金、西夏等政权并立，与和田地区并无直接隶属关系，但和田玉的输入却从未中断，甚至更甚

6-1 | 6-2 6-3

6-2 辟邪形玉壶・东汉

扬州博物馆藏。1984年邗江甘泉老虎墩东汉墓出土。通高7.7厘米，壶高6.8厘米，宽6厘米。新疆和田白玉质。造型以一辟邪作跪坐状。右手托灵芝仙草，中部镂空，头顶开圆口，上置环钮银盖。辟邪身刻细圆圈纹、羽毛纹，集圆雕、镂空、浮雕、阴线细刻手法于一体。是东汉玉器的杰作。

6-3 汉白玉兔钮镇纸・北齐

私人藏。此器以汉白玉为材，石质纯白，器表附着土色沁斑。器整体作圆形柱础状，上小下大，平底，底面排布阴线为饰，器身以浮雕覆莲瓣纹为饰。器顶为一圆雕兔形钮，兔作趴卧姿，面部阴刻目鼻口须，兔身呈拱桥状，双长耳及短尾紧贴身形，腹下为穿。此镇造型别致，设计精巧可爱，雕刻层次分明，所刻覆莲纹带有佛教装饰风格，颇具时代气息，为兼具实用性与艺术性之良作。

6-4 | 6-5 6-6 6-7

于前朝。这些都推动了宋代金石学的兴起，作为金石学重要内容之一的玉器因而得到了前所未有的重视，开始有文人对玉器进行整理和研究，进而使得玉器在文人书房中使用得越发多了起来。

宋代的考古发现多有文人墓葬，而这些墓葬中常见文房用玉。1974年在浙江衢州发现的南宋史绳祖夫妇墓出土文房用具10件，除砚石、墨锭等消耗品之外，其余均为玉质，包括笔架两件（一为青玉质，一为水晶质）、青玉兔形镇纸一件、白玉荷叶洗一件、白玉兽钮印一件、青玉莲苞瓶一件。6-4 青玉兔形镇纸底部平直，是书写绘画之时压纸之用，不可或缺。6-5 白玉荷叶洗用于书画之时清洗毛笔。笔架为搁笔之用，是毛笔书写之后的必备之物。白玉兽钮印为书画完成后钤印之物，亦是书房常用之物。青玉莲苞瓶发现之时，内尚存有红色朱砂，应是调色之用。这些玉质文房用具基本涵盖了书画的全过程，是典型的文房用玉组合。此外，1952年安徽休宁发现的朱晞颜夫妇墓出土玛瑙笔洗及用于书房赏玩的兽面纹玉卣，1972年发现的浙江新昌南宋墓有玉质鼓形镇纸一件，80年代初发现的山东栖霞慕家店宋墓有玉水盂一件，2004年发现的浙江龙游31号墓有

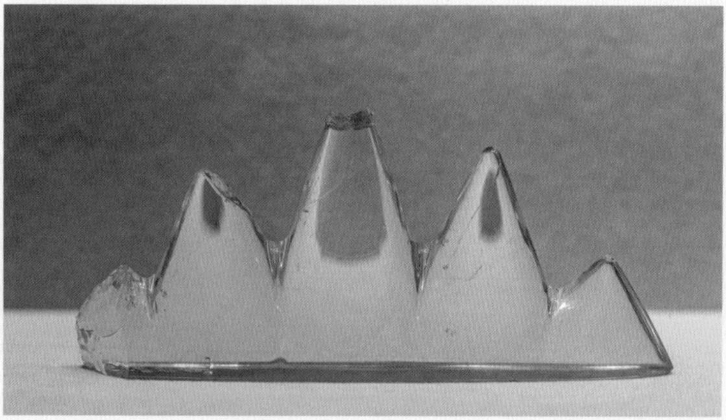

6-4 **水晶笔架·南宋**

衢州市博物馆藏。1974年出土于南宋咸淳十年史绳祖墓。笔架由整块透明无絮水晶雕琢而成，质地光洁，透明无瑕。笔架为五峰山形，峰顶均琢成圆锥，显得挺拔秀丽。

6-6 玉砚·辽

内蒙古自治区文物考古研究院藏。1986年内蒙古自治区哲里木盟奈曼旗青龙山镇陈国公主墓出土。长12厘米，宽7.1厘米。玉砚为岫岩玉质。青绿色，间有灰白色杂斑，玉料较粗糙。砚面斜坡形，墨池较浅，平底，平端底部有2个方形矮足。

6-5 青玉兔形镇纸·南宋

衢州市博物馆藏。1974年出土于南宋咸淳十年史绳祖墓。玉镇纸长6.7厘米，宽2.6厘米，高3.6厘米，重113.97克。玉镇纸采用圆雕和浮雕工艺，玉质温润而有光泽，呈微透明状。玉兔呈伏卧状，前足平列，收于前胸之下，仅露爪子；后足呈蹲状，用浮雕工艺勾勒两腿轮廓；双耳软绵地贴于背上，腹部、腿部刻短细线条，似为兔的绒毛，又恰好地表现了玉兔的肌理轮廓。面部稍作刻画，省略绒毛，突出眼神。整件玉兔镇线条简练，纹饰简洁，构思巧妙，用遒劲的阴刻线表现玉兔眼、耳、腿、尾的细部特征，充分表现出玉兔安逸休闲的神态，堪称工艺精品。

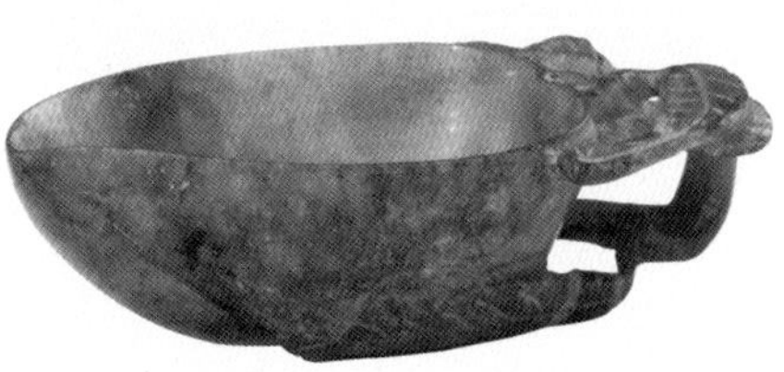

6-7 青玉桃形笔洗·元

无锡博物院藏。1960年无锡市军嶂山尧歌里元代钱裕墓出土。此件桃式杯由青白玉大料琢成，杯成桃形，桃形丰满，杯外壁以镂雕攀缘的枝叶为柄，造型生动，雕琢精致，不失为元代玉器精品。

水晶辟邪镇纸和水晶笔架，2006年发现的陕西蓝田吕氏家族墓有白玉狮子镇纸，等等。

宋代文房用玉还影响到了同时的辽代。1986年发现的辽代陈国公主墓出土了众多精品美玉，其中就有青绿色玉砚两件和玉水盂一件，前者为磨墨之用，后者为储水之用，虽无纹饰装饰，但皆是必要的文房用玉，体现了中原玉文化及书房用玉风气对契丹人的影响。6-6

元代的中原地区虽受到草原文化的冲击，文房用玉总体有所减少，但考古仍有发现。1960年江苏无锡发现的钱裕墓出土多件玉器，文房用玉有青玉桃形笔洗一件。1989年杭州发现的元代鲜于枢墓竟有笔端饰三件，一件白玉质，两件玛瑙质，均为圆柱形，可嵌于笔端进行装饰。6-7

明清时期，文房用玉随着古代玉器发展到巅峰而趋于极盛，不胜枚举。明代玉器即有不少发现，但多数亦为文人所有，帝王勋贵少见，如1962年，北京师范大学工地发现的黑舍里氏墓出土明代玉笔一件，青玉质，笔杆、笔帽均为玉质，极为少见；白玉兽形镇纸一件，黄色玉皮，独角圆雕。1966年，上海宝山县发现朱守城夫妇合葬墓，出土紫檀木白玉镇尺一件，中间嵌入一块素面桥型玉饰；黄花梨木嵌白玉卧犬镇尺一件，中间嵌入一只白玉卧犬；6-8 长方形青玉砚一方，置于红木砚匣之内；大理石笔架插屏一件，具有装饰和搁笔的双重作用。1984年江苏无锡发现的华师伊夫妇墓出土螭纹玉扇坠一件，一面为螭虎纹，一面阴刻篆书“戒”字；玉印四方，为华师伊办公用印。1987年，福建漳浦发现的卢维祯夫妇合葬墓有白玉印盒一件，出土时盒内仍有朱砂印泥；青玉笔架一件，五指山形，半月形底座和侧面，似有意雕琢而成。

清代文房用玉更加普及，一般文人墓葬所见依然为数不少，但更突出的是，清代皇帝所用文房玉器为数众多，大多为传世品。北京故宫博物院藏有一批精品文房用玉，如一件青白玉五子笔架，高4.6厘米，长12.5厘米，是笔架类玉器的代表

6-8 嵌玉卧犬黄花梨木压尺（局部）·明

上海博物馆藏。上海市宝山区顾村明万历朱守城夫妇墓出土。压尺为黄花梨质，中间嵌有玉卧犬。此件玉卧犬从玉雕的艺术风格上看，应该是宋代的。

6-9

6-8 6-10

6-9 青白玉五子笔架·清

故宫博物院藏。

6-10 水晶古琴镇纸·清

故宫博物院藏。

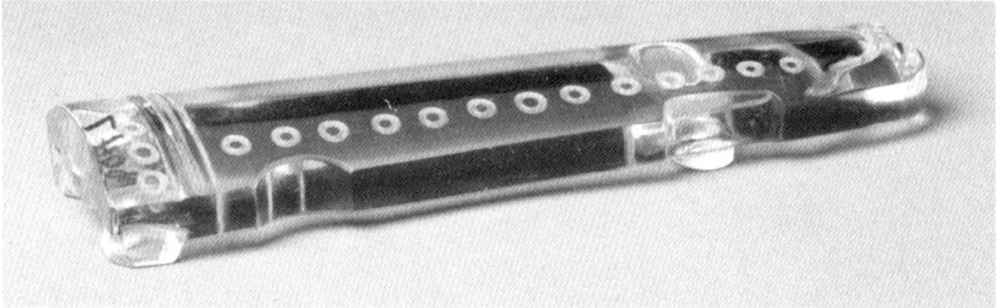

作。此笔架以五个姿态各异、高矮不同的童子构建出错落有致的“山峰”，当然可以搁置毛笔。但更重要的是，这件笔架以活泼的童子作为造型主体，是宋代以来玉器上婴戏主题的延续。同时，五个童子还有“五子登科”的寓意，正是书房用玉主要内涵的表达。6-9 一件水晶古琴镇纸，长12.4厘米，宽4厘米，高1.5厘米，同样将实用性与精神内涵巧妙地结合了起来。这件镇纸仿古琴造型制作而成，拱形琴面、竖雕7个和横排13个圆圈将琴的基本造型表达得淋漓尽致，但它却是一件实用的镇纸。在古代人的文化生活中，琴棋书画高雅清致，琴又为四艺之首，将琴的造型融入镇纸，在书写绘画甚至弈棋之时仿佛能听到悠远的琴音，岂非恰到好处地营造出了古代文人士大夫书房的情趣？6-10

6-11 碧玉西园雅集图笔筒·清乾隆
故宫博物院藏。

笔筒常见竹、木、瓷等材质，精美的玉笔筒亦不少见。北京故宫博物院有一件乾隆款碧玉西园雅集图笔筒，高15.6厘米，口径11.9厘米，底径12厘米，纯粹的碧玉材质。笔筒外壁雕琢出山林、草木、小桥、流水等，衬托出十多位写字、作画、赏景、闲谈的老者，这就是北宋驸马都尉王诜在自己的西园中宴请文人墨客的场景。此笔筒除实用外，更将中国古代历史上著名的西园雅集展现出来，不禁令人神游天外，仿佛置身于这场著名的文人聚会之中。6-11

明清时期的文房用玉，从使用者来看，上至皇帝，下至普通人，在进行书写绘画之时几乎都会用到玉质文房用具。从类型来看，笔墨纸砚皆可用玉，钤印、熏香、陈设等亦以玉质为最佳。从装饰纹样来看，文房用玉呈现出了极为丰富的精神内涵，或表达对科举、仕途的期望，或反映科举落第、仕途不顺的沉闷心情，或寄托遥不可及的世外桃源，或描绘市井街巷的生活气息……凡此种种，文房用玉构建出了一个文人士大夫寄托精神的书房小天地，可说是中国古代玉器中充满书卷气息的别样空间。

第四十讲

独孤信煤精玉印：『天下第一岳父』的极致风华

陕西历史博物馆藏有一枚奇特的国宝煤精印，它共有26个印面，字数多达47字，能同时满足多种用印需求。30多年前，人们偶然捡到了这枚印章，却惊奇地发现它还有一位充满传奇色彩的主人，他对西魏、北周、隋、唐四朝历史有着深远的影响。

1981年11月9日，天气已经比较寒冷。陕西省旬阳县城的东门外，中学生宋清刚刚放学回家，在路上偶然发现一块黑不溜秋带有红色线纹的石头，觉得挺好玩，就把它捡了回去。清理干净以后，宋清觉得这块黑石头不简单，可能是件文物，便将它送到了旬阳县文化馆。文物工作者经过研究，发现这块黑石头竟然是一枚印章，上面的红色线纹是反向篆刻的阴文，呈球形八棱体，边长约2厘米，重75.7克，一共26个印面，其中14个篆刻有印文，上面刻有大司马、大都督、刺史、柱国等许多官职，让人一头雾水，难道这枚印章是多人共用的吗？

它的材质也十分特殊，是中国传统玉石中少见的煤精，也叫煤玉。这种玉石大约形成于300万年前，主要由碳与各种有机物组成，是一种不透明、光泽度较高、硬度低、可燃烧的黑色有机岩石。在中国古代，这种玉石主要用于制作文房用具。今天煤玉是一种低档玉石，可以制作成戒指、手链、项链、佛珠等装饰品以及烟嘴和各种摆件。我国煤玉的主产地有辽宁抚顺、河南西峡、内蒙古鄂尔多斯等地。6-12

由于没能确认是何人所用，这枚不起眼的印章便被搁置在库房中无人问津。一直到十年后，西安市文史研究馆的研究员

6-12 独孤信多面体煤精组印·北周

陕西历史博物馆藏。1981年陕西省旬阳县出土。此印为西魏名将独孤信之印。采用煤精（煤的一种，质地致密坚硬）制成，呈8棱26面球体，其中，正方形印面18个，三角形印面8个。有14个正方形印面镌刻印文，内容不同，各有其用途，如『臣信上疏』『大司马印』『大都督印』『刺史之印』『独孤信白书』『令』『密』等。印文楷书阴刻，书法遒劲挺拔，有浓厚的魏书意趣。此印反映了主人职多权重的史实，也是研究北朝印玺制度的珍贵资料。

王翰章先生看到了这枚印章。王翰章先生是印章专家，经过仔细观察，他证实这枚印章的主人只有一个，就是西魏北周时期的名臣独孤信。这枚印章瞬间身价倍增，一下子成为陕西历史博物馆的一件镇馆之宝。

经王翰章先生鉴定，这14面印文一共可以分为三类。

第一类是公文用印，包括：大都督印、大司马印、柱国之印、刺史之印、令、密。

第二类是上书用印，包括：臣信上疏、臣信上章、臣信上表、臣信启事。

第三类是书简用印，包括：独孤信白书、信启事、信白笺、耶敕。

上级对直属下级发布命令为“令”；“密”指机密、绝密；“白书”相当于“告某某书”或“与某某书”；“启事”一般写给上级；“耶敕”可能是写给子孙的告诫之书，“耶”相当于“爷”，指父亲，敕是告诫。

独孤信当时身兼多职，要经常给皇帝上奏，给同僚写信，给子孙写信，不同的对象要使用不同的印，要是每种都刻一个印，使用起来十分麻烦，不易找寻，不易携带。这枚印章则在14个面刻上了他所有的印文，使用的时候转动一下即可，再简便快捷不过了。

史书记载，独孤信本名叫独孤如愿，他的父亲是鲜卑独孤氏的一个酋长，正经的贵族出身。他颜值很高，又擅长打扮自己，一身穿戴能够将十分的颜值发挥到十二分，所以年轻时被称为独孤郎，是人人称羡的美男子。《北史》记载：“信在秦州，尝因猎日暮，驰马入城，其帽微侧，诘旦而吏人有戴帽者，咸慕信而侧帽焉。其为邻境及士庶所重如此。”这是说，他因为着急入城导致帽子歪了，居然引发了全城“侧帽”时髦风尚。

独孤信的时代已经是北魏末期，北魏皇帝也受到权臣的掣附。独孤信在乱世中开始参军做官，担任过郡守、大都督、将军。后来他与北魏权臣宇文泰相识，惺惺相惜。宇文泰将他引荐给孝武帝，得到了孝武帝的重用。宇文泰建立西魏之后，愈发地重用独孤信，不仅给他赐名为信，而且让他担任过许多官职，包括大都督、秦州刺史、柱国大将军、尚书令、大司马等等。他治理地方、处理中央政务均有政绩，又擅长领兵打仗，是宇文泰十分倚重的文武全才。

然而，令他名垂青史的却不是颜值、文武全才等等，而是选女婿的卓越眼光。独孤信一共有七个女儿，其中有三个女儿后来都被封为皇后，因此被戏称为天下第一岳父。首先是大女儿，嫁给了宇文泰的儿子宇文毓，当时宇文毓只是个地方官，可独孤信觉得这孩子有出息，就选为大女婿。果然，宇文毓后来成为北周的第二个皇帝北周明帝。可惜，大女儿没能赶上做皇后就去世了，只是在宇文毓登上帝位以后才追封为明敬皇后。第二个是四女儿，当时独孤信给她选的夫婿是李昞。李昞的父亲李虎，是西魏八柱国之一，与独孤信地位相当，算是门当户对。但李昞的儿子却是李渊，正是唐朝开国皇帝。李渊建立唐朝以后，追封自己的父亲为元皇帝，母亲则被追封为元贞皇后。第三个是老幺，第七个女儿，名叫独孤伽罗。当时独孤信为她选的女婿是大将军杨忠的儿子杨坚，同样门当户对。杨坚是谁？隋朝的开国皇帝！独孤伽罗14岁就嫁给了杨坚，是杨坚的贤内助，辅佐杨坚掌握了北周大权，隋朝建立后又帮助他打理朝政，所以，隋朝时期将隋文帝杨坚与独孤皇后合称为“二圣”，可见这位独孤皇后地位之重要。

第四十一讲〇

南宋兽面纹玉卣：金石学中的仿古

中国古代玉器发展到宋代，少了三代的威严礼制、战国的婀娜多姿、汉代的来世期盼与隋唐的雍容华贵，却蕴含了丰富的社会生活气息。在这种氛围之下，古器物的收藏之风蔚然兴起，仿古玉器也随之大量出现。1952年，安徽省休宁县发现了南宋朱晞颜夫妇合葬墓，其中出土了一件珍贵的兽面纹玉卣，堪称是宋代仿古玉器的代表作。

这件玉卣口径3.05—3.7厘米，底径2.5—4厘米，壁厚0.3厘米，宽7.8厘米，高6.85厘米，藏于安徽博物院。材质是青白玉，局部有黄色沁和白斑。扁圆体，平沿直口粗颈矮圈足，足微外撇。颈部左右两侧琢耳，饰兽首，中钻孔为口。前后侧出扉棱，两边饰相对的龙纹。腹部左右两侧镂雕卧伏回首状小螭龙。前后雕刻兽面纹。通体抛光细致。6-13

卣原本是青铜器，主要用来装酒，大部分都是圆形或椭圆形，多有提梁。今天在商周时期的古墓中出土了不少的青铜卣。由于长期埋在地下，盖子锈死，有些青铜卣甚至将三千多年前的商代美酒保存到了今天。

这件玉卣是1952年在安徽省休宁县城南枫树园（今啤酒厂东侧）的一座南宋古墓中出土的。墓中有一块墓志铭，告诉我们墓主人就是南宋时期的朱晞颜（1135—1200）和他的夫人洪氏。二十四史中的《宋史》有关于朱晞颜的记载，但没有为他专门列传。不过，朱晞颜还是一位诗人，所以《全宋词》中反而有他的小传。朱晞颜生活在南宋前期，经历了宋高宗、孝宗、

6-13 兽面纹玉卣·南宋

安徽博物院藏。1952年安徽省休宁县朱晞颜夫妇墓出土。

6-14 玛瑙洗·南宋

安徽博物院藏。1952年安徽省休宁县朱晞颜夫妇墓出土。由苔纹玛瑙制成，浅腹，平底。口沿一侧伸出一弧形平沿，平沿与腹之间琢一环耳。

6-15 葵花形金盏·南宋

安徽博物院藏。1952年安徽省休宁县朱晞颜夫妇墓出土。整体器形似一朵绽放的秋葵花，由六片花瓣组成，每片花瓣的边缘均镌刻着连续的花卉纹一周。盏心用六瓣花苞形小柱捧起香梅一朵。

光宗、宁宗四朝。他是官宦世家出身，曾祖、祖父和父亲都做过官。他本人也十分勤奋好学，中了进士以后便入朝为官，36年的官宦生涯十分顺畅，最终官至工部侍郎，封爵休宁县开国男，食邑三百户。可能是因为地位较高，所以墓中出土了一副可能是被赏赐的玉带，而兽面纹玉卣应该是他生前非常喜爱的藏品。6-14

朱晞颜的官声非常好，先后在湖南、湖北、江西、广西为官，最终在朝廷任职。在地方为官期间，老百姓为了感谢他，甚至还主动为他立了生祠。由于他两度到广西为官，又喜欢以文会友，所以桂林留下了不少他刻写在石壁上的诗文（约15处）。

朱晞颜的夫人洪氏也是名门出身，她的父亲是南宋名臣洪皓，号称“宋代苏武”，因为他曾出使金国被扣留十五年，最终全节而归。他有八个儿子，其中出了三个丞相，号称一门三丞相四学士，指的就是洪皓和他的三个儿子洪适、洪遵和洪迈。洪皓出使归来后受到朝廷的表彰，但一度遭到秦桧的打压，被贬到广东。秦桧死后，洪皓才得以平反。6-15

这件玉卣还是宋代仿古玉器的代表之作。

宋代玉器开启了一个新的玉器门类，即仿古玉器，原因可能有多种。第一，宋代是个市民化的社会，小商品经济十分发

6-13 | 6-14
6-15

达，《清明上河图》就说明了这一点。玉器在这个时期成为人们日常生活的一部分，与市民生活十分贴近，有能力佩戴和收藏玉器的人也没有了政治上的限制。第二，帝王的倡导。尤其是宋徽宗，他身为皇帝却爱搞艺术，对书法、绘画、瓷器、奇石等等怀有极大兴趣，还专门组织人编写《宣和博古图》，该书绘制和点评了大量的各色文物，其中就包括玉器。第三，宋代金石学十分兴旺。所谓金石学，就是收藏和研究古代青铜器、

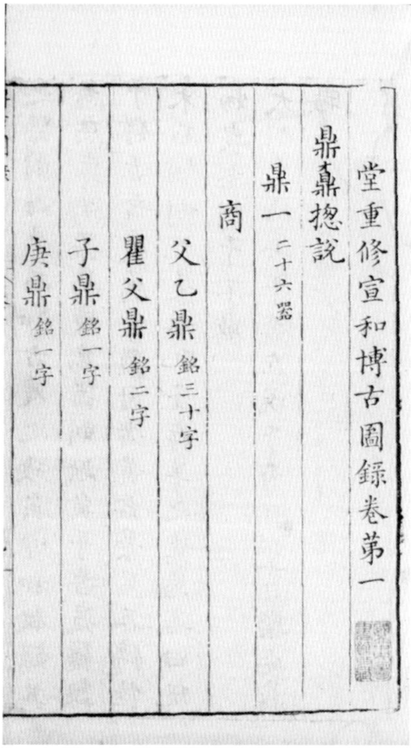
堂重修宣和博古圖録卷第一

鼎鼒總説

鼎一 二十六器

商

父乙鼎 銘三十字

瞿父鼎 銘二字

子鼎 銘一字

庚鼎 銘一字

6-16 《宣和博古图录》内页

台北图书馆藏。《宣和博古图录》或称《博古图录》，由北宋宋徽宗敕撰，王黼编纂，为记录宣和殿所藏的古青铜器的谱录。大观初年（1107）开始编纂，成于宣和五年（1123）后，三十卷，著录当时北宋皇室在宣和殿所藏自商至唐的铜器839件，分为鼎、尊、罍、彝、舟、卣、瓶、壶、爵、觯、敦、簠、簋、鬲、鍑、盘、匜、钟、磬、錞于、杂器、镜鉴等，凡二十类。每类有总说，每器皆摹绘图像，勾勒铭文，记录尺寸、容量、重量等，并附考证，注有比例，考证颇为精审，每据实物订正《三礼图》之失，所定器名多沿用至今。

玉器石刻等文物的学问。宋人留下了不少的金石学专著，如吕大临的《考古图》、欧阳修的《集古录》、赵明诚的《金石录》等。宋代是一个屡遭外敌入侵，而且还不断打败仗的时代，怎样从文化上来寻找立身之本呢？之前数千年的传统文化就是很好的武器，这导致宋代金石学的发达。第四，文人的爱好。宋代的科举制度十分发达，制造了大量的文人士大夫，他们有特殊的地位，政治上相对安全，经济上相对宽裕，酷爱研究古代文献和文物，李清照夫妇就是代表。为此，他们不仅愿意将自己文化生活中的各种器物转化成古物，而且喜欢在书房摆上一些古意盎然的摆件，比如这件仿商周青铜卣的兽面纹玉卣。6-16

总的来说，朱晞颜生活在宋代这个外患严重、小商品经济发达、金石学兴盛的时代，而他本人又是一个典型的宋代文人士大夫，可能也有着浓厚的古物收藏爱好，所以才会将这件珍贵的兽面纹玉卣随葬入墓，后人也因此有机会了解宋代文人生活的一角。

第四十二讲

玉版十三行：千年坎坷话洛神

这是一块普普通通的玉石，略呈方形，饱经沧桑，上面镌刻了十三行248个字，字迹清晰可辨；但它绝不普通，因为这十三行字竟是三国文学名家曹植《洛神赋》的残篇，书写者竟是东晋大书法家王献之；甚至连字里行间的坑坑洼洼，都沉淀着浓厚的历史，仿佛在向人们诉说它辗转流传千年的坎坷经历。

玉版长28.8厘米，宽25.8厘米，厚1.2厘米。质地是端石，即产于广东省肇庆市（古端州）端溪砚坑的名石。自从唐代进入人们视野之后，端石主要用于制作文房用具中的砚，具有石质柔润细腻、墨色丰富、不受虫害等特点，因为硬度不高，也易于雕刻，号称中国四大砚石之首。

玉版上的文字为楷书《洛神赋》的残篇。《洛神赋》的作者是曹植，曹操的儿子，“三曹”之一。《洛神赋》是曹植撰写的一篇浪漫主义辞赋。当时他的哥哥曹丕继位不久，将曹植贬到地方，又杀了他的一些好友，所以曹植心情郁闷，采用了梦幻式的手法，想象了一出自己与洛水之神宓妃之间从邂逅到相爱的感人故事。因为辞藻华丽清新，描写十分传神，又融入了他的真情实感，《洛神赋》便成为曹植的代表作之一。《洛神赋》的全文传世文献中是有的，没有失传，通过对比，可以发现这块玉版上的文字只是残篇，从“于是忽焉纵体，以遨以嬉”的“嬉”到“体迅飞凫”的“飞”，共248个字，大约占全文四分之一。6-17

这个残篇的书写者是东晋大书法家王献之。王献之在父亲王羲之的教导下成长起来，他们王家又是东晋门阀大族，生活

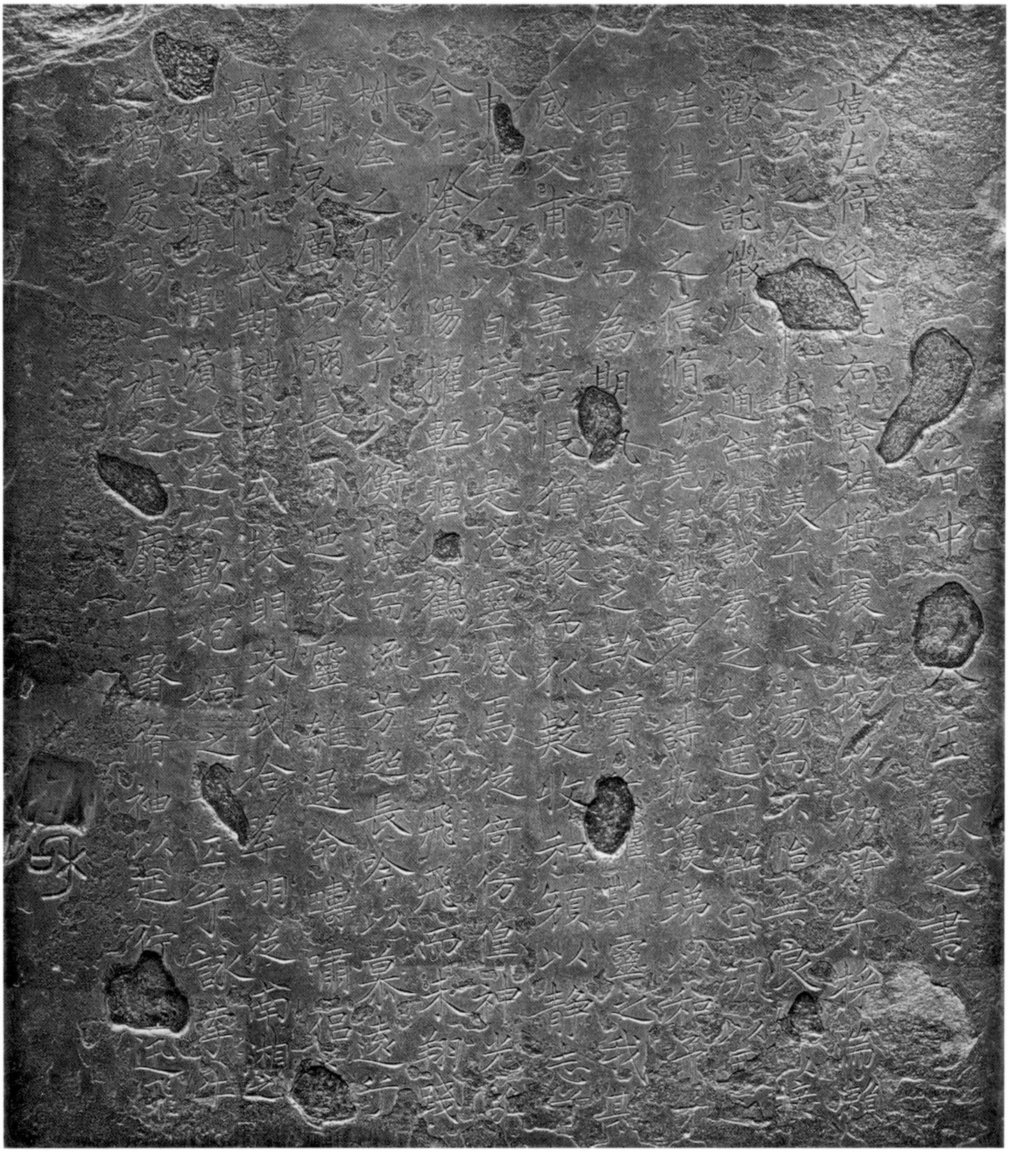

6-17 玉版十三行原石·宋

首都博物馆藏。1983年由民间征集入藏。长29.5厘米，宽27厘米，厚1.2厘米。『玉版十三行』翻刻于南宋《宝晋斋法帖》，应是由王献之『洛神赋十三行』真迹摹刻。在中国书法史上，对王献之『洛神赋十三行』的艺术评价很高，既是晋楷的终结，又开唐楷优雅秀逸、流便简易的先河。

无忧，所以能够全心全意地投入艺术修炼之中。王献之隶书、楷书、草书、行书甚至绘画无所不会，深受王羲之熏陶但又青出于蓝，不少人评价说，他的书法造诣比他父亲还要高出一筹。据说王献之十分喜欢《洛神赋》，专门用楷书抄写了这一篇。这一写了不得，一下子写出来一个“小楷极则”，就是小楷的最高标准，就算称为“天下第一楷书”也不为过。

当时王献之是写在麻笺纸上，算是最原始的版本，即晋麻笺本。到了唐朝，王氏父子的书法受到了追捧，但唐太宗喜欢王羲之，不喜欢王献之，导致王献之的书法传世很少，远不如他父亲。所以，麻笺本到了唐朝就已经有了残缺。宋徽宗的时代，麻笺本可能被他收入宫廷。靖康之变爆发，都城汴京被金人攻破，大量珍宝被破坏，麻笺本就是在这时断为两截，流落民间。徽宗的儿子高宗也是个书法家，他建立南宋后，居然还找回了一些残篇，共有9行；南宋末年的宰相贾似道不知从什么途径也找到了4行。他是权臣，想办法把宫中的9行也弄到了手里，一共合成13行，这就是我们今天所能看到的这248个字。贾似道得了这13行以后，刻在了玉石上，这就形成了玉版十三行。元朝初年，书画家赵孟頫买到了玉版十三行，还在上面发现了贾似道的“悦生”字印。赵孟頫是书法大家，还是宋朝皇室的后裔，据说得了东西之后他还亲自鉴定其为真迹，所以玉版是从王献之真迹摹刻应该没问题。赵孟頫去世后，玉版十三行就不知所终。明代万历年间，关于玉版十三行的传闻不少。据说有人在西湖中发现了玉版十三行，而上面的一些坑坑洼洼其实是西湖中的一些篷船船篙造成的。也有人说，玉版十三行发现于西湖畔的葛岭，那里是贾似道的旧宅。而且据记载，贾似道这个宰相门下有廖莹中、王用和两个篆刻高手，是他们将残篇篆刻为玉版。到了清代，康熙年间，翁嵩年花300两银子买到了陆梦鹤挖到的玉版，将它献给了康熙皇帝，康熙又传给了乾隆。乾隆皇帝十分喜爱，据说还命人用一整块和田白玉重新刻了一版。此外，晚清学者龚自珍还有个说法，十三行有白玉版和碧玉版两

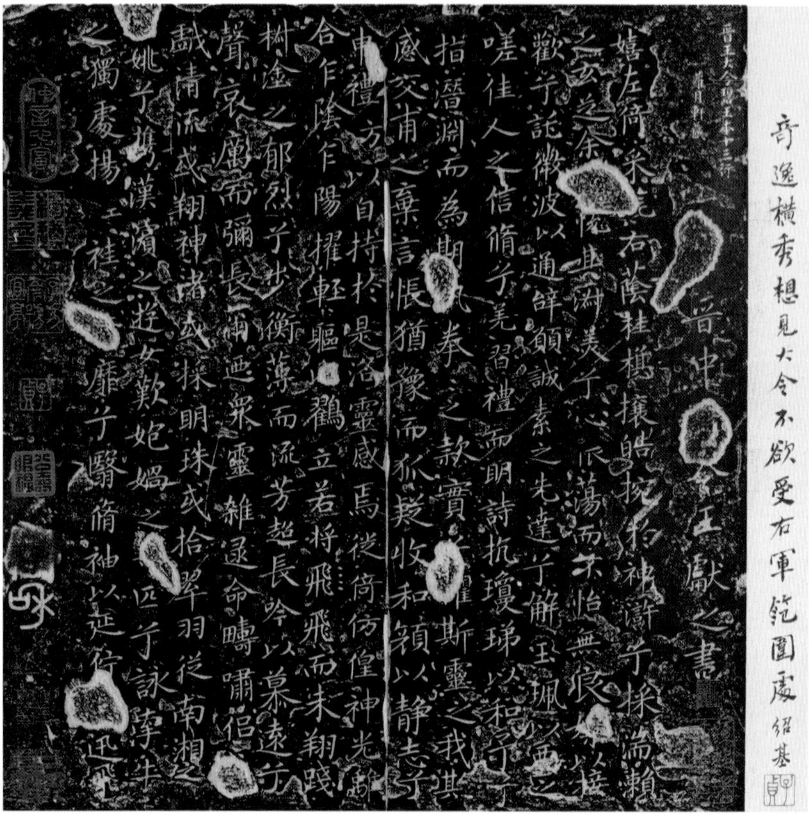

6-18 清拓王献之洛神赋十三行帖册

上海博物馆藏。通过对比可以看出，上海博物馆所藏的这幅拓片就是根据首都博物馆的十三行原石拓制的。在右上角有金书：『晋王大令碧玉本十三行。萝月轩藏。』右边幅何绍基题跋：『奇逸横秀，想见大令不欲受右军范围处。绍基。』

种，碧玉版呈青黑色，而白玉版是雍正年间渔人在西湖里发现的。相对于碧玉版，白玉版显得晚出一些，看着没有那股子高古气质，不过字体很有神采。不料嘉庆二年（1797）乾清宫发生大火，这个白玉版毁于火灾。到了20世纪80年代，原北京市文物商店（现文物公司）总经理秦公从私人手中收购了玉版十三行，后鉴定为真品，便送到了首都博物馆收藏至今。6-18

专家们认为，首博的这个玉版十三行可能就是贾似道得了13行真迹后命人篆刻而成的，只是在不断的辗转流传过程中，因为保护不到位，玉版上出现了不少的缺损。至于船篙造成玉版破损的说法，并不可靠。

第四十三讲 张骞乘槎玉砚滴：书房中的精神归处

进入宋代以后，中国古代文房用具中开始大量使用玉器。它们不仅具有实际的用途，而且代表着读书人的身份，蕴含着士大夫经世治国的理想和追求。上海博物馆藏有一件明代的传世玉器——“张骞乘槎”玉砚滴，将汉代名臣张骞的神奇传说雕刻了出来，同时也是书房中磨墨的辅助工具。

这件玉器高6.3厘米，宽10.7厘米，青玉质地，略有残裂。整体呈勺形，中部雕琢有一个头戴幞头、手捧书卷的人物，仿佛盘坐在一座木筏之上，而勺的底部确实装饰有波涛纹，似乎这个勺形的木筏正在随波逐流。6-19

文房用玉大约出现于秦汉时期，到宋代便发展成玉器中的一大门类。古代读书人在书房中所用的不少物品都可以制作成玉器，成为文房清玩或文房清供，如笔杆、笔架、笔洗、臂搁、镇纸、印章、印盒、砚匣、墨匣、砚滴，甚至香炉等等。

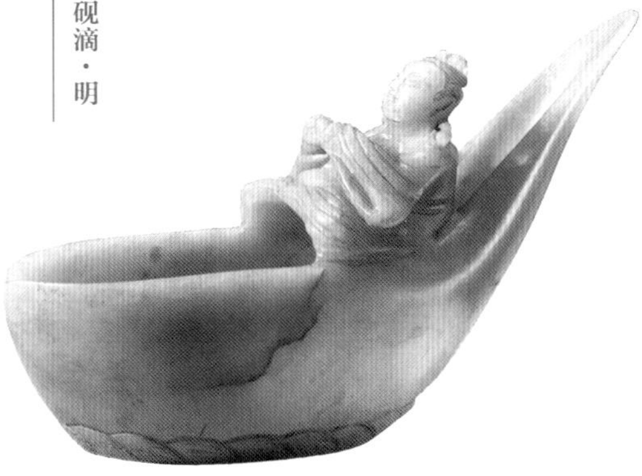

6-19 **张骞乘槎玉砚滴·明**

上海博物馆藏。

这件玉器就是玉砚滴，在使用的时候，将勺形主体部位的储水从勺尖滴下，能够比较好地控制出水量，方便磨墨。不过，更令人好奇的是它所蕴含的故事，这要从张骞开始说起。

张骞是汉武帝时期的人。当时，汉朝出于与草原上的匈奴人作战的需要，派遣张骞去联络与匈奴人有仇恨的月氏人。他从长安出发，一路经过了大量的艰难险阻，甚至还被匈奴人扣押了十一年，最终找到了大月氏人，但当时大月氏人已经在中亚地区（阿姆河流域，今土库曼斯坦、乌兹别克斯坦、阿富汗等地区）安居下来，不想再向匈奴复仇。张骞只能回转汉朝，向汉武帝汇报了一路的经历。虽然主要的目的没有达成，但张骞沟通了汉朝和西域地区，不仅宣扬了汉朝的威名，也将西域的情况带回了汉朝，所以古人将张骞出使西域的活动称作“凿空”，表扬他沟通中外、打通丝绸之路的开创之功。6-20

此后，张骞出使西域的故事渐渐有了新的内容加入。如《汉书》中记载，张骞通西域找到了黄河的源头。西晋时期张华的《博物志》则讲到了一个有人乘槎到达天河的神奇故事：

旧说云，天河与海通。近世有人居海渚者，年年八月有浮槎去来，不失期。人有奇志，立飞阁于槎上，多赍粮，乘槎而去。十余日中，犹观星月日辰，自后芒芒忽忽，亦不觉昼夜。去十余日，奄至一处，有城郭状，屋舍甚严，遥望宫中多织妇。见一丈夫牵牛渚次饮之，牵牛人乃惊问曰：“何由至此？”此人具说来意，并问此是何处。答曰：“君还至蜀郡，访严君平则知之。”竟不上岸，因还如期。后至蜀，问君平，曰：“某年月日有客星犯牵牛宿。”计年月，正是此人到天河时也。

6-20 犀角雕人物乘槎砚滴·清

台北故宫博物院藏。长30.2厘米。雕犀角成一舟形，依角形阔狭分作头尾，船头处雕折枝桃树，桃花八朵，并结实累累，树干自船侧旁出，树前坐一老翁，手执拂尘悠然自得状。器底雕成波浪纹。

槎其实是古代的一种简单的船，形似木筏。古人认为，天河与海是相通的，所以，出海可以寻找到天河。但天河又是什么呢？黄河是我们的母亲河，在中国古代尽管经常泛滥，但具有不可替代的重要作用，再加上古人对地理了解有限，所以，往往将天河与黄河联系起来，寻找到黄河源头的张骞就与天河有了联系，结果那个乘槎找到世外桃源的人渐渐就变成了张骞。南朝诗人谢灵运写诗《青莲》说：我道玉衡邀，织女则不乐。昔日张骞槎，怪他匆匆过。南朝梁代的宗懔在《荆楚岁时记》中也说“张骞寻河源，得一石示东方朔”，东方朔恰恰是汉武帝身边颇有几分神仙色彩的人。6-21

唐宋以后，张骞乘槎的传奇故事便基本形成了，常见于古代文人的诗词之中，如金代元好问《吕国材家醉饮》：

世事悠悠殊未涯，七年回首一长嗟。
虚传庾信凌云笔，无复张骞犯斗槎。

元代李元珪《玉山草堂》：

张骞泛槎天上来，相见出门惊倒屣。
有酒在樽琴在几，把酒奏琴忘尔汝。

明清时期是张骞乘槎传说流传最广、最兴盛的时期，如明代胡应麟《布帆行寄徐使君》：

石羊成队闲金华，丹崖翠壁流胡麻。
支机却话鹊桥畔，寻源直驾昆仑槎。

清代许孙荃《万里》：

6-21 张骞乘槎银槎杯·元

台北故宫博物院藏。长23.6厘米。器作天然中空枯蚀树干为槎，主人翁张骞坐于槎内。整体造型简约内敛，线条流畅洗练，人物情态生动。又据器底『碧山子』及『至正乙酉年造』篆铭可知，此器或为元代嘉兴地区著名的银工朱碧山所作。其人多见于明末著录，如明王世贞《觚不觚录》记载朱氏以治银出名，其作品与当时不同工种的名匠皆『比常价再倍』。足见市场上对名家作品之追求。

关到玉门中土尽，槎浮博望使星回。

犹看定远封侯道，却忆嫖姚佐汉才。

虽然张骞本人并没有寻找天河的事迹，但他确实立功于绝域，而且通过出使发现了一片新的天地，在某种程度上与乘槎寻找天河外的世外桃源有相似之处。古代的文人们在壮志难酬之时难免会去寻求世外净土以作精神上的安慰，张骞乘槎的传奇故事恰恰符合了文人们的想象，所以，他们会将这一典故雕琢在书房中的用具之上。也就是说，“张骞乘槎”玉砚滴其实既是实用器物，也是文人精神归处的一个特殊表达。

第四十四讲○子刚款白玉樽：美玉与世家的兴衰

1962年，考古工作者在北京师范大学南院的建筑工地上抢救性地发掘了一座墓葬，从中发现了包括子刚款白玉樽在内的许多精品文物。令人扼腕叹息的是，这座墓葬的主人竟然是一个年仅7岁的小女孩，出自康熙朝显赫一时的权贵家族赫舍里氏。

这件玉器通高10.5厘米，口径6.8厘米，底径6.5厘米，白玉质，温润细腻，略有沁染，现藏于首都博物馆。此器由盖和器身两部分组成，是可以分开的。器盖为圆形，中间有圆形平顶钮，周边均匀立着三个昂首动物，有专家认为是三个卧狮，也有专家认为这三只动物不同，分别是卧狮、卧虎和辟邪。器身外侧布满纹饰，以云纹为主，其中还有螭虎纹和三个夔凤纹，像是一头螭虎和三只夔凤在云层间嬉戏飞翔。侧面有一个圆形把手，把手上有凸起的象鼻钮，钮下有阳文篆书“子刚”。底部有三个兽足。6-22

它是一件仿古玉器，仿的是一种叫作尊（樽）的青铜器。尊是古代的一种盛酒器，有陶质的，也有青铜质的，是重要的盛酒礼器，所以后来这个字也延伸出“尊贵”的含义。大约到了战国时期，由尊延伸出“樽”，同样是盛酒器，也可以温酒，以青铜制作。既然它是盛酒器，也需要将酒舀出来，所以，出土的青铜樽往往还有杓配套。汉代以后，樽、杓作为配套的酒器，一直通行于世。到了唐朝，人们饮酒的常用酒具分类更加清晰，功能也更加细化：用来贮酒的叫“壶”，盛酒器叫“樽”“罍”，取酒器名“杓”，饮酒器为“杯”“觞”，等等，其形态各异，

6-22 6-23 | 6-24

6-22 子刚款白玉樽·明

首都博物馆藏。1962年北京海淀区索家坟清黑舍里氏墓出土。

用法不一。在古代诗文作品中，与“樽”相关的词语，多见“金樽”“一樽”“樽前”“樽中”等，而罕见“举樽”“捧樽”，也是因为体积的问题，“樽”不同于“杯”，举起并不容易。

其“子刚”款表明，这件玉器的制作者是明代著名的玉雕大师陆子冈。所以，这件玉器有三个特点：材质极佳，仿古，名家之作。这三点告诉我们，它不是一般的器物，到底拥有者是谁呢？

1962年7月，北京师范大学在南院的工程建设中偶然发现了一些墓葬，这些墓葬后来被命名为黑舍里氏墓。经北京市文物队清理，一共五座墓，一座遭到破坏，另外四座保存完好，尤其令人惊叹的是一号墓，出土了包括多件一级文物在内的精品国宝，以瓷器、玉器最为珍贵。比如瓷器，有明代成化斗彩葡萄纹杯、明代永乐甜白釉暗花云龙纹梨式壶、明代万历五彩仙人渡海图盘等，玉器有明代子刚款白玉樽、元代白玉凌霄花佩等。6-23

黑舍里氏墓是有墓志铭的，其上记载，墓主人是一个法名众圣保，姓黑舍里氏的7岁小女孩，生于康熙七年（1668）七月十三日，卒于康熙十三年（1674）十二月二十七日。众圣保的姓氏黑舍里氏，其实就是康熙朝的赫舍里氏。她的爷爷是四朝元老索尼，康熙继位时的首席辅政大臣；父亲索额图更是康熙前期十分信任的心腹大臣，在擒鳌拜、平三藩、签订《尼布楚条约》、平定噶尔丹以及九子夺嫡这些康熙朝的重大事件中都扮演了重要角色；堂姐孝诚仁皇后还是康熙的第一任皇后，被废掉的太子胤礽就是她的儿子。索氏家族在康熙前期显赫一时，这不难理解。1703年，康熙下诏处死索额图，定为“本朝第一罪人”，主要就是因为索额图帮助太子图谋皇位，赫舍里氏自此就衰落下去了。6-24

众圣保去世的时候，清朝正要动手平三藩，她的父亲索额图正处于炙手可热的阶段。再看众圣保这个名字，可能她从小身体就不太好，所以索家祈求众圣保佑。可惜，索额图即便权倾朝野，也无力挽救女儿的性命。据说索额图是一个喜爱古物的收藏家，这件子刚款白玉樽可能是索额图的心爱藏品之一。他在极度悲痛之中，将自己辛苦收藏的许多宝贝都放到了众圣保的墓中，用以寄托自己的哀思。所以，当墓葬发掘出来以后，我们才能看到，众圣保墓中的文物有大量前朝的精品。

6-23 羊脂玉云纹鸡心佩·清

首都博物馆藏。1962年北京海淀区索家坟清黑舍里氏墓出土。玉鸡心佩是汉代常见的一种佩饰。清代玉鸡心佩多仿汉代制品。此玉佩为镂空碾琢流云纹，两面纹饰相同，琢刻线条纤细、繁密、秀丽，抛光极好。

6-24 青白玉鹿·宋

首都博物馆藏。1962年北京海淀区索家坟清黑舍里氏墓出土。鹿立雕而成，鹿角作灵芝状。鹿通体光素，碾磨精湛，抛光极好，古朴浑厚，是宋代玉作中的精品。上下各有三对穿孔，可知作嵌饰用。

第四十五讲 和田玉桐荫仕女图：油画与残料的奇遇

1773年，乾隆皇帝在位的第三十八年，一位苏州玉匠呈上了一件刚刚雕琢出来的和田玉桐荫仕女图玉山。爱玉成痴的乾隆皇帝见这件玉器构思奇妙，巧夺天工，不由诗兴大发，当即口占一首七律，将这件玉器的制作过程写入诗中，由此揭开了一段中外艺术交流的历史。

这是一件两面雕琢的不规则椭圆形玉器，长25厘米，宽11厘米，高15.5厘米。整体是一幅庭院景色，在桐荫之下，是一个圆形的门洞，这是古典园林之中常见的门洞造型。门洞中是两扇门，一扇关闭，一扇半开，形成一道门缝，透出一线天光。以这一线天光为中线，门洞内外各站着一位仕女，恰恰沐浴在天光之中。浑然天成，匠心独运，仿佛让人看到了一幅优美的画作。

带有门环的一面是正面（因可使用门环敲门），仕女手持灵芝，立于门柱外侧，似在透过门缝望向对面。背面的仕女手捧着一个类似于水罐的容器，头略向前，似乎在回应。在门洞四周，环绕着许多元素，如桐树（正面）、假山、芭蕉树（背面）、石台、石座等等。有可能在流传的过程中，正面的门环掉了一只，原本应是一对。6-25

这件玉器材质非凡，是上等和田籽玉制作而成，一些黄色、褐色的部分明显是籽玉上的玉皮，玉工使用俏雕工艺构成了玉器外围的色调。外围恰恰是以桐树、芭蕉树等树木为主，秋天的时候确实能构想出树叶枯黄的景象。更有趣的是，这件玉器的原型是一幅油画《桐荫仕女图》。这就让人不好理解

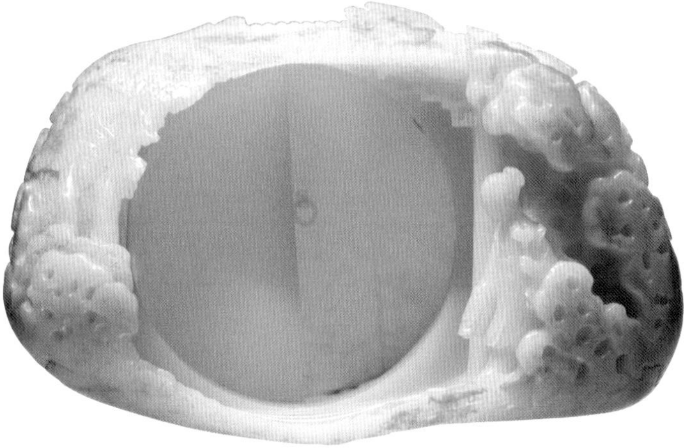

6-25 带皮白玉桐荫仕女图山子·清乾隆

故宫博物院藏。

了：油画是西方的绘画方法，中国传统的玉器怎么会以油画为原型呢？这就不得不说说玉器的制作过程了。

明清时期实行闭关锁国的政策，但实际上不可能做到完全断绝对外交往，尤其明清时期是地理大发现之后西方列强在全世界拓展殖民的时期，不少外国传教士到中国来，虽然带有传教的目的，但也确实带来了不少西方的科技、艺术、文化等方面的东西。清代建立后，有不少西方的画家进入到宫廷中，为满足皇帝的艺术享受和宣扬文治武功服务。他们擅长油画，这在中国是一种全新的绘画艺术，与传统的中国画截然不同，受到皇帝们的欢迎。

其中有一名意大利的画家，名叫马国贤（中文名）（1692—1745），是天主教传教士，但擅长绘画、雕琢，在18世纪初奉命到东方传教。1710年，马国贤的画传入宫中，康熙十分赏识，遂任命他做了宫廷画家。他很有语言天赋，很快就学会了汉语，能够与康熙直接对话而不用翻译。他在清宫之中待了10多年时间，1723年才离开。他本人经常奉旨作画，而且还带出来一批学油画的弟子。今天北京故宫博物院中藏有一幅屏风，即《桐荫仕女图》屏，据说就是马国贤的弟子创作的，创作时间大约是在康熙年间，是中国最早的油画作品之一。

乾隆皇帝即位后，花了很大的功夫来开采和田玉，也经常命宫中和民间的玉匠为他雕琢玉器。大约在乾隆中期，一块材质上等的和田籽玉被送到了京城。可能因为这块籽玉四周包裹着一层黄褐色的玉皮，宫中的玉匠便直接挖走了正中心的一块圆形，用来制作玉碗，剩下了一些中空的残料。这块籽玉本身材质非常好，哪怕是剩下的这些也不差，丢了怪可惜的。这时候，一个苏州的工匠看到了它，经过一番思考，便以宫中这个《桐荫仕女图》屏风为参照，援画入玉，制成了这件玉器。

原本油画极力表现的光线照射与投影的强烈明暗关系在玉器中表露无遗，那一扇半开未开的门透露出一线天光，恰到好处地照射在门洞两侧对立的仕女身上，也因此使得她们两人成为画作的焦点，其他地方因为光线较暗，正好成了陪衬的背景。援画入玉，这是明代以来玉器雕琢的新特点，这一件和田玉桐荫仕女图堪称代表作。

今天我们是怎么知道它的制作过程的呢？原来，这件玉器的底部有乾隆皇帝的御题诗和御题文。诗曰：

相材取碗料，就质琢图形。剩水残山境，桐檐蕉轴庭。
女郎相顾问，匠氏运心灵。义重无弃物，赢他泣楚廷。

文曰：

和阗贡玉，规其中作碗，吴工就余材琢成是图。既无弃物，且仍完璞玉。御识。

乾隆的御题诗文告诉我们，1773年（乾隆三十八年），那位苏州工匠做好这件玉器后，自然送到了乾隆皇帝手里。乾隆皇帝是著名的玉痴，得了这件东西，那叫一个爱不释手。后来得知，这居然是由一件被挖去了碗坯的残料雕琢而成，想到和氏璧的传说，诗兴大发，当即写下诗文，命人刻在玉器底部，用以纪念。

第四十六讲◎乾隆御题兰亭序青玉如意：如意上的兰亭集会

公元353年，大书法家王羲之、东晋风流宰相谢安等41人在兰亭集会，留下了千古名篇《兰亭序》。1400年后，乾隆皇帝第二次南巡，一路饱览江南风物，触景生情，兴致大发，命人将兰亭集会的场景以及御笔书写的《兰亭序》刻在了一柄青玉如意上，这就是故宫博物院所藏的刻乾隆御笔兰亭贴青玉如意。

王羲之（303—361）出身于魏晋南北朝时期的门阀大族琅琊王氏。西晋末年，八王之乱导致的长期战乱使得北方民生残破，西晋王朝灭亡。晋元帝司马睿在建康（今南京）建立东晋朝廷，许多北方大族随之南迁，其中就包括琅琊王氏。家族南迁之时，王羲之只有5岁。据记载，王羲之年幼之时木讷不言，大家都觉得这孩子不聪明。他可能也不知道，王氏家族在辅佐司马氏建立东晋王朝之时取得了“王与马，共天下”的崇高地位，王羲之正是在这样的豪门大族之中成长了起来。随着年龄的增长，他的才智逐渐显现出来，尤其擅长书法，几乎是将卫夫人（行书）、钟繇（楷书）、张芝（草书）等前辈书法家的优点集于一身，楷书、草书、行书无一不精，尤其是行书的《兰亭序》，号称“天下第一行书”。

公元353年（东晋穆帝永和九年），王羲之51岁，正在会稽（今浙江绍兴）做会稽内史（相当于会稽太守），聚集了一批性格相仿的名士，包括谢安、孙绰、王献之等共41人，三月初三，在会稽郡山阴的兰亭（今浙江绍兴西南）召开了一次修禊之会。在这次集会上，众人写了不少的诗，由“微醺”的王羲之

“振笔直遂”，为诗集写了一篇序言，这就是千古流传的《兰亭序》。《兰亭序》尽管只有324个字，但它既是文学作品，也是书法作品，在文学史上和书法史上都占有举足轻重的地位，连王羲之本人酒醒以后也觉得非常好，因为他自己再也找不到那个状态、无法重复写出一模一样的《兰亭序》了。6-26

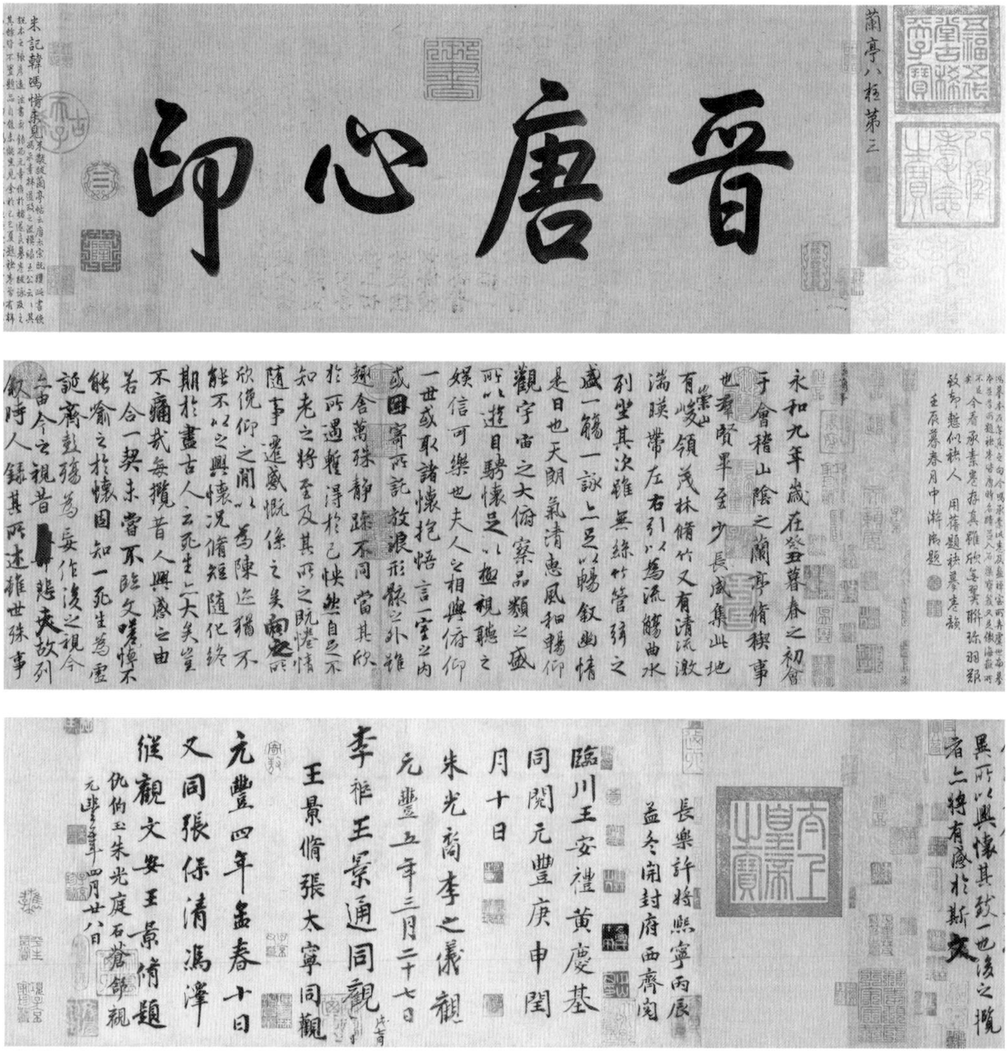

兰亭集会1400年后，乾隆皇帝在位。这位清代最鼎盛时期的皇帝有很多爱好，写诗作文就是其中一项。据统计，他一生写了43630首诗，编在了《乾隆御制诗文集》中，只论数量，绝对是古今第一人。诗文的质量不论，至少文化素养还是比较高的，对一些古人的名篇比较熟悉。

1757年（乾隆二十二年），他在位期间第二次南巡。极有可能就是到了绍兴一带，他作为一个北方人，看到了王羲之曾经依依不舍的山水美景，顿时想起了那篇1400年前的《兰亭序》，当即挥毫泼墨，将这篇324个字的名篇写了出来。写完后，又命人制作了一柄青玉如意，将自己的墨迹镌刻在上面，就是我们今天看到的这一柄故宫博物院所藏的刻乾隆御笔兰亭贴青玉如意。

这件如意长47.5厘米、高6.5厘米，如意头11.1厘米×10.8厘米，柄最宽处5.7厘米。整件玉器大体可以分为两部分，头部和柄部，头部绘制集会场景，柄部雕刻文字，都是阴刻之后填金而成。6-27

如意的头部算起来只有120平方厘米的面积，却将构思出来的兰亭集会场景全部勾勒了出来。其中男女老少共计46人，比1400年前那场兰亭集会多5人。这些人有的独处，有的三五成群，分成数组布列，有的临水凝思，有的流觞嬉戏，有的凭案赋诗，有的相对论文，有的围观陪侍，有的于亭中倚栏而坐，各组人物既相对独立又互有呼应。这简直是于方寸地之中绘出了世间百态，极尽精巧之能事。

如意的柄部刻了密密麻麻的六列字，这就是《兰亭序》的全文，并且末尾还加了这么几句：“《兰亭帖》以定武本为正。赵孟頫所得于独孤长老者，今在内府。丁丑南巡，船窗清暇，揽风之余，临此遣兴。时二月望日也。御笔。”并且盖上了乾隆的“乾隆宸翰”“得象外意”两方宝玺。

◀ **6-26 冯承素摹兰亭序·唐**

故宫博物院藏。此卷前纸13行，行距较松；后纸15行，行距趋紧，然前后左右映带，敧斜疏密，错落有致，通篇打成一片，优于其他摹本。用笔俯仰反复，笔锋尖端锐利，时出贼毫、叉笔，既保留了照原迹勾摹的痕迹，又显露出自由临写的特点，摹临结合，显得自然生动，并具一定的『存真』的优点，在传世摹本中最称精美，体现了王羲之书法遒媚多姿、神清骨秀的艺术风神，为接近原迹的唐摹本。

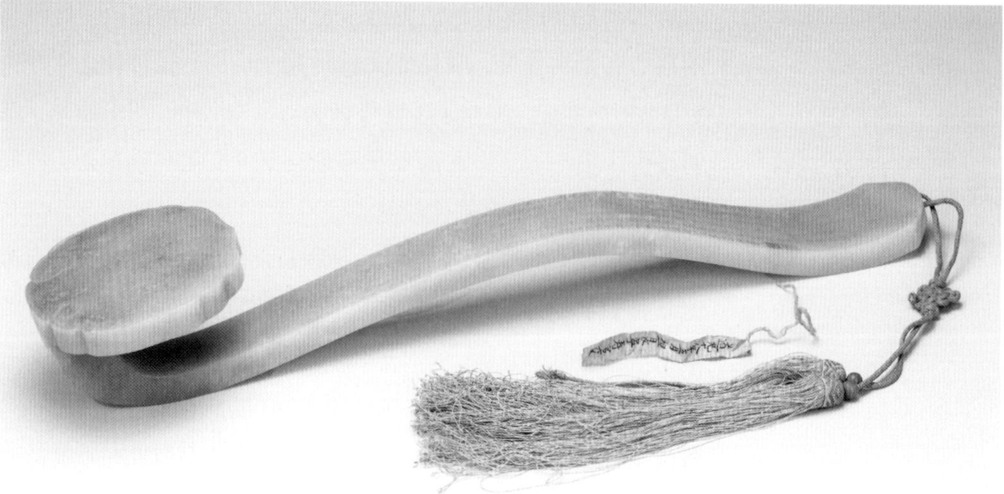

6-27 刻乾隆御笔兰亭贴青玉如意·清乾隆
故宫博物院藏。

这几句话透露出的信息量很大：第一，这柄如意是什么时候制作的。丁丑其实就是乾隆二十二年（1757），乾隆南巡一共六次，时间分别是乾隆十六年、二十二年、二十七年、三十年、四十五年、四十九年，只有乾隆二十二年这一年是丁丑年，所以我们才能确认是第二次南巡。具体时间也很明确，乾隆御笔的时间是“二月望日”，即农历二月十五。写完后再制作玉器，由于如意个头不大，应该不会花费很长时间，大约三个月就能做出来。此外，如意上挂的那个黄条也是宫中原有的，黄条一面墨书“道光十八年五月初一日收宁寿宫交”，另一面“青玉诗意如意一柄”，可知此如意道光十八年（1838）五月初一日前曾陈放于宁寿宫中。

第二，他写的《兰亭序》是什么版本。其实，当初王羲之写完后，将《兰亭序》作为传家之宝收藏了起来，他的子孙都学这个。传到他的第七代孙智永（已出家为僧），还一直刻苦临摹学习，前后30年，甚至坏了的笔头都装了5个大筐，每个大筐都能装一石（120斤）。智永把《兰亭序》真迹传给了弟子辩才，也是个和尚。后来唐太宗听说了，便派了一个名叫萧翼的人去骗取《兰亭序》。萧翼从太宗那里拿了另外几幅王羲之的真迹，跟辩才混成了至交好友，趁机将《兰亭序》真迹拿走给了太宗。唐太宗非常喜欢《兰亭序》，得了真迹后便小心地收藏起来。太宗去世后，真迹就消失无踪了，传说可能陪葬到了太宗的昭陵里。不过，太宗曾命书法家欧阳询临摹真迹并刻石，存放在学士院中。五代时期，刻石遗失了。到了北宋仁宗庆历年间，有人在河北定州（归属定武军治理）发现了这个刻石，就命名为“定武兰亭”“定武石刻”。宋徽宗在位期间，命人将这个刻石挪到了宫中的宣和殿。靖康之变后，开封遭金人破坏，定武石刻也丢失了。不过，定武兰亭可能有拓印流传，元代大书法家赵孟頫曾留下题跋，说定武兰亭是除真迹之外的最佳版本。乾隆御笔书写的《兰亭序》依据的可能就是经赵孟頫题跋的这个定武兰亭。6-28

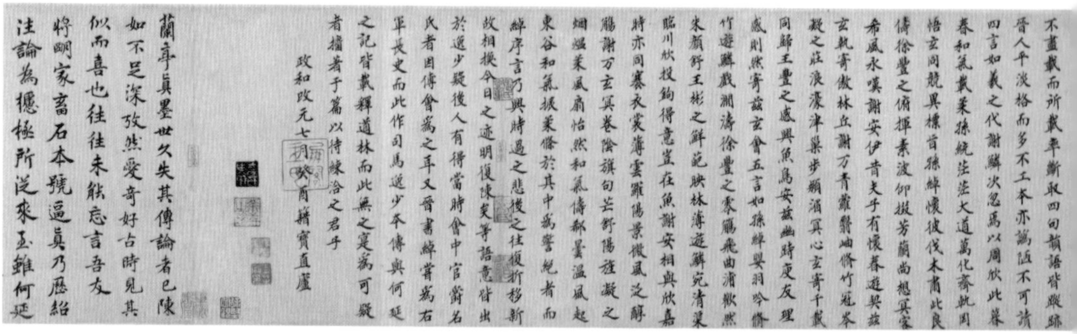
不盡載而所載率斷取四句韻語皆蹤跡
晉人乎淡格而多不工本亦謬陋不可讀
四言如羲之代謝鱗次忽焉以周欣此暮
春和氣載柔猗銑茫茫大道萬化齊軌因
悟玄同競異標旨猗歟懷彼伐木肅此良
儔徐豐之俯揮素波仰掇芳蘭尚想冥客
希風永嘆謝安伊昔先子有懷春遊契茲
玄執寄傲林丘謝万青蘿翳岫脩竹冠岑
凝之莊浪濠津巢步潁湄冥心玄寄千載
同歸王豐之感興魚鳥安茲幽跱庾友理
感則然寄茲玄會五言如孫綽嬰羽吟脩
竹遊鱗戲瀾濤徐豐之零觴飛曲浦欣然
朱顏舒王彬之鮮葩映林薄遊鱗究清渠
臨川欣投鈎得意豈在魚謝安相與欣嘉
時亦同褰衣裳薄雲羅陽景微風泛醇
觴謝万玄冥卷陰旗句芒舒陽旌凝之
烟煴柔風扇怡然和氣儔郗曇溫風起
東谷和氣振柔條於其中為警絕者而
綽序言乃興時過之悲後之往復折移新
故相換今日之迹明復陳矣等語意皆出
於逸少疑後人有得當時會中官爵名
氏者因傳會為之耳又晉書綽嘗為右
軍長史而此作司馬逸少本傳與何延
之記皆載釋道林而此無之定為可疑
者攄著于篇以待練洽之君子
政和改元七月[illegible]寶直廬
蘭亭真墨世久失其傳論者已陳
如不足深攷然愛奇好古時見其
似而喜也往往未能忘言吾友
將明家畜石本號逼真乃歷紹
注論為穩極所從來至雖何延

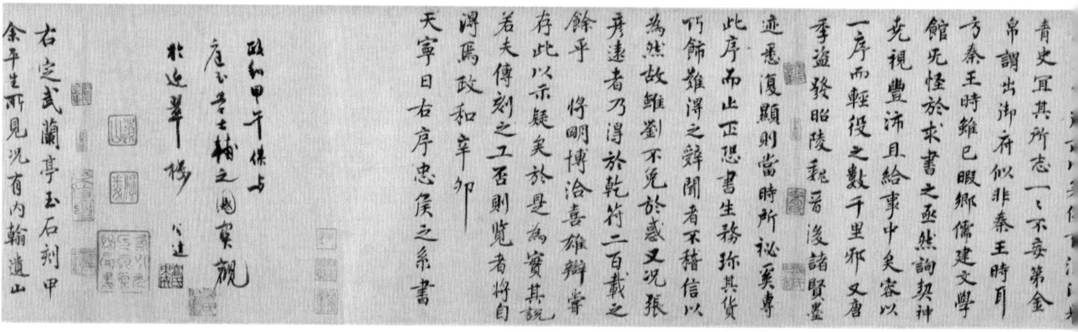
青史宜其所志一一不妄第金
帛謂出御府似非秦王時有
方秦王時雖已暇鄉儒建文學
館究怪於求書之亟然詢契神
尭視豐沛且給事中矣客以
一序而輕役之數千里邪 又唐
季盜發昭陵魏晉後諸賢墨
迹悉復顯則當時所祕奚專
此序而止正恐書生務孫其貨
竹飾雜得之辭聞者不稽信以
為然故雖劉不免於惑又況張
彥遠者乃得於乾符二百載之
餘乎 將明博洽喜雄辯嘗
存此以示疑矣於是為賓其說
若夫傳刻之工否則覽者將自
得焉 政和辛卯
天寧日右序忠侯之系書
政和甲午[illegible]
[illegible]之同[illegible]觀
於延翠樓 公達
右定武蘭亭玉石刻甲
余平生所見況有內翰遺山

還賜之船五字已損本也自
宋王將明遠元代鮮于袁鄧
諸名家題識皆極精妙辯
論亦九折及寡茫而趙承旨
一跋更秀骨天成飄飄有淩雲
之意洵希世之珍也蘭亭真
訟南宋已無頗承旨嘗謂真知
書者自能辨之正不在肥瘦濃
淡之間殆承旨自陳其心得可
私謂鑒書如審音切脈知音者
一傾耳而識宮商知脈者一按
指而知寒熱門外之人盡其智
量不能擬議也余從事於蘭
亭者三十年從事於定武者
二十餘年近六兩妇粗有入處
昨於靈巖山學使處見元吳
炳藏本旋又獲見 靈巖山人
此本隨珠趙璧接踵而至欣
幸讚學而翰墨良緣若此
之奢豈非一段奇事耶頃向
山人借臨數日覺書格頓有
所進正如佛光一照無量衆
生發菩提心益歎此帖之神
妙不可思議也歲在癸丑暮
春之初丹徒王文治觀并記

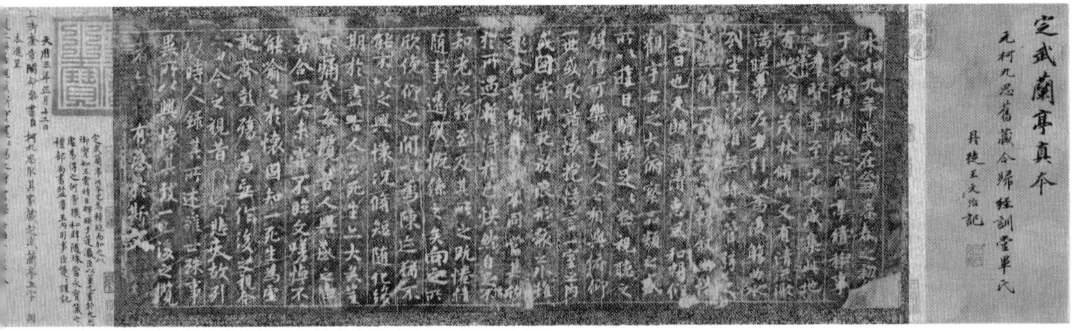

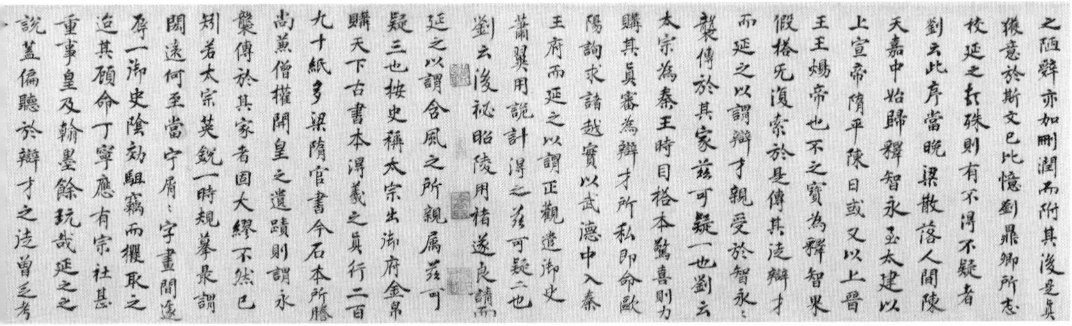

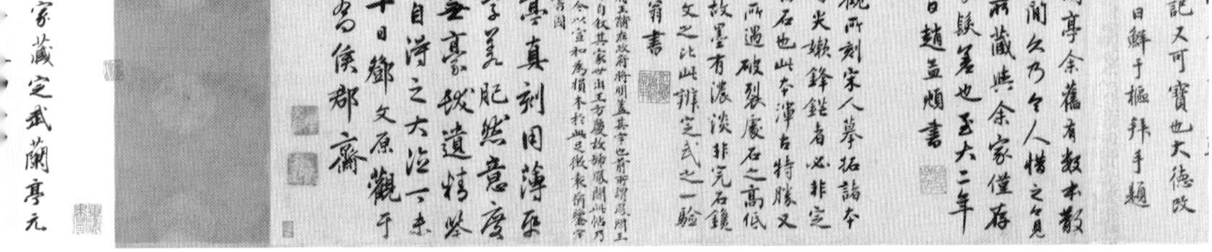

6-28 定武兰亭真本·宋

台北故宫博物院藏。《兰亭序》原迹虽已失传，不过唐代以来即转化为无数的临摹本与石刻本，成为历代书家的模范。定武兰亭即是其中一种，以刻石的发现地河北定武为名。本件拓本字迹笔画略粗，卷后有北宋人题跋，从字迹缺损与石纹的自然裂痕来看，是目前仅见完整的初拓本。

第四十七讲

『长宜子孙』龙凤白玉璧：乾隆皇帝的千玉野望

故宫博物院藏有许多乾隆时期的编号玉器，其中有一件“长宜子孙”龙凤白玉璧，系仿汉代玉璧制作而成，工艺精湛、内涵丰富。有趣的是，玉璧侧面镌刻有一行文字“赞字一百九十八号”，揭露了乾隆皇帝爱玉、制玉的神秘一角。

这件玉璧长12.3厘米，宽7.3厘米，厚0.5厘米，内径较小，器身镂空雕琢了纹饰和“长宜子孙”四个字，这四个字分布在上下左右四个方向，“长”在上，“宜”在下，“子”在右，“孙”在左。在“长”字的两侧雕琢有两条凤，“宜”字两侧雕琢有两条龙，其他地方衬托云纹。圆形主体的上方还有一个弧形三角区域，是玉璧的出廓部分，雕琢有头顶云气纹的两条龙。6-29

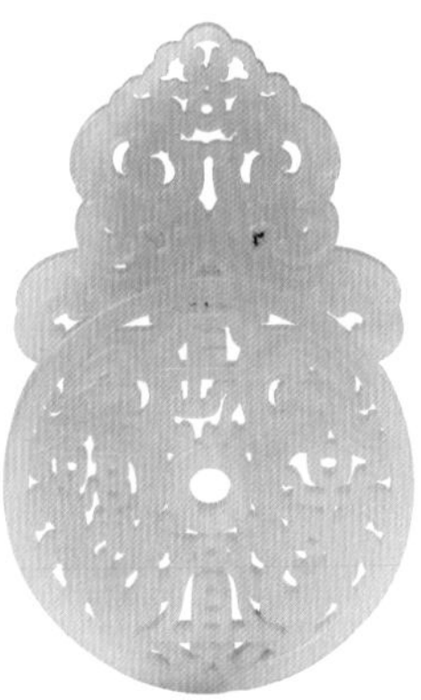

它是一件仿古玉器，具体而言，是仿汉代玉璧。仿古玉器是中国古代玉器的一大类别，但出现较晚，大约宋代才开始有。到了明清时期，尤其是清代，仿古玉器发展到顶峰，数量极多。其中有仿其他器物的，比如仿青铜器、漆器等；也有仿前朝玉器的，如仿汉代玉器就非常多。这是因为汉朝的历史影响较大，汉朝的玉器在中国古代玉器史上同样不可忽视。汉代制作的玉器数量很大，质量也非常高，传世的汉代玉器和今天考古发掘的玉器都证明了这一点，几乎所有的汉代贵族墓葬都有大量的玉器出土，普遍都制作精良。汉代人特别重视利用玉器来表达美好的愿望，所以，汉代玉器上能够看到龙、凤、螭、虎等各种各样的神兽形象，能够看到云纹、如意纹等各种各样美

6-29 | 6-30

6-29 6-30 『长宜子孙』龙凤白玉璧·清乾隆

故宫博物院藏。

好的纹饰，甚至还会直接雕琢文字来表达美好的愿望，其中以“宜子孙”最为常见，而且一般都出现在出廓的玉璧上。所以，从宋代开始，工匠们就在仿制汉代的“宜子孙”出廓玉璧，这一活动一直延续到清代。

“宜子孙”是汉代常见的吉祥用语，意思很简单，大约是取用了《诗经》中“之子于归，宜其家室”或周代以来常见的“子子孙孙永宝用”的习语，表达了希望儿女子孙生活美好、开枝散叶的愿望。今天考古发掘的汉代文物，在青铜器、金器、漆器，甚至瓦当上都有这样的相同或相似的文字，说明这是汉代人常用的祝福语。清代在这三个字上加一个“长”字，无非是希望这种祝福长长久久。不过，从出土的汉代玉璧来看，“宜子孙”三个字往往纵向排列，或者集中在出廓部位，或者出廓的部位一个“宜”，玉璧的上方一个“子”，“孙”在下方，与清代这件玉器的“长宜子孙”分别排在上下左右不同。这恰好说明，这件仿古玉器不是为了制作赝品牟利，而是出于纯粹的欣赏目的。6-30

这件玉器收藏在故宫博物院中，是清宫旧藏，它本身就自带一个楠木的盒子以及铺了软布的木函。楠木盒子上还刻了“瑞采征祥”四个字（寓意吉祥的征兆），木函背部也写了“瑞采征祥”四字，内部则按照这件玉璧的尺寸制作了存放空间。这件玉器还有个特殊的地方，给我们了解乾隆皇帝的特殊爱好提供了信息。在玉璧的两侧分别刻有两行字，一行是“乾隆年制”，另一行是“赞字一百九十八号”。

其实，今天在北京故宫博物院和台北故宫博物院（以及少数其他地方）藏有不少乾隆时期制作的带有数字序号的玉器，以北京故宫博物院收藏的最多，比如“地字二号碧玉人面纹斧”“元字三号碧玉人面纹斧”“黄字四号黄玉鹰兽纹斧”“宙字六号旧玉兽面纹斧”“洪字七号白玉人面纹斧”“荒字八号白玉鹰兽纹斧”……“周字一百零一号白玉璋”……“覆字一百八十八号长宜子孙璧”等等，多达50多件。6-31

专家们对这个现象进行了分析，发现了一个有趣的故事：乾隆皇帝给他制作的某些玉器编过号，而且他编号的依据是《千字文》。《千字文》是中国古代儿童的识字书籍，称作童蒙书，往往与《三字经》《百家姓》合称为“三百千”。据记载，南朝梁武帝特别喜欢王羲之的书法，他在位时期又大力推行文化教育，为了教导自己的儿子们学习书法，他让人从王羲之的书法作品中挑出一千个不同的字拓印出来，又让人将这一千个字编成了一篇四字的韵文，一共二百五十句，这就是《千字文》。后人对《千字文》进行了分析，将它分成四个部分，分别讲历史、修养、政治和生活，其实特别适合孩子们学习文字，因为这一千个字根本不重复。

根据清宫档案的记载，可能在乾隆十五年（1750）之前，他就开始命人制作以《千字文》编号的玉器，第一件是“天字一号白玉斧”，但这件玉器我们今天看不到，可能失传了。故宫里

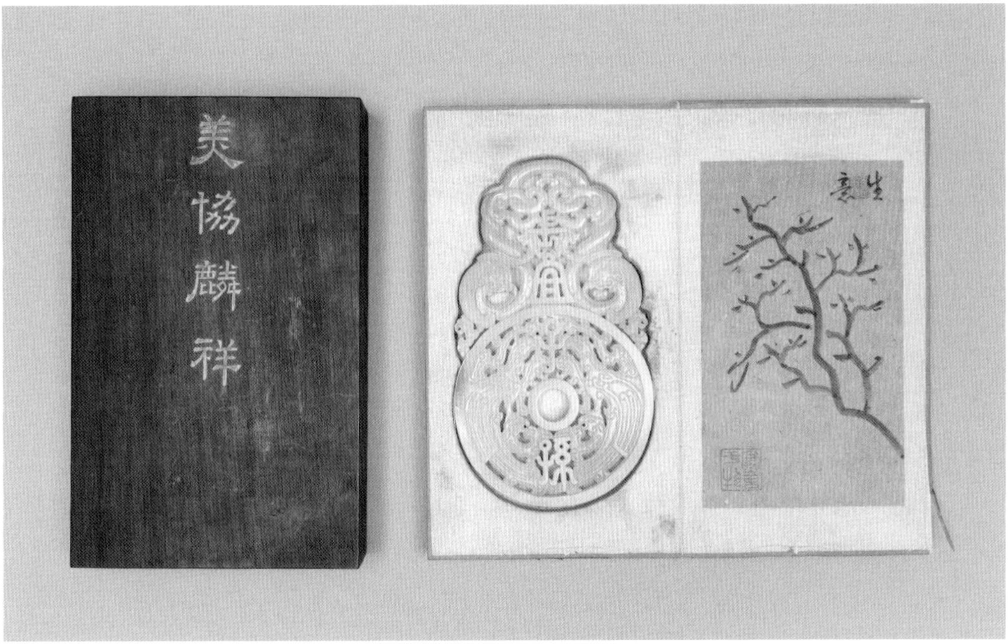

6-31 『长宜子孙』白玉佩・清乾隆

故宫博物院藏。玉佩上部镂雕双夔凤，中间镂雕篆书『长宜』，下部圆形镂雕双夔凤及篆书『子孙』，左右两侧边缘分别镌刻隶书『乾隆年制』和『龙字七十三号』。

藏的编号最靠前的一件是“地字二号碧玉人面纹斧”。数字最大的就是咱们今天说的这一件，“赞字一百九十八号长宜子孙龙凤白玉璧”。查一查《千字文》，第1、2句是“天地玄黄，宇宙洪荒”，第49、50句是“墨悲丝染，诗赞羔羊”，所以，第2个字确实是“地”，第198个字也确实是“赞”。

“千字文”编号玉器有自己的特点，基本上都是仿古玉器，应该是为了满足乾隆皇帝的鉴赏需要而制作。另外，这些玉器往往成对出现，比如“元字三号碧玉人面纹斧”（本应是玄字三号，避康熙帝玄烨的讳而改），与“地字二号”是一对；这件“赞字一百九十八号”与“覆字一百八十八号”也是一对，都是“长宜子孙”玉璧。

不得不说的是，《千字文》有一千字，真要排完，就得制作一千件玉器，乾隆皇帝在位60多年（1735—1799），到底有没有把这一千件玉器都做出来呢？应该没有。两地故宫发现的“千字文”编号玉器，编号最大的就是这一件“赞字一百九十八号”。在木函的背面，乾隆还盖了自己的印，在“瑞采征祥”四字的中上方，印文很清楚，是“太上皇帝”，也就是说，这件玉器应该是在他退位后做太上皇期间制作出来的。他的太上皇生涯只有四年（1796—1799），已经80多岁，就算兴趣不减，可能也来不及再去制作更多的玉器。所以，他这一生制作出来的“千字文”编号玉器，大约也就200件。

乾隆皇帝是一个爱玉、赏玉、制玉、藏玉的玉痴，他在位时期制作了无数的玉器，今天故宫博物院中的清代玉器，大部分都跟他有关系；他专门在和田地区设置了采玉机构，源头直供；他写了800多首咏玉诗，古今无双。“千字文”编号玉器的发现也告诉我们，他居然还有制作一整套“千字文”编号玉器的想法。以他的地位和当时清朝的国力，这个事儿并不疯狂，还是有可能办成的。

第四十八讲 毕沅墓白玉发冠：不是古物不收藏

南京博物院藏有一件宋代的白玉发冠，是考古所见宋代唯一的玉发冠，由上等的和田玉制作而成。这件玉器形制规整，是我们了解宋代人束发方式的实物见证；它的出土，也给我们了解清代文人的收藏爱好提供了信息。

这件白玉发冠共包括两部分：冠高6.5厘米，长9.5厘米，宽6厘米；簪长10.5厘米。主体是略呈长方体的发冠，材质是上等的和田白玉，少数部位略有灰黑的瑕疵。玉匠将这块玉料雕琢成六个莲瓣组合而成的，四面稍大，顶部两个莲瓣稍小。只有底部没有莲瓣，内部中空。在两侧莲瓣的下部有对穿的两个孔，横插着一根碧玉簪子。这根簪子的材质同样是和田玉，一端尖锐，一端带有圆头。6-32

白玉发冠的使用方法很简单，古人将头发束起来以后，将这个发冠套在发髻上，然后再用簪子横穿过去，将发冠和里面的发髻固定在一起。

这种发冠可能最早出现在五代时期。汉代的时候，人们在冠（帽子）和发髻之间往往会加戴一个叫作帻的东西，主要的作用是将发髻包住，有点儿像发罩，使得发髻不至于松散。这种帻发展到五代时期，便完全抛弃了外围的冠，代替了冠的作用，称作小冠。由于它直接显露在外，便逐渐有了更多的装饰和造型。到了宋代的时候，这种称作“小冠”的束发冠就很流行了。比如北宋的苏辙曾写过一首诗，诗名叫《过侄寄椰冠》：

6-32 6-33

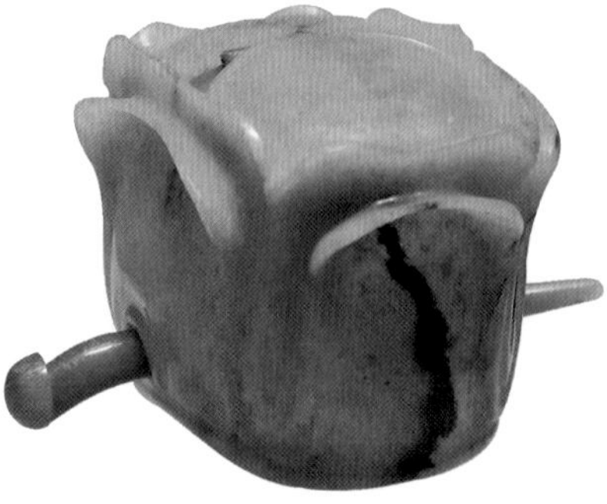

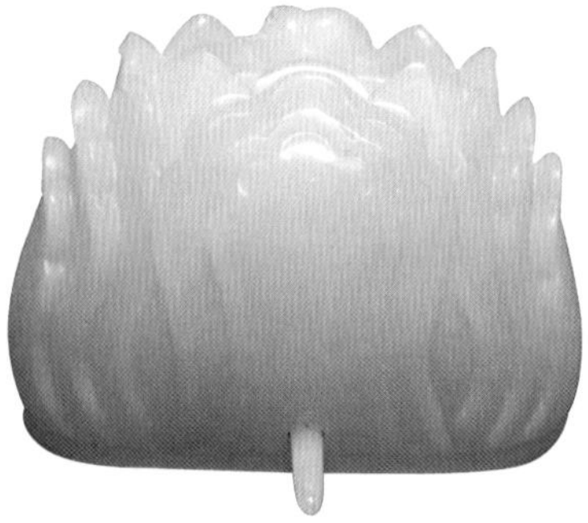

6-32 白玉发冠·宋

南京博物院藏。江苏苏州吴中区嘉庆二年毕沅家族墓出土。玉质滋润，白中闪灰，为圆雕镂空作品，有绺裂与褐色沁斑。冠里掏空，四面雕重叠的荷花瓣，作弧形卷边，顶部微鼓并于两侧留有开口，前后雕琢穿簪圆孔。该发冠出土于清代毕沅墓，配套发簪为后期制作。

衰发秋来半是丝，幅巾缁撮强为仪。
垂空旋取海棕子，束发装成老法师。
变化密移人不悟，坏成相续我心知。
茅檐竹屋南溟上，亦似当年廊庙时。

苏辙是苏轼的弟弟，他在诗中提到一顶用来束发的冠，称作椰冠。宋哲宗绍圣元年（1094），苏轼因为先后得罪了朝中的新党和旧党，被贬到惠州（今广东惠州），绍圣四年（1097）又被送到儋州（今海南儋州）。此时，苏辙也受到牵连，被贬到筠州（今江西高安）。兄弟两人相隔千里，经常写诗相赠。苏轼和自己的儿子苏过曾给弟弟苏辙送去一顶椰子壳做成的束发冠，称作椰冠，苏辙回赠的就是这首诗。虽然椰冠不是什么特别贵重的东西，却也表达了苏轼不因被贬到遥远的南方而忧郁愤懑的豁达心态。不过，这顶椰冠可能在制作的时候模仿的就是宋代人一般的束发冠，顶多在椰子壳两端打孔，横穿一根簪子。6-33

南宋的陆游也曾写过一首《初夏》：

梅子生仁已带酸，楝花堕地尚微寒。
室无长物惟空榻，头不加巾但小冠。

蚕簇倚墙丝盎起，稻秧经雨水陂宽。

效原清润身差健，剩欲闲游一跨鞍。

诗中的“巾”与汉代的帻差不多，相当于发髻和冠之间的发罩。但陆游说了，根本不加“巾”，而直接戴“小冠”，可能是因为夏天比较热。这说明宋代的人们，尤其是文人，喜欢直接戴这种称作“小冠”的束发冠。既然小冠直接戴在外面，应该也同时具备装饰效果，大概就是这件白玉发冠的样式了。

今天还有证据可以证明。故宫博物院藏有一幅《听琴图》，专家考证，这幅画可能是宋徽宗在位时期在宫中设立的宣和画院中的画家作品，宋徽宗其实就是画中居中抚琴的人。仔细看他的装束，头上戴的正是一个束发冠，而且似乎正是一个莲瓣形的束发冠，与这件白玉发冠的造型几乎一模一样。

这件玉器是1970年的时候在江苏吴县的一座墓葬中发现的，经考古证实，这座墓葬的墓主是清代的学问家、政治家毕沅。这就奇怪了，怎么一个清代的官员墓中会出现宋代的玉器呢？而且还是一件唯一的宋代孤品玉器！

1970年10月，南京博物院在江苏吴县的金山公社天平大队发掘清理了一座清代的墓葬，证实墓主是清代中期大官僚毕沅与妻子汪德以及五个陪葬的妾室的合葬墓。清理报告统计，墓中出土了110件陪葬文物，绝大多数都是罕见的珍品，以金银、玉石等珍贵材料制成。其中有毕沅生前佩戴的翡翠朝珠2串，都是108颗翡翠珠，粒粒饱满均匀，色泽纯净；有毕沅夫人佩戴的金凤冠；有白玉扳指，很有可能是乾隆皇帝的赏赐，因为史书记载，毕沅生前受到乾隆赏赐“喜字白玉扳指”“喜字玉扳指”“玉扳指”“白玉扳指”等4件扳指。这些陪葬品中有几件比较特殊，有仿古的三孔玉刀，仿的是新石器时代和夏商时期才有的玉器；有唐代的海兽葡萄镜，是唐代最具代表性的铜镜；还有这件白玉发冠，是宋代玉器，因荷花题材具

6-33 白玉发冠·宋

首都博物馆藏。冠白玉质，质地细腻温润，正面雕琢重叠的莲花瓣，互相对称，下部琢有一圆孔，配白玉圆簪贯通其中。整个器物线条圆润，琢磨精细。

6-34　**金镶宝凤冠·清**

南京博物院藏。江苏苏州吴中区嘉庆二年毕沅家族墓出土。

有明显的宋代特征，且沁色需长期沉埋才能形成，所以不是清代的器物。这些给我们认识毕沅提供了一些实物资料。6-34

《清史稿》记载，毕沅（1730—1797），字纕蘅，江南镇洋（今江苏太仓）人。他长期在苏州灵岩山下就学成长，所以又取了个号叫灵岩山人，死后也是葬在灵岩山东北麓。他生长于书香门第，母亲张藻是顺治、康熙年间杭州西泠诗社的著名女诗人，早年亲自教导他读书，后来又将他送到沈德潜、惠栋门下学习，这两位都是当时一流的大学问家。

毕沅本人在清代首先是一个大官僚，先后在朝中（军机处、翰林院）、西北（陕西巡抚、陕甘总督等）、湖北（湖广总督）做官，很受乾隆皇帝器重。在宦海生涯中，他还做了很多学术工作，又是一个大学者，编纂了《续资治通鉴》等许多著作，还与章学诚、段玉裁、孙星衍等一些同时代的大学者交往颇深，是清代学术史上不可忽视的重要人物。

毕沅在乾隆十八年（1753）中了举人，接着就被安排到军机处做了军机章京，官品虽然不高，但却是朝中最核心的部门，主要做一些文书工作，比如帮助皇帝撰写谕旨等，但这些文书工作其实都是国家机密。乾隆二十五年（1760），毕沅又参加了会试，中了进士，但还要参加殿试。殿试是在四月二十六日举行，但前一天晚上他还得到军机处值班，这一值班就会比较晚，影响休息不说，还没法抽时间准备殿试。不料他也有运气，当天晚上他看了陕甘总督黄廷桂的奏折，说的是新疆地区的屯田事宜。第二天殿试，考的题目居然正好是新疆屯田之策（时务），让他捡了个便宜，答卷让乾隆皇帝非常满意，当即将原本会试第四名的毕沅擢为第一名，点了状元。6-35

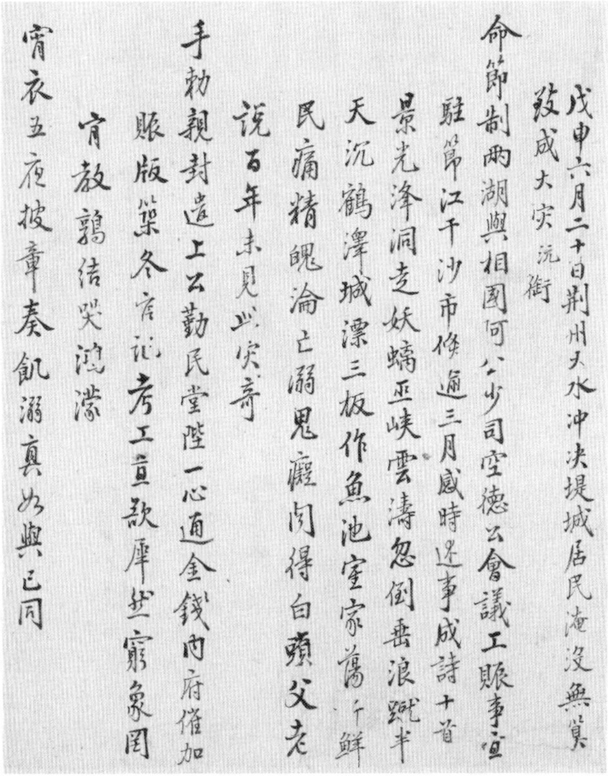

6-35 《荆州大水诗十首》册页·清·毕沅

台北故宫博物院藏。乾隆五十三年荆州大水为患，毕沅时在湖广总督任上，奉命治水救灾，数月劳累歇脚时，百感交集成诗十首，诗文收入《灵岩山人诗集》。毕氏政事之余，与同好留心经史，鉴藏金石书画，所著《关中金石记》备受时人推崇。

在陕西为官期间，毕沅花了很大的力气修复关中地区的文物古迹，比如周文王、武王、周公等人的墓葬，还有汉武帝的茂陵、唐高宗和武则天的乾陵等。每修复一处，他还刻意立碑纪念。像汉文帝的霸陵，他就专门立了个碑。由于他的身份摆在那里，所以很多人都盲从，以为他立碑的位置就是霸陵的真正所在。2020年12月，国家文物局正式公布，毕沅立碑的凤凰嘴根本没有陵墓，真正的霸陵是凤凰嘴以南1.5千米处的江村大墓。

可见，毕沅是一个学者型的官员，他非常重视金石学，搜集了很多古代碑碣，现在都收藏在西安碑林博物馆。所以，他还是一个收藏家，酷爱收藏古物。他的墓中有宋代的白玉发冠等文物精品，也就不奇怪了。

Jade Culture
and
Chinese Civilization

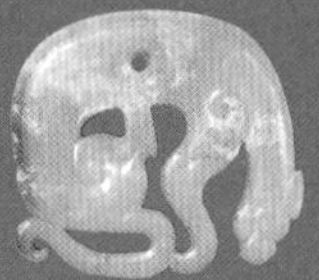

·第七章·

镜像中华

古代玉器中的
世俗风情

中国古代玉器从产生开始，便与中国古代文明相始终，不仅是中华文明的有力物证之一，而且相对于其他种类的文物，古代玉器还全面展示了中华文明的多维面向和历史风情，是中华文明的镜像。

玉器中有动物世界。自从史前时期开始，玉器就在不断地雕琢现实中人们所见和所构想的种种动物，以红山玉器最早最典型，包括后来的良渚玉器、凌家滩玉器、石家河玉器等，写实动物如猪、鸮、蝉、虎、龟、鱼、蛙、鹰等，神话动物如龙、猪龙、凤等。随着历史的发展，这个动物世界不断扩大，写实动物囊括了天上的飞鸟、地上的走兽和水里的游鱼，神话动物则在龙凤的基础上不断衍化、增加。从某种意义上说，古代玉器中动物形象的演变甚至就是一部中国古代动物史的生动写照。7-1

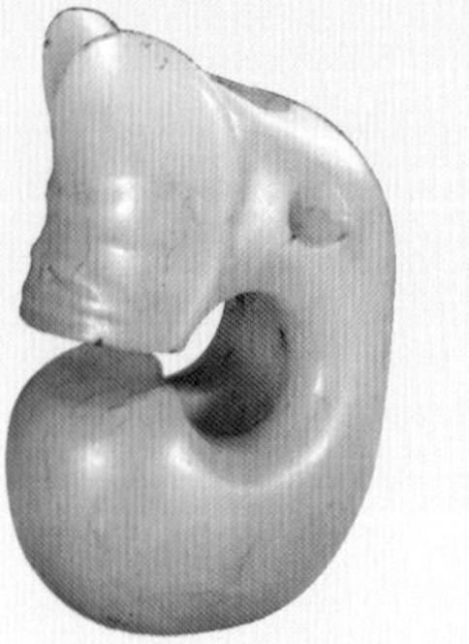

7-1 玉猪龙・新石器时代

三门峡市虢国博物馆藏。青玉。玉质温润光洁。圆雕。整体呈『C』形，作回首卷尾猪龙状，典型的红山猪龙形象。玉质上乘，造型优美，工艺精湛，时代较早，是难得的上乘之作。此器出于虢国国君墓，反映了国君喜爱收藏玉器的喜好。

仔细观察这座“动物世界”，猪的形象呈现出一个直线上升到直线下降的趋势。汉代及以前，猪作为家庭财富的主要象征，具有无与伦比的地位，因而其形象出现的频率不断增加，甚至玉握的最终形态就是玉猪；汉代以后，随着铁器时代推动着生产力的发展，猪的财富象征地位下降，玉器上的猪形象也直线减少。春秋战国以前，牛是肉食和牺牲的来源，尤其是三代时期，甚至是太牢之礼的必需牺牲，但不用于农业耕作，所以，玉牛的形象没有鼻环。从春秋战国开始，牛耕得到应用和推广，牛的形象便加上了鼻环，一直持续到清代。7-2

鸮的形象也受到农业生产力发展的影响，三代及以前它在农业生产上有捕捉田鼠的正面用途，玉鸮较多且大多圆润讨喜；铁器时代到来后，农业生产力大大提升，鸮的作用急剧下降，或许由于其夜间活动和叫声不佳等原因，在玉器中几乎消失不见。狮子本不是中原传统物种，直到汉代才有文献记载，生活在阿姆河流域的月氏人曾向汉朝进贡狮子，再加上佛教的影响，这种动物才逐渐为中原地区的人们所熟悉。故宫博物院

7-1 | 7-2 7-3 7-4

7-2 玉牛·西周

宝鸡青铜器博物院藏。青绿色，玉质莹润，局部受沁呈褐色。圆雕，体肥硕，站立状；牛探首，双角双耳后伏，枣核眼，鼻、吻宽厚，身体丰满，四肢强健，短尾下垂。整个玉牛浑圆可爱，神态温顺，打磨光滑。

7-3 玉狮·清

台北故宫博物院藏。白玉。全器立雕子母狮，母狮蹲踞，狮首右转，侧视两只小狮，身旁小狮仰视母狮背上的另一小狮。

7-4 玉仙人奔马·西汉

咸阳博物院藏。1966年西汉元帝渭陵陵园建筑基址附近出土。质地为新疆和田白玉，色泽温润莹亮，宛若羊脂。整器由奔马、骑者和底座组成，系圆雕、镂雕而成，出土时用朱砂包裹。马呈奔驰腾空状，两侧阴刻飞翼；骑者头系巾，着短衣，双手扶马颈，右手还持有一束灵芝草；马下衬以底座，上线刻云纹图案。仙人奔马寓意深刻，反映了西汉时期在皇室贵族及民间极为流行的一种企慕长生不老、羽化登仙的养生理念。

藏有多件与狮子相关的玉器，唐代玉狮说明在唐代人们已十分熟悉狮子这一动物，元代狮舞纹带板说明中原地区已发展出舞狮的习俗，清代白玉太狮少狮说明狮子这种动物已经被添加了人们对高官厚禄的期望。7-3

玉器中有朴素信仰。史前的原始信仰在诸多文化遗址中都有表现。到商代，人们受到鸟图腾的影响形成了鸟崇拜，仅妇好墓中就有大量的鸟造型和鸟纹饰玉器，家禽类包括鸡、鸭、鹅、鹤、鸽、鹦鹉，野禽类包括燕、雀、雁、鹰、鸮，神禽类主要是凤和一些怪鸟。其中，鹦鹉的形象又占据主要地位，可能与鹦鹉能学舌展现鸟的灵性有关。战国至汉代，四神（四灵）信仰十分普遍，所以，汉代玉器中有茂陵发现的四神纹玉铺首、上海博物馆所藏的四神纹玉胜等，皆有苍龙、白虎、朱雀、玄武的形象。汉代人还信仰西王母、东王公等神灵，所以，河北定县刘畅墓出土的玉座屏便雕琢了西王母与东王公的神话图景。渭陵发现的玉仙人奔马、满城中山王墓出土的玉人可能也是这类神仙信仰的体现。7-4 魏晋南北朝时期佛教得到了大发展，唐

7-5
7-6 | 7-7 7-8

7-5 玉飞天·唐

上海博物馆藏。高4.1厘米，宽7.4厘米，厚1.6厘米。飞天造型呈船形，趋于写实。发盘头顶，脸型圆而丰满，双目前视。二臂前伸，两手收于下颚胸前，二足交叠。身着长裙，上身裸袒，肩部绶带飘逸翻飞，祥云托起，此件飞天是唐代典型的飞天佳作。

7-6 『宜子孙』出廓玉璧·东汉

青州市博物馆藏。1982年青州市谭坊镇马家冢子东汉墓出土。白玉质，间有墨色，玉质温润，玉材罕见。圆形，出廓。璧肉内区饰158个乳丁，外区饰蟠螭纹。出廓上方镂雕双龙纽，纽中央透雕篆书『宜子孙』三字，乃『子子孙孙宜室宜家』的吉祥用语。龙体刚健，昂首挺胸，张口露齿，呈腾空飞奔状，龙首面面相视。二龙造型均有中国风格，气派的『S』形构图技巧，线条流畅，生动活泼，姿态优美，充满着动态的韵律美。

代玉器上便充满了浓郁的佛教气息，出现了姿态优美的各式玉飞天，至辽代、元代仍有玉飞天被发现。7-5 元代重视宗教，宗教领袖往往会得到朝廷的任命和嘉奖，西藏博物馆所藏诸多元代佛教国师玉印、江西省博物馆所藏阳平治都功白玉印就是元朝廷对藏传佛教萨迦派领袖及道教领袖龙虎山张天师的赏赐。内蒙古博物院所藏普纳公主祭祀玉牌表明，中原地区的三皇信仰传播到了草原之上，得到了游牧民族的认可。明清时期的民间信仰在玉器上的表现仍旧十分突出，玉质佛像多有出土，也有大量传世品。上海陆氏墓出土了一块白玉幻方，上面刻有阿拉伯文，还表达出了伊斯兰信仰。

玉器中有民俗文化。中国古代玉器表达出民俗文化要从汉代开始，往往表达出驱邪、攘灾、追求吉祥的寓意。带有四神纹的玉器本就带有驱邪之意。玉翁仲有可能模仿秦始皇金人，相貌威严，具有镇邪的内涵。玉双卯出土多件，四面所刻铭文表达了祛除疾疫的美好愿望。玉司南佩可能具有指示方向的含义，玉辟邪则明显是用来佩戴以起到驱邪的作用。故宫博物院藏“长乐”谷纹玉璧、扬州老虎墩出土的“宜子孙”玉璧等，更是直接用文字表达了对美好生活的期望。7-6 自宋代开始，婴戏作为一种喜闻乐见的民俗主题不断出现在玉器中，大约是因为婴儿憨态可掬，最能反映民俗生态。婴戏类玉器一般为圆雕，体形较小，用作坠饰，因而传世品较多，故宫博物院藏有多件。辽金元时期的春水玉、秋山玉表达了草原民族在春天和秋天打猎时的场景，是极具民族生态文化特色的玉器种类。7-7 元代的渎山大玉海为盛酒之用，让人忍不住想象元世祖忽必烈大宴群臣之时，众人从这个大酒瓮中取酒的豪迈与豪情。明清时期，体现民俗文化的玉器更加丰富，往往采用谐音等方式来表达某种美好的愿望，如明代梁庄王墓出土玉叶组佩，以玉叶象征金枝玉叶、玉瓜象征瓜熟蒂落、玉石榴象征多子多福、玉桃象征福寿平安、玉鸳鸯象征百年好合、玉鱼象征鱼水深情，可说集民俗文化之大成。故宫博物院藏青玉福禄寿三星饰，分别以蝙蝠、鹿、寿星谐音“福”“禄”“寿”。天津博物馆藏清代白玉鹰熊合卺杯用熊和鹰寓意男和女，祝愿夫妇和谐。此外，还有以猴子乘马寓意“马上封侯”，大象与瓶（或抬瓶的人）寓意“太平有象”等等，凡此种种，不一而足。7-8

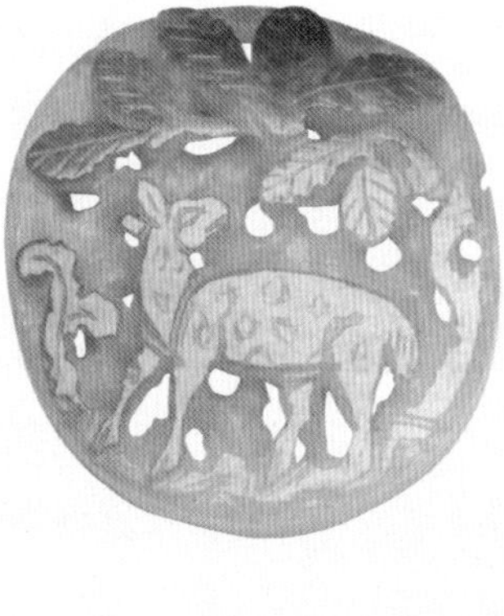

7-7 秋山玉饰·元

台北故宫博物院藏。玉质润泽，带浅褐色玉皮。全器约作圆饼形，以秋山为题，一花鹿立于林间，回首观望。花鹿及柞树镂雕出外形，鹿身之斑纹及树木叶脉仅以阴线刻出；玉料浅褐色部分化为树叶，颇具巧思。秋山玉饰所表现的场景是北方契丹、女真等民族秋狝情景，其纹饰以山林群鹿为主。

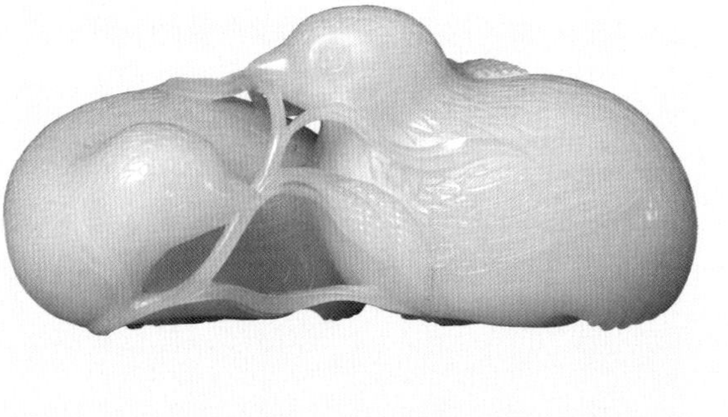

7-8 白玉衔谷穗双鹌鹑·清

故宫博物院藏。谷穗与鹌鹑是传统吉祥图案，穗谐音『岁』，鹌谐音『安』，此雕刻寓意『岁岁平安』，又有祈求五谷丰登之意。

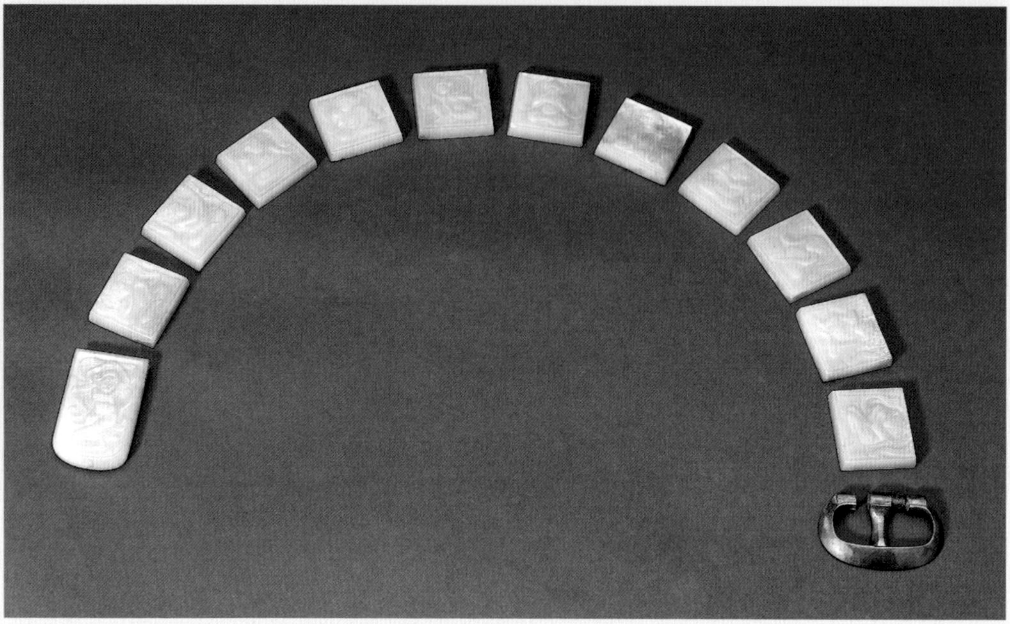

7-9 **伎乐带板·唐**

上海博物馆藏。白玉质，一副十二块，另有一铜质带扣。带銙正面装饰西域胡人乐伎形象。方銙上各有一卷发、窄袖、披帛、穿靴、盘坐于蒲席上之乐伎，或击鼓，或吹箫等。铊尾上为一正翩翩起舞的乐伎。背面平素，四角各有一牛鼻孔，供穿缀与革带连结。

玉器中还有中外交流。汉代虽有张骞“凿空”西域，沟通丝绸之路，但玉器上的中外交流还要从魏晋南北朝开始说起。鲜卑人将蹀躞带引入中原，在唐代发展成玉带銙，一举改变了中原地区仅用玉带钩的束带传统。隋唐时期佛教文化在玉器上的表现同样是中外交流的结果，但玉带板上经常能看到的胡人乐舞图像更为典型。7-9 何家村窖藏中的镶金兽首玛瑙杯材质极佳，可能来自域外；而造型被称为“来通杯”，可能来自欧洲。明代玉器具有镶嵌宝石的独特一面，尤以梁庄王墓出土玉器最为典型。这些宝石极有可能是郑和下西洋带回来的，但在郑和下西洋停止后，域外可能还有输入宝石的渠道，使得明代中后期的玉器上也有类似的特色。清代玉器中最为典型的中外交流当属乾隆皇帝仿造的痕都斯坦玉器。这种玉器可能产自印度北部地区，器壁极薄，多镶嵌宝石组成番莲纹等纹饰。乾隆因为

喜爱这类玉器，便下令仿造，致使今天的北京故宫博物院藏有为数不少的仿痕都斯坦玉器，是中外交流的见证。7-10

当然，玉器中的中华图景不仅只有以上这些，史前以来的政治、经济、文化等方面皆有表现。它们共同构成了玉器中的中华镜像，是我们了解中华文明发展历程、见证中华文明持续不断裂的重要物证。

7-10　痕都斯坦青玉双耳莲瓣碗·清

故宫博物院藏。痕都斯坦本为清代对北印度的称谓，而痕都斯坦玉器则泛指宫中所藏中亚等地区的玉器。痕都斯坦是指存在于1526—1858年的莫卧儿帝国。其疆域包括今日印度北部、巴基斯坦及阿富汗东部，亦有『温都斯坦』『痕奴斯坦』等译名。后来乾隆皇帝按照藏语及回语发音，亲自考证，确定译作『痕都斯坦』。痕都斯坦玉器，颇为清代宫廷所重，乾隆帝曾多次作诗赞誉，纪晓岚《阅微草堂笔记》也记载『今琢玉之巧，以痕都斯坦为第一』，可见其在清代玉器史上有着重要地位。

第四十九讲 “行气”铭玉杖首：战国气功秘笈

有这么一件特殊的传世玉器，它曾引起广泛的关注，罗振玉、闻一多、杨树达、郭沫若、于省吾、饶宗颐、陈邦怀、那志良以及英国人李约瑟等许多著名学者都曾进行过研究；它在战国玉器中铭文最多，共计45字；它记录了古代气功修炼的“秘籍”，是古人锻炼身体的实物例证；它经历了近代无数的风云变幻，依然璀璨夺目。它就是天津博物馆珍藏的“行气”铭玉杖首。

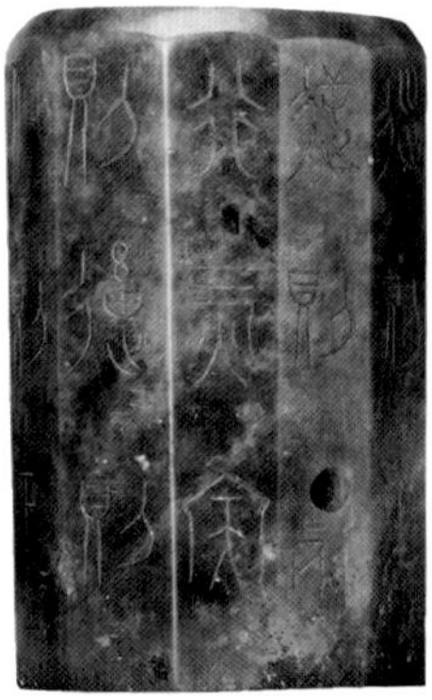

7-11 “行气”铭玉杖首·战国

天津博物馆藏。

这是一件堪称国宝的古代玉器。青玉质地，颜色黑青，柱形，有十二个面，内部中空，但不穿顶。侧面有一孔，横穿与中孔相通。每个面都有铭文，总共45字（包括九处重文）。整器高5.2厘米，直径3.4厘米，中孔内径2.4厘米，横穿孔径0.3厘米，总重118克。器身上除了铭文之外，没有其他任何纹饰，但铭文刀法娴熟，文字优美，是上乘的书法作品。7-11

铭文是篆书，根据郭沫若先生的释读，内容是这样的：

行气。深则蓄，蓄则伸，伸则下，下则定；定则固，固则萌，萌则长，长则退，退则天。天几舂在上，地几舂在下。顺则生，逆则死。

基本上这段话在讲述一个呼吸的过程。简单地说，就是吸气时要大口且深入，使它往下延伸，等气运行到丹田，稳固之后再呼出，呼气时像是草木萌生，往上生长，与吸气时相反，一

7-12 《导引图》帛画·西汉

湖南博物院藏。1973年湖南省长沙市马王堆三号汉墓出土。该图是一幅彩绘的导引练功图。帛画共分上下4层，每层各绘11幅小图，共有图像44幅，每图均绘有一个运动姿势的人像，有男有女，有老有少，人像高9—12厘米。所绘人物姿态动作各异，或坐，或站，或徒手导引，或持器械发功。每个图像侧旁都有题字，可惜部分已残缺，能看出文字说明的尚存31处，其内容大致包括保健功和治疗功两方面。

直呼出到顶。这样一来，天机便朝上涌动，地机便朝下涌动。顺着呼吸就能练出效果，逆着呼吸就没有效果。

中国的气功讲的其实主要就是呼吸之法，所以《庄子》中有这么一段话："吹呴呼吸，吐故纳新，熊经鸟申，为寿而已矣。此道引之士、养形之人、彭祖寿考者之所好也。"正好可以证明战国时期已经有了一派以呼吸之法来练气功的养生家。

专家指出，这件玉器的使用方法应是穿在竹杖顶端，马王堆汉墓三号墓出土的帛画中就有古人使用杖来练气功的图例，即是证据。另外，这件玉器中空的内部很粗糙，不像外部那么光滑，就是经常固定在木杖的头部使用，不断摩擦，导致内部粗糙。而且，它的侧面有孔，安装在杖首的时候从横穿的侧面孔插入榫即可固定。7-12

郭沫若先生认为，这件器物上的文字非常规整，字体与洛阳金村战国墓中出土青铜器上的铭文十分相似，可能就是从这里流出。洛阳金村战国墓一共有八座，其实是周天子的墓葬。1928年夏天，金村以东500米处的农田被大雨冲刷后塌陷，露出一个大坑，墓葬被发现，不少文物流失。很快，当时在开封的加拿大人怀履光（Williams Charles White，或译为白威廉）和美国人华尔纳（所盗玉器精品最多）闻讯而至，花了五年时间，动用军队一共在这里挖掘了八座大墓，导致无数的文物流散到加拿大、美国、日本等十多个国家的数十个城市。

洛阳金村战国墓葬被盗掘是中国考古史上的悲情一页。无数的珍贵文物流落海外，仅日本人梅原末治所编的《洛阳金村古墓聚英》（1937年）一书就记录了238件文物，许多保存在哈佛大学艺术博物馆。另有一部分金村文物由传教士怀履光为加拿大皇家安大略博物馆收集，怀履光后来成为该馆东亚部的第一任主任和多伦多大学中国学院的第一任院长。7-13

到了近代，这件器物成为合肥李木公的旧藏。李木公（1878—1949），本名李国松，是近代著名的藏书家和金石收藏家，清末还曾中过举人。他的父亲名叫李经羲，爷爷名叫李鹤章，是李鸿章的三弟，所以，李木公其实是李鸿章的侄孙。李木公父亲李经羲在清末曾做过云贵总督，民国时期还短暂地做过总理。李木公的家世显赫，为他的收藏提供了基础。

民国建立后，李木公曾在上海居住过一段时间。抗战爆发后，他避居天津租界，后来也是在天津谢世。避居天津期间，因为生活困难，曾经将收藏的书籍和物品变卖，这件玉器可能在此时流出。“文化大革命”时期，这件玉器几经辗转，归属天津文物管理处，藏入天津历史博物馆，也就是今天的天津博物馆。

7-13 玉龙·东周

加拿大皇家安大略博物馆藏。据传河南洛阳金村出土。玉质白色，半透明，有白色沁斑。整体扁平，蟠曲龙形。龙首前伸，弓背，两足，长尾卷曲。龙体两面阴刻网格纹、扭丝纹、云纹等，背部一穿，双面对钻而成。通体打磨光润。

第五十讲 战国水晶杯：现代感十足的镇馆之宝

1990年，在浙江省杭州市半山镇石塘村的一个砖瓦厂，工人们在取土时发现了一座墓葬，经考古发掘证实，这是一座战国时期的墓葬。墓中共出土玉器、琉璃、原始瓷器等随葬物品51件，其中包括一件带有传奇性质的水晶杯，它略带淡红色，通体光素无纹，是迄今为止我国出土的早期水晶制品中最大的一件，被认定为杭州博物馆的镇馆之宝。

1990年10月下旬，杭州半山镇石塘村（现为半山区石塘社区）砖瓦厂的工人们在取土的时候发现了一些像是瓷器的东西，他们认为是文物，于是偷偷联系了古董商，把这些瓷器卖了出去。但消息很快就传出来，执法部门迅速出动，将所有文物追了回来。考古工作者经过分析，认为砖瓦厂所在的这个地方可能有一座大墓，于是立刻进行了抢救性的发掘。

发掘的过程很艰难。因为砖瓦厂经常有拖拉机来回拖运泥土，地面被压得很结实。费了很大功夫，向下挖了一米左右的深度才终于发现了墓葬口。考古人员先是发掘出了一些原始瓷器，接着又发现了一些木炭。考古人员很兴奋，因为木炭意味着这座墓葬进行了防潮处理，墓中的随葬品有可能会保存得较为完好。7-14

一直发掘到墓葬底层的时候，考古人员不敢再用铲子，怕破坏文物，所以改用竹片来细细地刮去泥土，忽然有个地方有晶莹的亮光一闪，引起了考古人员的关注。经过仔细清理，竟然发现了一个现代感十足、与我们今天喝水的玻璃杯十分相似的晶莹剔透的杯子。大家心里一沉，第一反应是“不好！”这个玻璃杯很可能是盗墓贼盗墓时喝水用的杯子，所以被遗弃在这里。

7-14 **水晶杯·战国**

杭州博物馆藏。1990年浙江杭州半山石塘战国一号墓出土。

不过，考古人员很快就否定了这一点。因为这里经常有拖拉机来往，地面压得很结实，与夯土无异；而且人员来往又多，想要盗掘如此深的墓葬，既有难度，也找不到机会。为此，当时的考古人员将带着土的杯子送到了中国社会科学院考古研究所进行鉴定。

当时鉴定这个杯子的就是著名的考古学家苏秉琦先生。据说，苏先生看到这个杯子以后，捧着杯子仔细观察了半个小时，最后说道：“国宝！绝对是国宝！”后来经过对杯子和杯子里的泥土进行鉴定后，证实了苏先生的判断，这是一件用整块天然水晶制作而成的战国时期的水晶杯。消息传开，立刻引起了轰动。

这件水晶杯还有三个未解之谜。

第一，材料来自何处？我们看这件水晶杯，它高15.4厘米，口径7.8厘米，底径5.4厘米，是用一整块高纯度天然水晶制作而成，块大，质地十分优良。杯子的中部和底部带有一些海绵状的结晶，这是水晶在形成过程中自然凝结而成，更说明了它的稀少。然而，根据浙江省地矿厅的结论，不要说是在浙江，就算是在全中国，也很难找到如此高纯度的水晶材料。

第二，水晶杯的内部是怎样做空的？一般来说，要做出杯子中空的内部，应该有两个步骤。先要打孔，打孔的工具一般都是圆柱形的管状工具，叫作管钻。从新石器时代开始，这种玉器制作工艺已经出现，可以单面打孔，也可以双面对钻，但大多数都是小型的孔，给这件水晶杯做空，所打的孔一定很大。其次是取芯，也就是在打孔之后，将中间的杯芯取出来。内部做空的玉石器，一般都是一些硬度不高且韧性较强的材料。水晶的硬度非常高，还要超过和田玉。硬度越高，质地就越脆，在打孔和取芯的时候就特别容易破裂。尤其是这件水晶杯，器型太大，想要做成杯子的造型，又要保证完好无损，难度之大，超乎想象。

第三，如何进行抛光的？这件水晶杯无论是内壁外壁还是底部，都打磨得十分光滑，几乎与我们喝水的同款玻璃杯一模一样，但这件水晶杯距今已经有大概2500年，当时如何做到这一点呢？特别是杯子的内壁和内底部，更需要超强的耐心和特殊的工具才能做到。

那么，这件水晶杯的主人到底是谁呢？

墓葬的情况能够提供一定的信息。出土水晶杯的这座墓葬形制是“甲”字形。一般来说，两周时期的贵族墓葬有三种形制，一种是“亚”字形，有四条墓道，帝王、天子专用；一种是“中”字形，有两条墓道，适用于诸侯王；第三种是列侯使用的，呈“甲”字形，只有一条墓道。因此，墓主人的身份应该非常高贵，是战国时期的列侯级别。根据对墓葬中的木炭、原始瓷器以及泥土的分析，大致判断出这座墓葬距今约2500年，正处于楚国灭越之时。

春秋末期，吴越争霸。越王勾践卧薪尝胆，覆灭了吴国。到了战国时期，越国实力下降，楚国不断扩张，与越国发生了冲突。到了楚怀王在位的时期，越国在位的末代国君是越王无疆。这位越王心怀大志，意图恢复当年勾践在位时期的荣光，向北与齐国争锋。但越国实力不足，便联络楚国一起攻打齐国。不料楚国没有遵守约定，无疆大怒，又反过来联络齐国攻打楚国。可惜，越国在与楚国的战争中一触即溃，齐国距离较远，来不及援救。楚怀王杀死了越王无疆，兼并了越国的土地和人口，一跃成为战国时期国土面积最为庞大的诸侯国。

此外，墓葬还提供了一些佐证，如墓葬唯一的一条墓道正对着山头，墓中还有排水沟等设施，在越国的墓中很少见，而楚国的墓葬中则比较常见。墓中的器物也说明了一些问题，如出土的成套原始青瓷镈，这是一种与钟磬配合演奏的乐器，也只有高级贵族才能享用，类似于楚地常见的编钟；漆器上的很多纹饰，都反映了楚文化的特征。所以，这座墓葬的主人很有可能就是被派到新占领的越国领土上进行统治的楚国贵族，因而有一定的可能性获得当时绝无仅有的整块水晶雕琢而成的这件水晶杯。

第五十一讲 西汉白玉舞人：风靡全国的『网红』舞蹈

以翩翩起舞的女子作为原型雕刻玉器进行佩戴，这是战国到秦汉时期贵族女子的时尚追求。但汉代出土的白玉舞人告诉我们，不仅这种佩件十分流行，这种名为“翘袖折腰”之舞的舞蹈更是当时风行全社会的“网红”舞蹈。

1974—1975年，考古工作者对位于北京市丰台区郭公庄永定河畔的一座墓葬进行了发掘，这就是大葆台西汉墓。墓葬共有两座墓穴，经专家推断，墓主人是西汉广阳王刘建及其王后。大葆台汉墓很有可能在西汉末年就遭到了盗掘，大量珍贵的文物遭到了盗窃和毁坏，连墓主人的棺椁都未能幸免。

不过，墓中出土的不少文物依然具有国宝的性质，能让我们对墓主的身份作出推测，比如墓主下葬的方式，是汉代帝王专用的黄肠题凑，而且这是第一次在墓葬发掘中见到真正的黄肠题凑。《汉书》颜师古注记载说：“以柏木黄心致累棺外，故曰黄肠；木头皆向内，故曰题凑。”黄肠就是柏木的木心，颜色略黄，又是木心，所以称为黄肠；题就是头，凑就是凑向同一个方向，意思是将柏木心切割成长方条状，然后层层累叠在棺椁的外围，所有柏木条的头都朝向居于中心的墓主棺椁。7-15

7-15 **大葆台汉墓一号墓黄肠题凑**

一号墓墓室为木构地下建筑，巨大且结构复杂。墓室坐北朝南，中心分成前室、后室，前室是宽敞殿堂，后室是五重棺椁。前室、后室外围有一圈回廊，绕以木墙。木墙用方条形的柏木层垒而成，条木长90厘米（即木墙厚90厘米），大多数端面10厘米见方，也有的是20×20厘米或20×10厘米。木墙周长42米，高3米（条木30层），南面正中为大门，全部墙体共用条木约15880块。木墙外面又有两道回廊，中间有木壁隔开，这两层木壁是用榫卯将高3米、40×20厘米见方的油松木板拼合而成。墓室顶、地均用此种板材（但规格更大）筑成。

黄肠题凑证明了墓主的身份等级是诸侯王，而汉代以这个身份封在此地的只有燕王和广阳王。燕王刘旦是汉武帝第三个儿子，但在巫蛊之祸以后受到武帝责罚，昭帝时期试图谋反又被发现，刘旦自杀，燕国被废除。宣帝继位后，将刘旦的儿子刘建仍旧封在此地，但不再使用燕国封号，改为广阳王。从此，

7-15 7-16

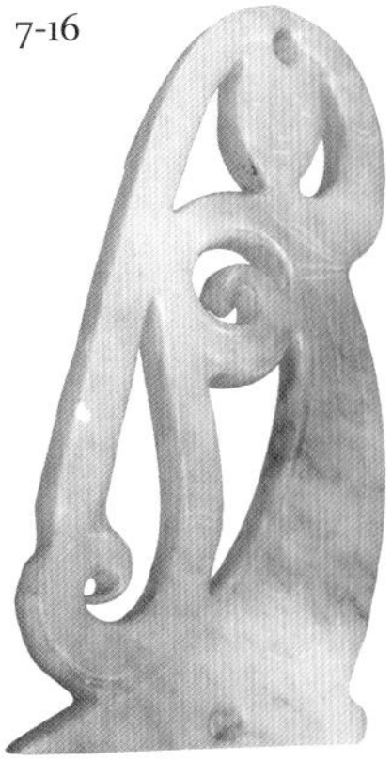

7-16 玉舞人·西汉

北京大葆台西汉墓博物馆藏。

广阳王一系一直传承到西汉末期。又因为墓中发现了“二十四年”的纪年，广阳王一系葬于丰台且在位达到二十四年的就只有刘建，因而墓主身份得以确认。

这件白玉舞人出自刘建王后的墓中，高5.2厘米，宽2.6厘米，器形不大，上下各有一个穿孔，可以随身佩戴。相似舞姿的玉舞人在扬州妾莫书墓、广州南越王墓等还有出土，皆是两手甩出长袖，一袖从头顶越过，另一袖下垂或悬于腰侧。腰身的姿态略有变化，这一件只是稍稍弯折，比较写实；有的比较夸张，腰身弯折得非常厉害。另外，一些汉代壁画中也发现了类似的舞蹈，证明这确实是汉代流行全国的“网红”舞蹈，可能就是文献中记载的“翘袖折腰之舞”。7-16

最擅长跳“翘袖折腰之舞”的应该是汉高祖刘邦的戚夫人。这位出自定陶的戚夫人是一个艺术全才，音乐、舞蹈、歌唱无所不会，无所不精，而且还在宫中训练了一个数百人的歌舞团，专门给高祖刘邦表演，气氛非常热烈，“声入云霄”，让刘邦十分宠爱。但在刘邦去世后，戚夫人遭到了吕后的恶意惩罚，受“人彘之刑”的残酷折磨而死。

第五十二讲 东汉玉座屏：前往神仙的世界

河北省定州市定州博物馆收藏了一件东汉时期的玉座屏，它用鬼斧神工的镂雕方式描绘了一幅包含着东王公、西王母的神仙故事以及青龙、白虎、朱雀、玄武四神形象的画卷，表达了人们长寿、驱邪、吉祥等诸多美好愿望，是目前所发现的最早的也是唯一的汉代玉质屏风，堪称国之瑰宝。

这件玉座屏是和田黄玉制作而成，高16.9厘米，长15.6厘米，两侧宽6.5厘米，整件器物可以分为四块，即中间上下两块半月形玉屏板与左右两侧的两块支架，半月屏板两侧的榫插入两侧的支架内，构建出一座完整的屏风。

屏风是汉代的一种家具，器形并不太大，主要起遮挡和装饰的作用。汉代人们在室内主要采用跪坐于地的方式，前面会放一个小几，背后则会用屏风遮挡。今天我们在不少的汉代墓葬中都发现了屏风，以木制（涂漆）的居多，玉质的屏风就这一件。

从图中可以看出，整件器物上的纹饰都是采用镂雕的方式制作而成。两侧的支架形制相似，都是双璧相连而成，左侧的双璧中间镂雕着青龙的形象，右侧双璧中间镂雕着白虎的形象。中间两块半月形玉屏板则镂雕着更为丰富的内容。上面一块镂雕的是西王母的神仙故事，居中靠上的是端坐于云气之间的西王母，在西王母的两侧有两只青鸟、一对羽人、一只九尾狐、一只玉兔，在西王母的下侧还有一只三足乌和一只朱雀。下面一块中间靠上的则是东王公的形象，同样端坐于云气之间，两侧也有一对羽人伺候，右边的羽人背后还有一只似熊的怪兽，两个羽人下方又有一对玄武的形象。所以，这件玉座屏既包含了东王公西王母的神仙故事，也将青龙、白虎、朱雀、玄武的四神形象融入其中，可以说是汉代人们对神仙世界的一个完整构想图。7-17

西王母的形象出现得较早，在商代的甲骨文中就已经出现了关于西王母的记载，称为“西母”。后来在《山海经》中，对西王母就有了明确的记载，说她居住在昆仑山以北的玉山的山洞之中，形象是人，但长着豹尾虎齿，蓬头垢面，带着名为胜的发饰，经常发出怪叫之声。《山海经》之后，关于西王母的记载就越来越多，她的形象也渐渐发生了女性化、温和化的变化，传说她掌管着节气的变化，能够影响万物生长，还能炼制长生不死的仙药。玉座屏上西王母身边的这些动物都是她的炼药小帮手，九尾狐负责搜集制药原料，玉兔负责捣碎原料，青鸟则负责运送仙药到人间。

有一部书名为《汉武帝内传》，作者传说是班固，其中花了很长的篇幅记载汉武帝与西王母相见的故事。其中说到，汉武帝身边有个叫作东方朔的人，比较熟悉神仙之道。有一次汉武帝祭祀中岳嵩山回来后，忽然有一个青衣女子前来拜见，说西王母会在七月七日前来与汉武帝见面。果然到了七月七日，西王母带着一个庞大的神仙使团到来，并带着许多美味佳肴招待汉武帝。在筵席中，西王母还专门让人送来七枚鸭蛋大的仙桃，让汉武帝吃了四枚，她吃了三枚。汉武帝觉得很好吃，就把桃核留了下来。西王母问他留着干什么，武帝说桃太好吃了，想留下来自己种。西王母告诉他，这种桃三千年一成熟，中原地区是没法种的。后来，西王母还赐予汉武帝《五岳真形图》等一些仙书，结果导致汉武帝大兴土木，杀伐不休。

东王公的形象出现得就比较晚，据推测可能是在东汉时期才出现，关于他的原型有两种说法，一种说是东方朔，因为汉

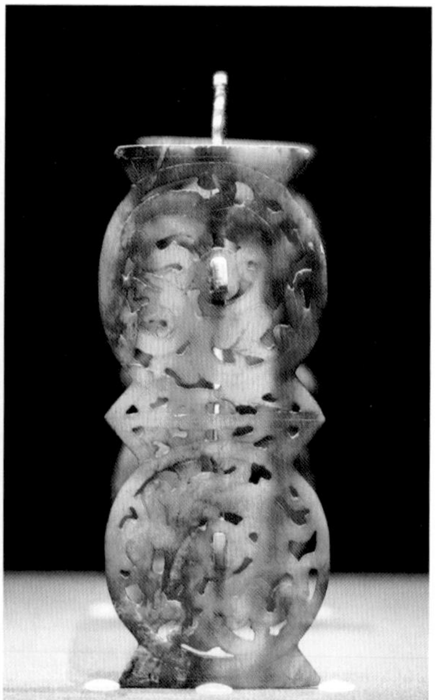

7-17 透雕玉座屏·东汉

定州博物馆藏。1969年河北定州北陵头村中山穆王刘畅墓出土。

武帝是通过他才联系到西王母的；另外一种说法是西周的周穆王。原来在魏晋南北朝的西晋年间，有个叫不准的人盗掘了一座战国时期的墓葬，墓中其实没什么宝贝，就是一堆竹简，后来叫作“汲冢竹书”。据说这个盗墓贼不懂得竹简的重要性，进入墓中后，为了照明，竟然将竹简点燃，结果导致竹简被烧了不少。但依然有不少竹简后来落入西晋朝廷手中。晋武帝司马炎找了一批专家进行校勘，发现其中有一部书名叫《穆天子传》，讲述西周时期，周穆王曾经驾驶着八匹千里马西行到昆仑山地区与西王母相会的故事。

汉代社会的仙道思想非常盛行，西王母与东王公的故事可能是其中主要的内容之一，对汉代人的丧葬观念也产生了影响，或许能够给我们提供一些新的思考线索。

这件玉座屏是1969年出土于河北省定州市（当时是定县）以南北陵头村的中山穆王刘畅的墓中。第一代中山王就是中山靖王刘胜，他的墓中出土了第一件完整的金缕玉衣。从刘胜以后，中山王国从西汉到东汉一共有十二代，刘畅是倒数第二代中山王，他在位34年，去世的时候是灵帝熹平三年（174），已经到了东汉末年了。刘畅墓是夫妻合葬墓，正因为是夫妻合葬墓，所以，这件玉座屏作为中山王刘畅墓中的重要陪葬品，一定是他生前的喜爱之物。他与汉代的许多人一样崇信仙道思想，想要追求长生不死。因此，他在玉座屏上雕琢东王公的故事，象征他自己；雕琢西王母的故事，象征他的王后。他期望死后能够像东王公、西王母一样，去往另外一个世界，过上长生不老的生活。

第五十三讲 镶金兽首玛瑙杯：丝路奇珍

1970年10月5日和11日，西安南郊何家村的一个建筑工地上，工人们在施工的时候先后发现两个陶瓮和一个银罐，内存金银器、玉器、珍贵药材、中外钱币等各类文物1000多件，包括国宝4件，一级文物数十件，其中一件镶金兽首玛瑙杯尤其引人注目，被称为海内孤品。

何家村窖藏文物虽然并不是正式考古发掘出来的，但由于文物都存放在陶瓮和银罐里，所以没有遭到盗掘，保存完好。能够保存1000多件精美的文物，这两个陶瓮确实不小。根据清理出来的数据，两个陶瓮大小相似，都是高65厘米，腹径60厘米，口小腹大。

在出土的文物中，金银器和玉器最多。其中金器总重量约13千克，银器总重量约166千克。玉石类包括玉带10副（其中有九环蹀躞带、各式白玉带銙等，几乎都是高级贵族才能佩戴的），镶金白玉镯2件，玛瑙、水晶、琉璃器若干以及蓝宝石、红宝石、黄宝石、绿玉髓等各种宝石若干。另有中外钱币若干，中国钱币从春秋时期到唐代均有，外国钱币包括罗马金币、波斯金币和日本银币。7-18

何家村窖藏文物的特殊之处在于：第一，集中存放，似乎有意藏在两个大陶瓮和一个银罐子里。第二，文物价值极高。玉带等级高，各式金银器、玉器和钱币也不是一般人能够拥有的，比如其中的一件鎏金舞马衔杯纹仿皮囊银壶，就能够与《旧唐书》中记载的唐玄宗时代宫廷舞马印证。第三，带有浓

7-18 白玉忍冬纹八曲长杯·唐

陕西历史博物馆藏。1970年陕西省西安市南郊何家村窖藏出土。通高3.8厘米，口径10.1厘米。以和田白玉制作而成，玉质洁白莹润，一侧口沿略呈黄色。造型为八曲长椭形，深腹，下附亚腰形矮圈足。外腹凹凸分明，口沿一圈很薄，厚度仅有半毫米，外腹壁装饰有尖叶忍冬卷草纹。杯内两侧的弧形凸棱在腹壁，居中的两条弧线凸棱从口沿至腹底，凸棱两侧为圆润的凹槽。从杯口至杯底，器壁逐渐增厚。

7-19 鎏金舞马衔杯纹仿皮囊银壶·唐

陕西历史博物馆藏。1970年陕西省西安市南郊何家村窖藏出土。通高14.4厘米，口径2.2厘米，底径8.9—9.2厘米，重547克。壶的造型采用的是我国北方游牧民族皮囊的形状，壶身为扁圆形，一端开有竖筒状的小口，上面有覆莲瓣式的壶盖，盖顶有银链和弓形的壶柄相连。这种形制既便于外出骑猎携带，又便于日常生活使用，表现了唐代工匠在设计上的独特匠心。

7-18　7-19

郁的域外风格，经专家们分析，包括东罗马、中亚波斯、粟特、日本等。第四，文物中有不少的金银制药具和药物，但不是用来治病的，主要用于炼丹。唐代尊崇道教，皇帝和贵族们喜欢蓄养道士为自己炼制长生不老之药，所以，这些药物不少都是矿石。7-19

在这些文物中，镶金兽首玛瑙杯尤其特殊。它单独存放在银罐之中，高6.5厘米，长15.6厘米，口径5.9厘米，使用了一整块带条纹的红玛瑙雕琢而成，极为罕见。杯身呈角形，兽首据说是羚羊，头上的两只羚羊角与杯口相连，但兽面又有几分牛首的特征。嘴部加了一个金质的塞子，可以拔下来。根据故宫博物院的孙机先生考证，这种杯子其实是西方一种叫作“来通”的杯子，早在古希腊时期就已经产生，后来经中亚传到唐朝，可能是唐朝工匠仿造西域器物制作而成，因为不习惯羚羊造型，所以兽面带有牛的特征。7-20

如此奢华和特殊的一批文物，到底是谁藏起来的呢？又属于谁呢？

早在20世纪70年代这批文物出土的时候，陕西省博物馆和文管会就作出了一个推断，认为文物的主人应该是唐高宗和武则天的孙子邠王李守礼。他们的根据是，文物的出土地点何家村位于唐朝时期长安城内的兴化坊中部偏西南，而邠王李守礼的王府也在兴化坊的相应位置。

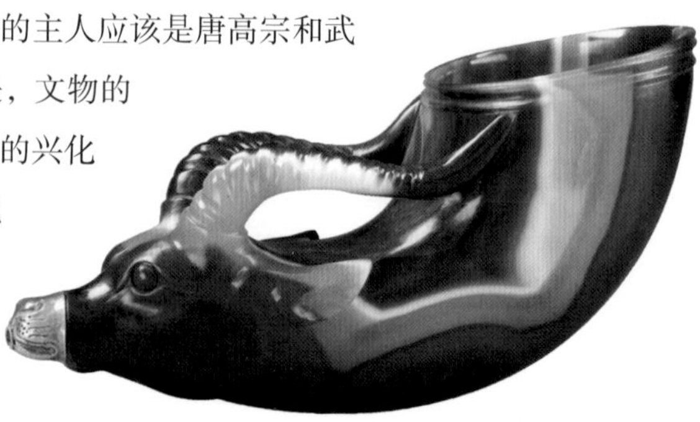

7-20 镶金兽首玛瑙杯·唐

陕西历史博物馆藏。1970年陕西省西安市南郊何家村窖藏出土。

不过，这位邠王李守礼却不像是一个能够拥有这么多珍贵文物的人。他的父亲是高宗和武则天的次子章怀太子李贤。武则天为了坐上皇帝的宝座，没少祸害自己的子女，李贤就是在太子之位上被废，流放巴州，后被武则天逼迫自杀。邠王李守礼曾跟随父亲被流放，后来父亲被逼自尽之时，他只有12岁。虽然武则天退位后，他被封为邠王，但却生活奢靡昏乱，经常举借外债，不太可能有这么多珍宝用来埋藏。

古代金银器专家齐东方等学者考证，何家村窖藏的地点虽然是在兴化坊，但却是在邠王府以东，是一个名叫刘震的官员的府邸。刘震的官职是租庸使，是唐代中央专门设置征收租庸调的官员，相当于国家税务总局局长。原来，唐德宗在位时期，为了镇压地方上的藩镇叛乱，朝廷征调西北泾原道兵马前去支援。但是，将士们到了长安以后，朝廷不但没有给予赏赐，而且吃的都是粗茶淡饭，引起了军队哗变，攻入长安城，这就是泾原兵变。

在兵变过程中，唐德宗仓皇出逃。当时刘震这位租庸使也想逃走，结果被守门的士兵认了出来，只好返回家中，顺便将国库中的金银财宝也带回家中，埋入地下。后来，刘震被迫投降叛军，唐朝收复长安，刘震被斩首，这一批财宝却无人知道，直到1970年被挖掘出来。

国库中的金银财宝自然价值高、等级高，因为皇帝要经常拿来进行赏赐，这就能解释何家村窖藏的特殊之处了。

第五十四讲○ 玉善财童子：雷峰塔倒奇玉现

雷峰塔，一座矗立于西湖之畔的千年古塔，曾因白蛇与许仙的传说故事而家喻户晓；然而，如同其他历尽沧桑的古代建筑一样，雷峰塔也经历了初建、损毁、修复、倒塌、重建的过程。2001年，为了重建雷峰塔，考古工作者对遗迹进行了发掘，竟发现遗迹下还藏有地宫，地宫中以玉善财童子为代表的众多文物历经千年，依然璀璨耀目，仿佛在诉说着千年前曾经的繁华与辉煌。

这件玉器通高8.8厘米，最宽4.5厘米，总重77.1克。整体可分为两部分，第一部分是善财童子的身体和身侧的祥云，第二部分是扁长方体的底座。第一部分的玉质较好，主要是青白玉，为扁平状片雕。身体上使用阴线刻的方式雕琢出样貌、服饰和纹线。头较大，脑袋向后突出，眉眼鼻唇耳等部位都很清晰。身上内穿肚兜，外穿对襟半臂衣衫，腰部系带，衣服上有米字纹、网格纹和斜线纹。手腕上均刻划了多圈状缠臂金。身体右侧和脚下有如意状祥云，云尾与童子头顶平齐，中间弯折，云朵表面还刻有阴线纹。第二部分玉质稍差，有杂色。中间有长1.5、宽0.5厘米的长条状穿孔，用于童子脚下的榫头插入。底座上以浅浮雕和阴线刻相结合的手法表现出海中的波涛和须弥山，流动感很强，三个侧面雕刻层峦叠嶂，象征佛教中的“九山八海”。这个图案与雷峰塔塔基须弥座上的图案相同。全器表现的是善财童子立于“九山八海”之上，在祥云的衬托下叉腰俯视人间，衣袂随风飘荡，呈现一派神佛气象。7-21

7-21 玉善财童子·五代吴越

浙江省博物馆藏。2001年浙江杭州雷峰塔地宫出土。

善财童子是佛教中的一个神话形象。根据佛教的传说，善财童子出身于贵族家庭，出生前后，不断有各种财宝涌现，所以得了“善财”的称号。但他本人并不喜欢财宝，而是喜欢追求真理，到处去聆听有道之士的演讲。有一次，他听到了文殊菩萨的演讲，请求文殊菩萨告诉他修行的方法。文殊菩萨指点他说，你要去参访好的知识（善知识）。善财童子遵照文殊菩萨的指点，开始了长期的参访经历。据说，他一共游历了一百一十多个城市，参访了五十三位长者（善知识），终于悟出了真谛，修成了求道菩萨。后人将他的经历概括为“善财五十三参”。那么，他脚下的“九山八海”是怎么回事呢？原来“九山八海”是古代印度的世界观，后来融入佛教之中。这种世界观认为，人类生活的整个世界是以须弥山为中心的九座“山”和八处“海”组成。中心是须弥山，另外八座山环绕在四周，八处海位于山与山之间。最外围的山名铁围山，是世界的边缘，其余的山都是金山，生活着种种奇妙的生物。最外围的海是咸水海，其余七处海都在内部，有清香之德，名为香水海。正是“九山八海”构成了人们生活的世界，既是善财童子游历参访成道的世界，也是他成道后护佑众生生活的世界。

佛教传入中国后，善财童子的地位好像下降了一些。《西游记》中写道，善财童子原本是牛魔王和铁扇公主的孩子红孩儿，在唐僧取经的路上抓了唐僧想要吃肉，连孙悟空也奈何不了他，最终只好请观音菩萨出手降伏了红孩儿，将他点化为善财童子，这才得了正果。

玉善财童子出自雷峰塔的地宫。

雷峰塔所在的夕照山，宋代称“雷峰”“中峰”“回峰”等，因为宋代曾有一个人名叫雷就，居住在那里的显严院，院后有雷峰庵。夕照山是西湖以南南屏山的支脉，附近有苏堤春晓、花港观鱼、南屏晚钟、柳浪闻莺、三潭印月等“西湖十景”

▶ **7-22 银阿育王塔·五代吴越**

浙江省博物馆藏。2001年浙江杭州雷峰塔地宫出土。由纯银捶揲成型，整体铆焊套接。塔方形，由基座、塔身、塔顶三部分构成。此塔是五代吴越国末代君主钱俶于北宋开宝五年（972）开始营建雷峰塔时专为雷峰塔打造，银塔内置奉安『佛螺髻发』的金棺。金棺银塔其意义等同于金棺银椁，是埋藏佛舍利的最高规格。

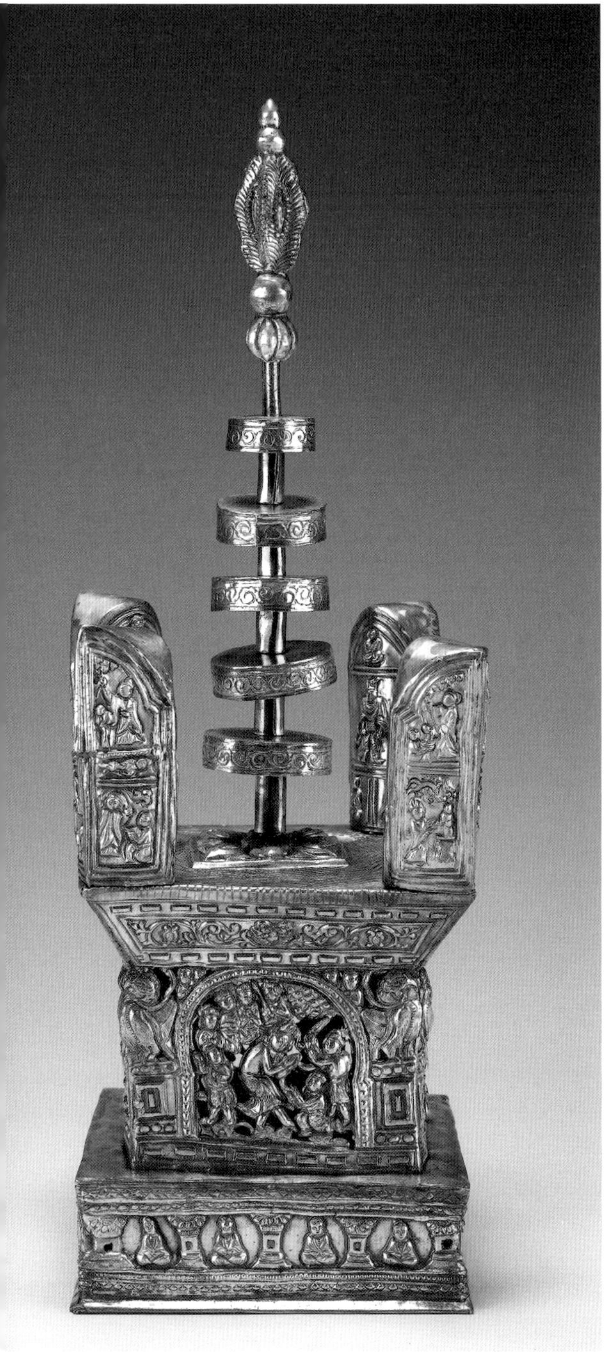

中的名胜，雷峰塔所在的地方则是雷峰夕照。

雷峰塔是吴越国末代国王钱俶修建的佛塔，修建时间是宋太祖开宝年间（968—976）。据说是因为妃子黄氏生了皇子，为庆祝而修建这个佛塔，但建起来以后用于供奉佛螺髻发。钱俶十分崇信佛教，据记载，他“凡于万机之暇，口不辍诵释氏之书，手不停披释氏之典”，在吴越国境内修建石窟、建造经幢、刻写佛经，修建各种寺院佛塔不计其数，雷峰塔就是其中一座。他建立雷峰塔之后，围绕塔身刻写了《华严经》，还专门写了一篇《华严经跋》，在这篇跋中将雷峰塔命名为“皇妃塔”。7-22

雷峰塔建立之后，曾遭到两次大的损毁。第一次是北宋末年的徽宗年间，方腊起义攻陷了杭州，后来在撤离杭州的时候烧毁了雷峰塔的塔身。南宋定都杭州以后进行过修复。第二次损毁是在明嘉靖时期，倭寇入侵，纵火焚塔而去，结果导致白蛇、青鱼的传说流传开来，还有观音大士留下的叮嘱：“塔倒湖干，方许出世。”到崇祯年间，附近遭遇干旱，湖底的淤泥都干裂了，大家纷纷传言说“白蛇出矣”，一直到再次下雨，西湖又烟波浩渺，传言才逐渐停息。就是这次损毁，导致雷峰塔仅剩塔心。

这个塔心也坚持了400多年。1924年9月25日，雷峰塔仅剩的塔心终于因为年久失修，再加上民间盛传雷峰塔的塔砖具有“辟邪”“宜男”等功能，屡遭盗掘，再也无法维持，轰然倒塌。

2000—2001年，为了配合雷峰塔重建工程，浙江省文物考古研究所对雷峰塔遗址进行了两次考古发掘。2000年2—6月是第一阶段，主要清理倒塌的废墟堆积，对雷峰塔的形制、结构、大小、层数等有了比较清楚的认识，其初建时为双筒回廊式的五层砖塔。2001年，重点发掘雷峰塔地宫、塔基及外围的遗迹。玉善财童子就出自地宫中。地宫居于塔心室中央，全部用砖砌成，外表涂石灰。有的塔砖上模印有“辛未”“壬申”等纪年文字，证明雷峰塔的始建年代正是辛未年（971年）或壬申年（972年）。

地宫中出土的文物有不少佛教文物，说明吴越王钱俶确实崇信佛教。

第五十五讲 春水秋山玉：玉器中的草原风尚

辽、金、元三代都是草原民族建立起来的政权，在逐渐汉化的过程中，他们接受了中原传统的玉文化，并将自己逐水草而居的生活习惯和理念融入进去，从而制作出独具民族特色的玉器，称为春水玉和秋山玉，在中国古代玉器发展史上别开生面。

青白玉鹘攫天鹅佩，金代，长7.5厘米，厚2厘米，故宫博物院藏。青白色玉质，局部有黄锈色斑沁，体呈扁平的椭圆形。正面是弧凸状，镂雕一天鹅藏于荷花丛中，一只海东青俯冲而下，作追逐状。背部为椭圆环，环两侧有横穿的孔，可供穿系。此器可能是带饰或帽饰。7-23

巧雕鹘攫天鹅佩饰，金代，长8.7厘米，宽3.6厘米，上海博物馆藏。白玉质，局部为黑色。器作长方形，高浮雕一幅海东青攫天鹅的图景。白天鹅圆眼，闭口，引颈弓背，展翅摆尾。一只黑色海东青正用利爪紧紧攫住天鹅的脖颈，啄咬天鹅的头部，天鹅则做着垂死前的挣扎。器背凹入，左右两端有孔，可供衣带穿入。玉饰在设计雕琢上采用了琢玉工艺中特有的“巧色”手法，匠心独运。7-24

青白玉镂空秋山饰，高6.6厘米，宽4.3厘米，湖北省博物馆藏。2001年湖北钟祥市长滩镇大洪村梁庄王墓出土。青白玉质。器呈弧顶长方形，背面较平。正面雕刻出双鹿、柞树、云纹、灵芝。画面的布局为弧顶处系六朵如意云纹，中部有牝、牡双鹿，牡鹿较大，头长珍珠盘角，侧身匍匐、回首仰视居其后

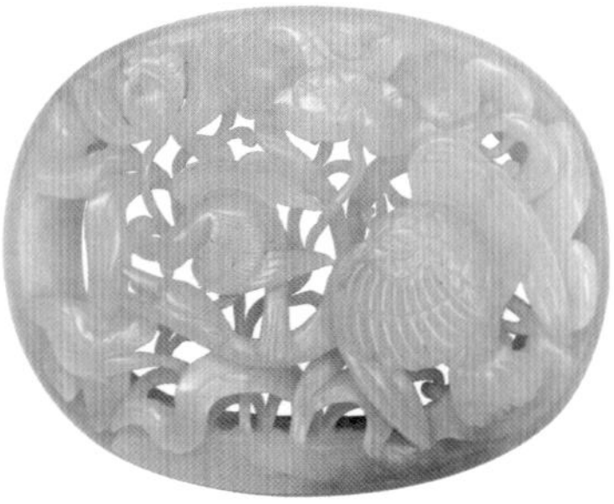

7-23 青白玉鹘攫天鹅佩·金
故宫博物院藏。

7-24 巧雕鹘攫天鹅佩饰·金
上海博物馆藏。

上方的牝鹿。牝鹿较小，头上无角，侧身站立，回首俯视牡鹿。两鹿间有枫叶。左下角雕有一颗灵芝，右下角雕一株柞树。意境安谧祥和，双鹿对视瞬间的神态逼真。鹿的眼、嘴、耳、角、肌理以及树叶的叶脉为单面雕刻，线条细腻；叶脉的中脉为双线雕刻。反面只做简单处理，似太湖石，其下方残留两片树叶纹，叶脉的中脉为单线刻成。玉料系新疆和田的籽玉，玉色油脂光泽。采用的是多层镂空工艺，抛光亮洁。该饰的局部有铁锈色玉皮子，表面有水锈，反面有一个锼孔。7-25

秋山玉炉顶，金代，长3.9厘米，宽2.3厘米，高4.2厘米，上海博物馆藏。描绘了深秋于山林围猎的情景，三两只鹿正悠闲地或饮水、或回顾张望，反映出了狩猎前宁静的瞬间场面，同样运用了以黄色玉皮来表现树叶发黄的“俏色”手法。这是香炉的一个部件，可能镶嵌在香炉盖上，类似于纽。7-26

青白玉鹘攫天鹅佩和巧雕鹘攫天鹅佩饰是春水玉，它们有着共同的主题：鹘攫天鹅。鹘指的是帮助狩猎的海东青，个头虽然不大，但性情敏捷凶猛。契丹人自己没法捕捉和训练海东青，总是压榨女真人，迫使女真人年年进贡，所以，后来女真人建立金朝反抗辽朝，海东青可能是其中一个原因。清代文人沈兆提说道：“辽金衅起海东

7-23 7-24 7-25 | 7-26

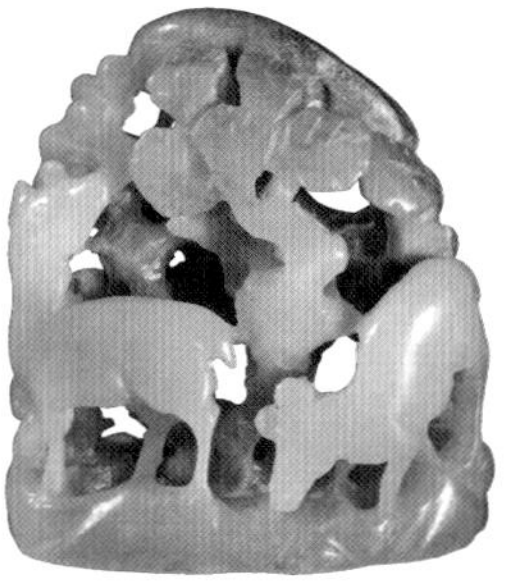

7-25 青白玉镂空秋山饰·明
湖北省博物馆藏。

7-26 秋山玉炉顶·金
上海博物馆藏。

青，玉爪名鹰贡久停。”但其实从辽朝开始，金、元、明、清几个朝代都设置有专门的机构，负责海东青的捕捉和训练，比如辽、金两朝都有名为“鹰坊”的机构。

虎鹿纹玉饰和秋山玉炉顶也有共同的主题，包含虎、鹿等纹饰的山林景色。两相比较，春水玉往往描绘的是海东青捕猎天鹅时的一刹那，是对动态的捕捉；而秋山玉描绘的则是打猎之前山林中静谧的刹那，是对静态的捕捉。

春水玉和秋山玉描绘的其实是辽金元三朝的统治者春天和秋天的狩猎活动。

这三个朝代都是由草原民族建立起来的，他们在草原上的生活习惯原本就是逐水草而居，随季节、气候的变化而迁徙。建立政权之后，这种习惯并没有丢弃，虽然不再需要寻找水草丰美之地，但冬春南下取暖、夏秋北上避暑十分常见，所以，三朝都有好几个都城。辽朝有所谓五京，即上京临潢府（今内蒙古赤峰市巴林左旗）、中京大定府（今赤峰市宁城县）、东京辽阳府（今辽宁辽阳）、南京析津府（今北京）、西京大同府（今山西大同）。金代有上京（今哈尔滨市阿城区）、中都（今北京）、南京（今河南开封）等。元朝的都城也经历了变迁，成吉思汗之后窝阔台在哈拉和林（今蒙古国前杭爱省西北）建都，忽必烈即位后改为上都（今内蒙古锡林郭勒盟正蓝旗），后又营建大都（今北京），每年四月都要去上都避暑。明朝建立，元朝覆灭，元顺帝逃跑的方向就是上都。

关于狩猎的场景，《辽史》上有十分清楚的记载，这种狩猎活动叫“捺钵”（契丹语的音译，指皇帝的行在）。

春捺钵去的地方叫鸭子河泺（今吉林洮儿河一带），皇帝正月就出发，到了这里以后，天鹅还没来，先搭好帐篷，凿冰取鱼。冰消雪化之时，天鹅也来了，再释放海东青去捕捉天鹅。过程是这样的：先派人预先守在一些天鹅可能会出现的地方，等发现天鹅，举旗示意，探马回报后，敲鼓惊飞天鹅。鹰坊的人带着海东青向皇帝拜请，皇帝同意后，鹰坊的人释放海东青。当天鹅被海东青啄得掉下来时，立刻有人上去拿着锥子刺杀天鹅，并且把天鹅的脑子给海东青啄食。其中最大的一只天鹅要献给皇帝，用来祭奠祖先，群臣同时献上酒和各种果品，还在帽子上插上鹅毛，互相举杯庆贺。这个活动一直等到春天结束才返回。

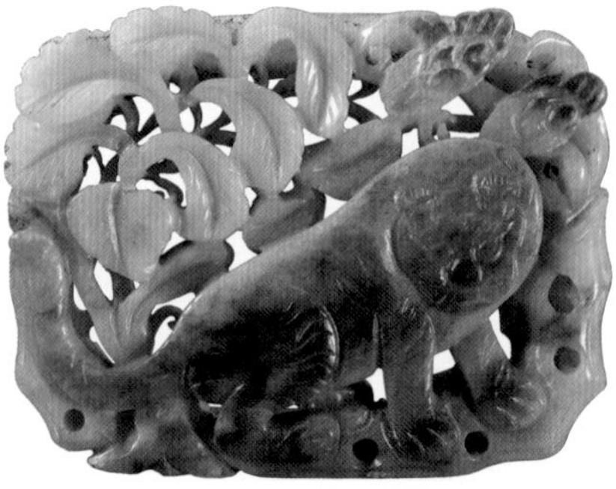

7-27 秋山玉饰·金

上海博物馆藏。长7厘米，宽5.3厘米。整器正面采用透雕手法表现柞树、山石、灵芝等山林景象，其间一老虎蹲坐回首，头部及毛发刻画仔细，充满淳朴的山林野趣。背面有椭圆形环托，略残，由其推测原器应为带饰。玉质主体近白色，局部巧用玉料皮色表现老虎皮毛及灵芝，属『俏色』工艺。

秋捺钵的地方叫伏虎林（今内蒙古巴林右旗西北查干木伦河一带）。这是在七月中旬入山射猎虎鹿的活动。据说，在辽景宗的时代，这里有老虎伤害居民家畜，为此景宗率领骑兵前来，吓得老虎伏在草丛中不敢出来，所以叫伏虎林。后来就形成惯例，每年秋天皇族都来这里狩猎。在半夜的时候，鹿会来这里喝水，猎人们吹起特殊的号角，听着像是鹿鸣，一旦鹿群集结，便围起来射猎，这个活动也叫“呼鹿”。7-27

夏、冬两季在避暑、取暖的同时，偶尔打猎，主要是处理境内南北国事。

尽管辽朝建立后，捺钵大多数时候都是形式上的，不再具有实际意义，但也代表着契丹人对传统习俗的一种遵循，在政治上巡守四方的意义更大。辽朝之后的金、元两朝也面临着同样的问题，即如何统辖境内广大的领土，四时捺钵就是一个很好的经验。这种大型的活动经常举办，自然顺理成章地成为人们日常生活中熟悉的场景。

辽金元三朝又在汉化上下了不少功夫，接受了中原传统的玉器文化。特别是贵族们，喜欢随身佩戴一些小型的玉器。所以，在玉器上雕琢一些政治上的大型活动就不奇怪了。

第五十六讲 『大元帝师』白玉印：元朝佛教领袖的象征

西藏博物馆藏有一方经历了700多年风雨的“大元帝师”白玉印，质地优良，雕工精湛。更难得的是，它亲身经历了元代乌斯藏（今西藏地区）与中原王朝之间的交往，是民族团结、国家统一的实物见证，是当之无愧的国之瑰宝。

这件玉印是白玉质地，高8.1厘米，双龙钮，方形底，边长9.6厘米。印文是八思巴文，译成藏文后，再转译为汉文是“大元帝师统领诸国僧尼中兴释教之印”。

八思巴文是元朝时期创造出来的一套蒙古文字，因要区别于以前的蒙古文字，也称为“蒙古新字”。在成吉思汗建立统一的蒙古国政权之前，蒙古人并没有自己的文字，先后使用过畏兀儿蒙古字、汉字等。八思巴文被创造之前，蒙古国和元朝使用的主要是畏兀儿蒙古文。元世祖忽必烈在统一天下的过程中感受到了统一文字的必要性，于是命国师八思巴创造新的文字体系。八思巴经过不断的摸索，在1268年创造出了八思巴文，于次年进献给元世祖忽必烈。忽必烈非常高兴，下令全国通行八思巴文，尤其是诏书、各地公文等，都必须使用八思巴文。八思巴文主要是在藏文（30个字母）的基础上创造出来的拼音文字（共41个字母），书写方向是从上到下，从左到右。不过，八思巴文的推广并不顺利。一是因为中国版图内主要还是通行汉文，不习惯重新使用一套新的文字体系；二是因为八思巴文本身在创造的时候比较复杂，以藏文为主，也包括少数梵文字母，甚至还效仿汉字的篆书写法（汉代开始就不再通行），学习和辨识的难度很高。因此，尽管元朝官方强制推行，但民间依然通行汉字。元朝灭亡后，八思巴文就废弃不用了。不过，毕竟元朝官方曾大力推行，所以，今天我们能看到不少用八思巴文书写的文字资料，如元朝的官方文件、各种印文、碑刻、钱文以及一些图书等，这些能够帮助今天的人们重新识读八思巴文。7-28

“大元帝师统领诸国僧尼中兴释教之印”是这件玉印的全文，“大元帝师之印”只是简称。这句全文其实指明了玉印使用者的身份和职责。身份是“大元帝师”，也就是元朝皇帝的老师；职责是“统领诸国僧尼中兴释教”，即负责统领全国各地的佛教徒，且要推动佛教的发展。元朝专门设置有统管佛教的宗教领袖，一般指定由藏传佛教的领袖来担任，朝廷会进行册封，封号也有等级上的区别。从相关记载来看，这些称号有“国师”“灌顶国师”“大元国师”“大元帝师”等，地位依次上升。这些封号表达的是朝廷对佛教的尊重，是宗教政策的体现，表示皇帝崇信佛教，且以佛教领袖为度化自己入佛门的师父。

7-28 7-29 『大元帝师统领诸国僧尼中兴释教之印』白玉印・元

西藏博物馆藏。又称扎巴俄色玉印。是元成宗颁赐给帝师扎巴俄色的双龙盘纽白玉印，印文为八思巴文。扎巴俄色，1246年出生，曾跟随八思巴，后任上师答儿麻八剌的侍从，1292年起，任帝师十二年。

创造了八思巴文的八思巴正是元朝的“帝师”。他生于1235年，卒于1280年，活了46岁。八思巴从小就异常的聪明，学习各种知识又快又好，3岁就能口诵真言，8岁就能向人讲经，被人称为“圣者”，这个词在藏文中就是八思巴。他出生的家族是藏传佛教萨迦派（萨斯迦派）的领袖，从小也确实能够接受良好的教育。7-29

八思巴生活的这一段时间，正是蒙古政权以及元朝在广阔的欧亚大陆上大范围扩张的时期，他生活的西藏地区也面临着蒙古人的铁蹄威胁。1240年，蒙古王子阔端（第二代大汗窝阔台之子）率兵攻打西藏。但蒙古人在其他地方的战争也十分剧烈，不想在西藏地区消耗兵力，便派人与西藏地区和谈。1244年，萨迦派首领萨迦班智达（八思巴的伯父）受邀与阔端会面，八思巴和弟弟恰那多吉随同。1247年，萨迦班智达与阔端在凉州（今甘肃武威）正式会面，确认吐蕃（即西藏地区）正式归附蒙古国，同时，蒙古国官方也确认萨迦派为西藏地区的宗教和政治领袖。此后，萨迦班智达留在凉州，八思巴随同继续学习佛法，而弟弟恰那多吉则娶了蒙古王公之女为妻，蒙藏双方缔结了姻亲关系。这是中国历史上西藏地区第一次正式归附于中原王朝的统治，具有标志性的意义。

1251年，萨迦班智达在凉州去世，八思巴继任了萨迦派领袖的位置，时年17岁。两年后，忽必烈率军到达六盘山，第一次与身为藏传佛教领袖的八思巴会面。这是一次友好的会面，为后来两人之间的长期而频繁的交往打下了基础。在会谈中，八思巴向忽必烈介绍了西藏地区的历史和现实情况以及与中原汉族政权之间的历史交往，比如唐代文成公主入藏等历史事件，这些在新旧《唐书》中都有记载。忽必烈十分佩服，在王妃察必的劝说之下，忽必烈正式请八思巴给他施行了灌顶仪式，并尊八思巴为上师，为后来元朝以藏传佛教为国教、以萨迦派首领为国师的制度打下了基础。

1260年，忽必烈称帝，建元中统，封八思巴为国师，“授以玉印，任中原法主，统天下教门”，使得八思巴正式成为全国佛教的最高领袖。

1264年，忽必烈正式迁都大都（今北京），在朝廷的行政机构中设置了总制院，专门管理全国的佛教事务和西藏地区的事务，命八思巴以国师的身份兼管总制院。忽必烈还专门下诏说，自己已经在八思巴这里接受了灌顶，让他管理全国佛教事务，天下人不得违背，对僧人要予以优待。1288年（至元二十五年），总制院更名宣政院，凡是封为帝师的，也按惯例兼领宣政院事务。

1264年夏天，八思巴返回西藏地区，奉命建立西藏地区的地方行政体系，同时开始创制新的蒙古文字。1269年，八思巴回到大都，受到太子真金和王公大臣的热烈欢迎。八思巴向忽必烈献上新创制的八思巴文，忽必烈十分高兴。第二年，封八思巴为大宝法王、大元帝师，让他给自己以及皇后、太子讲经说法，广做佛事。7-30

1271年，八思巴离开大都，一路讲经传法。1274年，八思巴由太子真

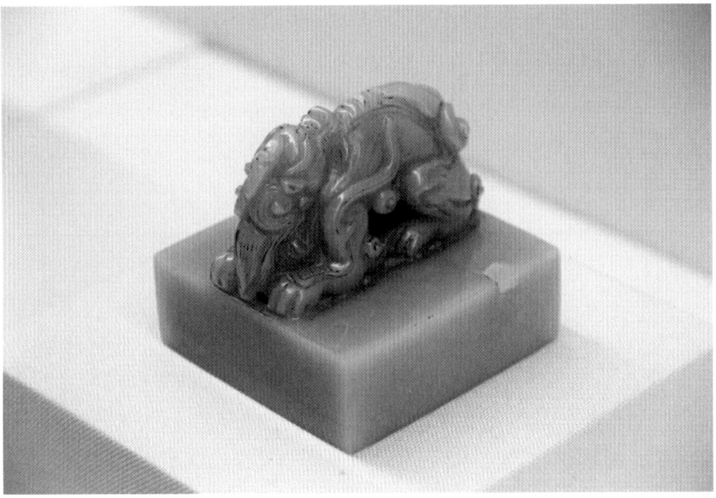

7-30 桑杰贝帝师玉印·元

西藏博物馆藏。玉印为青玉，方形。边长8.7厘米，通高8厘米。印纽为回首龙纽，龙身弯曲成S形。独角，一棱，龙首顶部须发下垂，前足四爪，伏于须发两侧，背部弓起，盘尾，尾部分三叉，一叉紧贴背部，两叉向两边盘曲，后足蹲卧，腹下有穿空。玉质细腻光滑，线条简练流畅，造型生动别致，为元代玉印之精品。此印的印文为八思巴文白体。『桑杰贝』三字居上，占印面四分之三，『帝师』二字居下，只占印面的四分之一。这种排列比较特殊。

金护送返回拉萨，途中多次给忽必烈写信问安，并劝忽必烈行善止杀。这段时间元朝与南宋正在进行最后的决战，确实生灵涂炭，人民苦不堪言。八思巴的劝诫可能起到了一定的效果。

1280年冬，八思巴在萨迦寺（位于今西藏自治区日喀则市萨迦县本波山下，是萨迦派的主寺）圆寂，终年46岁。忽必烈听闻后，特地下诏加封八思巴为“皇天之下一人之上开教宣文辅治大圣至德普觉真智佑国如意大宝法王、西天佛子、大元帝师”。后来的元英宗、泰定帝在位期间，还曾多次祭祀。

八思巴是元代杰出的宗教活动家和社会活动家。他的一生对巩固元朝在吐蕃地方的统治，加强蒙、藏、畏兀儿、汉等民族的相互了解与团结，维护国家统一，保护佛教各派信仰自由，繁荣文化事业等方面，作出了积极的贡献。这件“大元帝师”白玉印不仅是元朝藏传佛教最高领袖的象征，也是民族团结、国家统一的见证。

第五十七讲○

白玉阳平治都功印：玉赐天师府

道教是中国的本土宗教，从东汉末年至今近两千年传承不绝，对中国人的思想观念、风俗习惯等产生了深刻的影响。藏于江西省博物馆的这一枚白玉“阳平治都功印”正是道教传承的实物见证，从一个侧面体现了中国古代历史上民族融合、宗教融合的场景。

此印为白玉质，洁白莹润。边长12.3厘米、通高6.4厘米。印纽为一蹲踞螭龙，翻唇露齿，眉须后拂，腿毛翻卷长飘，尾作分丫鱼尾状，雕琢精细，生动传神；印面阳文九叠篆体六字“阳平治都功印”，印文线条流畅，结构严谨。1952年由江西省贵溪县人民政府移交江西省博物馆藏。7-31

印文“九叠篆”是什么样的字体？在中国古代文字形成和发展的历史上，玺印文字是非常特殊的一种。一些官方的、象征权力和身份的印章，如果文字过于简单，就容易被伪造。因此，在隶书成为通行的书写方式以后，印章上的文字还经常使用篆文，比如秦汉的印章文字，其实就是在篆文的基础上稍加改动而成。大约在南北朝时期，道教发展出了一种特殊的秘文，叫作云篆，基本是破坏原有的字形结构，使用盘旋扭曲的笔画来书写，犹如祥云缭绕一般。道教认为这样书写的文字难以辨认，比较神秘，似乎含有某种法力，能够驱魔镇鬼，号令天下。南北朝之后到了隋唐时期，特别是唐代，道教的地位受到官方的推崇拔高，云篆可能也因此影响到了朝廷的用印制度。所以到了宋代，官方的印文与道教的云篆结合起来，便形成了九叠篆。

九叠篆的主要特点是：第一，直线变曲线，即将直线写成多次折叠的曲线，使得稀疏的笔画变得茂密，这是九叠篆的主要特征，比如“之”最后一笔是捺，近似直线，却要折叠几次；第二，单线变复线，即原本的一条线，变为了多条，如“副”字左下的“田”中间的“十”，横竖两笔都重复了，有点像十字路口；第三，改变字体的结构，目的也是增加叠笔，如“监”下部的“皿”看起来像是“亚”或“巫”；第四，减少笔画或使用俗体字，有些字本身就比较繁复，为了节省空间，反而要减省。比如“萬”写成“万”，“號”写成“号”。总之，九叠篆的总原则就是将汉字通过种种折叠，写成适应方方正正印章的“方块字”，一些上下结构、半包围结构、左右结构等都通过折叠变成了全包围结构。不过，折叠次数并不一定是“九”，它可能是虚指，表示折叠次数较多。

宋代的叠篆制度是有范围的，仅限于皇帝玺印、爵位印、中央官署和京师的各个衙门用印，总的来说，就是高级官印。但宋代以后直到清代，叠篆使用范围扩大，一般的文武官员印也会使用叠篆。

7-31 阳平治都功印·元
江西省博物馆藏。

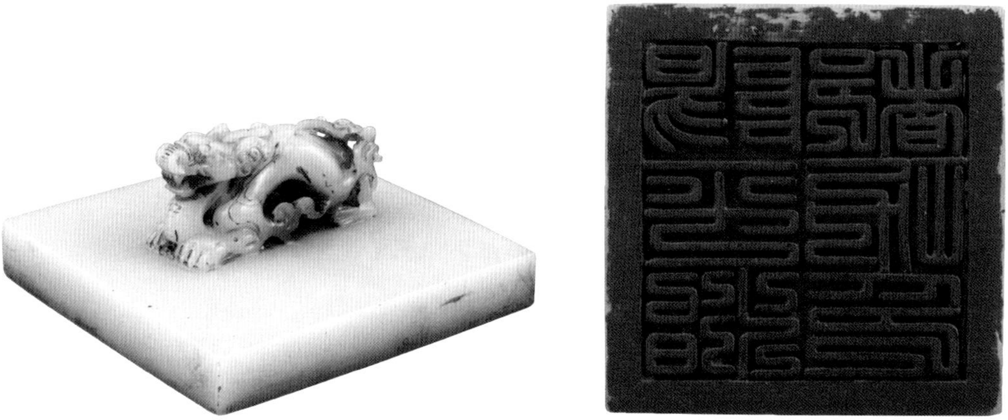

“阳平治都功印”的六字印文表明了使用者的身份及用印的地点。东汉末年，张道陵在汉中创立道教（五斗米道）后，设立了特殊的类似于教区的组织机构，称为“治”，一共有二十四个治，大部分都位于今天四川省境内。每个治还设立相应的教职人员来进行管理，主要是都功、治头、祭酒等，其中，都功地位最高，乃是一方教区的首领。这里印文中的“阳平治”就是二十四治中的一个，位于今四川省彭州市西北通济镇的阳平山，实际上是五斗米道刚刚建立时的中心教区，为二十四治之首。因此，阳平治的都功不仅管理阳平治一地的教务，而且也是整个五斗米道的总首领。后来，张道陵的后裔张盛（第四代）将道教中心从汉中迁到了今天江西省贵溪市的龙虎山，由于张氏世代都自称为太上老君任命的“天师”，所以张道陵的后代都称为张天师，五斗米道也就称为天师道。历代张天师手中都有代代相传的天师印和天师剑作为身份的象征。这一方白玉印是元代统治者赐予张天师的信物，象征全国道教的首领，从元代开始一直传承到了今天。

元代是一个特殊的朝代，元朝统治者名义上统治的疆域十分广大，包含欧亚大陆的许多地区，人种、宗教、习俗、文化多种多样，因此，元朝统治者在宗教上非常开明，对佛教、道教等基本采取扶持的政策，“大元帝师”白玉印是赐给佛教领袖的印信，而道教也由张天师受赐了“阳平治都功印”的印信。由于是官方赐予，除了表示宗教身份以外，其实也带有政治上的含义，因而这两个印信均采用“九叠篆”的篆刻方式。

元世祖忽必烈就曾经召见第三十六代天师张宗演，还说当初你父亲曾为我预言天下统一，如今已经实现了，因而赐予张宗演玉冠、道服、银印，让他统领江南道教。后来又让他将天师世代相传的天师印、天师剑取来观看，十分感叹，说朝代更迭这么多，天师却传承不绝，难道真的有神明吗？忽必烈以后的元朝皇帝也有不少册封，并颁下各种赏赐。这枚白玉阳平治都功印可能就是在这个过程中制作出来的。

后来的明清两代依然延续了宋元时期对张天师的册封制度。在第一次国内革命战争时期（1926），在位的第六十三代天师张恩溥因为欺压民众激起民愤。我党早期的革命家邵式平同志会同中共贵溪县委和县农民协会发动农民自卫军，攻下上清宫和天师府，收缴了天师剑印。到1952年，这枚白玉印就由江西贵溪县人民政府移交给了江西省博物馆收藏。

第五十八讲

普纳公主祭祀玉牌：蒙古公主的三皇信仰

内蒙古博物院征集收藏了一件十分罕见的元代皇家玉器——普纳公主祭祀玉牌，它告诉我们，在700年前的元朝统治下，各民族在碰撞交流中逐渐形成了共同的饮食习惯、风俗信仰，因而也留下了普纳公主祭祀玉牌这样的实物见证。

玉牌上部为长方形青白玉牌，长19.4厘米，宽7.8厘米；下部为长方体石座，长15厘米，宽9厘米，高6.5厘米。玉牌的底部有突出的方形榫头，与下面石座中心的卯眼可以扣合套接固定。

这件玉器整体呈碑形，碑首（碑额）、碑身、碑座三部分非常完整。石碑在先秦时期就已经存在了，宋元时期沿用的基本是唐代的石碑造型，大多是螭首、龟趺组合，即碑首部位往往是螭龙，而底座往往是驮着石碑的乌龟造型。不过，这件玉牌的尺寸太小完全不能和真正的石碑相比，可能仅仅是用于供奉在某个地方，作为祭祀的象征。它的碑首采用镂雕工艺，琢出两条身体互相缠绕的螭龙，龙爪相接，龙身与前爪躬身伏地。龙的鬃毛贴在脑后，腿和腿毛较长，这是元代常见的蛇形龙。底座呈阶梯形，刻有莲瓣纹和简易卷草纹，这也是元代常见的纹饰。7-32

蒙古贵族，尤其是成吉思汗的黄金家族，特别讲究秘葬，所以，蒙古国和元朝的帝王、大贵族等的墓葬在实际的考古发掘中几乎没有什么发现，跟其他的历史时期迥然不同。特别是由于历史文献中缺乏相关的记载，所以我们很难对元朝的贵族墓葬进行一定程度的保护，这导致一些元代贵族墓葬被偶然发

7-32 普纳公主祭祀玉牌·元
内蒙古博物院藏。

掘甚至是盗掘，文物很容易流失。这件玉牌毫无疑问是元代大贵族的物品，十分珍稀，其来源已经无从查考了，但玉牌上的文字却给了我们提示，告诉我们它的身份极不简单！

玉牌上的文字一共三列，都是阳文。正中间一列字体最大，是“湩酪肉麋圣神天纵”8字；右边一列稍微靠上，是“元统三年皇尊姑大长公主普纳祈造”15字；左边一列稍微靠下，是“全宁路三皇庙恭祭”8字。由于没有出土和流传信息，这面玉牌的信息只能从这三列字来判断。

这三列文字，中间告诉我们用什么进行祭祀，右边一列告诉我们是谁在进行祭祀，左边一列告诉我们在哪里祭祀。

先看中间一列文字。湩是乳汁，包括马乳、牛乳、驼乳等。甚至还有用马乳酿成的酒，称作湩酒，又称马奶酒。酪是指奶酪，是用动物乳汁做成的半凝固食品。湩和酪是北方草原民族常见的日常食品，大约在魏晋南北朝时期就开始传入中原地区，尤其是一些在中原地区建立的草原民族政权，在推行汉化的时候其实也面临着饮食方面的冲突和调和，北魏孝文帝还曾为此专门讨论酪饮和茶哪样更好。肉是指各种肉食，尤其是牛羊肉等，这也是草原民族的主要食物。糜，据专家解释，是谷类的一种，一年生草本植物，称作“黍子”，俗称“黄米”，可能就是我们今天所称的大黄米，与小米相似但较为粗糙，黏性稍强一些。这种粮食主要种植在黄河流域，一度是黄河流域的一种主要粮食作物。在蒙古政权不断开疆拓土的过程中，蒙古人将自己的饮食生活习惯、文化习俗等带到了被征服地区，同时他们自身也受到了被征服地区的影响。他们在与农耕民族接触的过程中也开始吃粮食，黍子就是其中一种，后来成为蒙古族非常喜爱的“炒米”的原料。所以，“湩酪肉糜”其实就是代指蒙古人日常生活中的各种饮食。“圣神天纵”的意思比较好理解，是指上天赋予人非同一般的特质。“湩酪肉糜圣神天纵”这句话合起来，可能是玉牌的使用者向上天祈求赐予丰厚的食物。

右边一列“元统三年皇尊姑大长公主普纳祈造”告诉我们，玉牌的使用者是普纳公主，时间是元统三年，即1335年。普纳公主是元成宗的女儿，后来嫁给鲁王孛思忽儿·桑哥不剌，嫁过去后，普纳公主就被封为郓安大长公主。顺帝元统二年（1334），桑哥不剌封为鲁王，普纳公主同时被加封为皇姑鲁国大长公主。普纳公主是成宗的女儿，而当时在位的元顺帝则是元成宗的侄曾孙，所以，普纳公主比顺帝高了两辈，玉牌上就尊称为“皇尊姑大长公主”。

左边一列“全宁路三皇庙恭祭”告诉我们，祭祀的地点是在“全宁路”的“三皇庙”中。全宁路是元朝的一个地方行政区域，直属于中书省，管辖区域相当于今天内蒙古西拉木伦河以南，赤峰市阴河以北。这个地方在元朝地理位置非常好，西临上都（今内蒙古锡林郭勒盟正蓝旗），南接大都（今北京），北有和林（即哈拉和林，今蒙古国中部鄂尔浑河上游，第二代大汗窝阔台建都之地，一度是13世纪中叶的世界中心），东靠辽阳行省，是沟通南北、牵制东西的中心之地。比全宁路更重要的是三皇庙。三皇有很多说法，但唐代以后是指伏羲、神农和黄帝。到了宋元时期，三皇成为非常重要的祭祀对象。元朝时期长期不施行科举制度，很多士人弃文从医，将医疗、儒学、教育等结合起来，形成一种特殊的文化现象。元朝统治者适应这种特殊现象，推行三皇信仰（兼有圣人和神医的双重特征），在全国很多地方都建有三皇庙，供天下人祭拜。《元史》中就有相关记载，“其有司常祀者五：曰社稷，曰宣圣，曰三皇，曰岳镇海渎，曰风师雨师”，三皇祭祀是最常进行的。

综合看这三列文字，是说普纳公主命人制作了这方玉牌，在全宁路的三皇庙进行祭祀，祈求上天赐予更多更丰盛的“湩酪肉麋”等食物。其中，普纳公主是蒙古大贵族，全宁路位于元朝的核心地区，三皇庙是中原地区的传统信仰，“湩酪肉麋”等则是蒙古人的特色食物。听起来似乎有些不太搭调，一个蒙古公主在草原核心地区向汉族圣人祈求蒙古人的食物，但这恰恰是元朝民族融合、文化融合的体现，说明元朝在统治过程中渐渐认识到了文化融合的重要性，因而普遍推行三皇信仰，对于促进社会的发展是有重要意义的。所以，这面玉牌作为罕见的元代皇家玉器，有着更为深刻的历史意义。

第五十九讲 明代白玉幻方：玉器上也有数阵？

上海博物馆收藏有一件极其特殊的白玉幻方，正面铭刻着伊斯兰教的清真言，反面刻有4横4纵的16格数阵，是明代中外文化交流的证明。更令人称奇的是，这件玉器出土于上海名门陆氏家族的墓葬，见证了上海滩在明代的一段历史。

这件玉器长3.6厘米，高3.5厘米，厚0.75厘米，呈长方形，上有两贯耳可系绳佩挂。正面阴刻阿拉伯文“万物非主，唯有真宰。穆罕默德，为其使者”，这是伊斯兰教中一般称为“清真言”的一段文字，常铸刻于阿拉伯各国的钱币和墓碑上。正面四角有云朵纹装饰。反面方框4行16格，每格内填一阿拉伯数字，数字的形体是13世纪的阿拉伯文。7-33

7-33　白玉幻方·元

上海博物馆藏。

幻方也叫纵横图，是一种中国传统游戏，旧时在官府、学堂多见，其实就是一种数阵。它是将从一到某一个数之间的自然数排成纵横各为若干个数的正方形，使在同一行、同一列和同一对角线上的几个数的和都相等。最简单的幻方就是九宫数阵，汉代就已经有记载了，即将1—9这九个数字排列在九宫格内，纵、横、对角线三个方向的数字之和都是15，称为“九宫算图”。汉代徐岳《数术记遗》说：“九宫算，五行参数，犹如循环。”北周甄鸾注曰：九宫者，即二四为肩，六八为足，左三右七，戴九履一，五居中央。这就是九宫幻方（三三图）的口诀。虽然汉代才有记载，但幻方的起源可能更早，与《易经》有关。《易经》中记载有河图洛书，其中洛书可能就是九宫算图这么一种排列方式。今天我们也经常用这种方式来锻炼数学思维，在数学题中也很常见。

虽然咱们今天将常用的数字称作阿拉伯数字，但它最早的发明者并不是阿拉伯人，而是古印度人。大约在公元3世纪的时候，印度人发明了阿拉伯数字。公元8世纪，阿拉伯人入侵印度，阿拉伯数字随之传入中亚，由于这种数字简单方便，很快就传入欧洲。到13世纪的时候，欧洲已经开始使用了。由于是阿拉伯人传过去的，这种数字便被称为阿拉伯数字。

阿拉伯数字发明很早，但写法还是有一个演变过程，这块白玉幻方上面的数字其实是13世纪的阿拉伯数字书写方式，将这些数字对应翻译出来是这样的：

8	11	14	1
13	2	7	12
3	16	9	6
10	5	4	15

咱们稍作计算就知道，这个数阵的每一行、每一列和对角线的数字之和全部都是34，确实是一个完整的（四四图）幻方（数阵）。

1957年，在元代的安西王府遗址（今陕西西安）出土过一块铁幻方，是6×6=36格的幻方（六六图），证明古代的幻方的确是存在的。7-34

不过，古人不理解这种数字的排列方式，再加上有洛书的传说，因而幻方在人们的心目中十分神秘，似乎带有某种神秘的力量。据考古学家夏鼐先生所说，这件玉器在伊斯兰文化中具有辟邪的作用，是一件辟邪符，也是明代伊斯兰教信仰的一件物证。

这件玉器有明显的伊斯兰风格，材质又非常好，到底什么人才能使用呢？

1969年，在今上海市陆家嘴轮渡东南海兴路典当弄附近，当地政府在兴建防空洞的过程中忽然发现了一些墓葬。当时是夜间，所以墓葬遭到了一定程度的破坏，但随后由上海博物馆派遣考古人员进行了清理。

墓志证实，这里是明代中期著名文学家、书法家陆深夫妇和陆深之子陆楫夫妇的合葬墓。

陆氏家族不简单，从明代开始就是上海地区的名门大族，陆家嘴这个地名就是根据陆氏家族命名的。黄浦江自南向北流经外滩，与苏州河汇合再折向东，弯折包裹的地区形成一处沙嘴，这就是陆家嘴。陆氏家族的墓葬就在陆家嘴的中心，也就是海兴路的典当弄这里。

由于是当地名门的墓葬，所以墓中出土的文物也非常之多，总共160多件，包括金、银、玉、铜等材质，几乎件件都是精品，尤其是金镶玉制品，更是明代墓葬的代表。可惜的是，由于墓葬发现之时遭到了破坏，我们已经无法判断这些文物的归属。

陆深（1477—1544），字子渊，号俨山，上海人，《明史》中有他的传记。陆深从小聪明过人，24岁中应天府乡试第一名（解元），会试中第九名，进士二甲第八名，曾担任翰林院编修、国子监祭酒、太常卿兼侍读学士，是一个学者型的官员。《明史》称他"赏鉴博雅为词臣冠"，也就是说在文学诗从之臣中文才可称第一。

这件白玉幻方明显同伊斯兰教有密切关系，虽然我们无法判断到底它属于陆深夫妇、陆楫夫妇中的哪一人，但陆深家族与伊斯兰教有关系应该是没问题的。

首先，陆深可能就是回族人。《明史》中没有写陆深的族属。但明代开国后，有不少开国功臣据说就是回族的，比如常遇春、胡大海、蓝玉、沐英等（白寿彝《回族人物志》），甚至还有"十回保朱"的说法，可能回族人在明代相对是比较多的。这可能与元代有关系。元朝建立后，为了稳固统治，起用的官员并不限于蒙古族和汉族，还大量任用其他民族，特别是色目人（元代民族四等级中第二等，是除蒙古人、汉人、南人之外的来自西方的民族），这必然使得回族在内地扩散开来。

◄

7-34 阿拉伯数字铁幻方·元

中国国家博物馆藏。1956年陕西西安元代安西王府遗址出土。盘中符号是我们现在使用的阿拉伯数字的前身，为了加以区别，一般被称作阿拉伯数码字。这个数字系统起源于印度，后被阿拉伯人发扬光大，推向全世界。在这个幻方中，任意行、列、对角线的6个数字相加都是111，而且第一行和第六行中六个数的平方和都等于3095，第一列和第六列中六个数的平方和都等于2047，这叫2次幻方。把最外面的一圈数字去掉，只留下中间的四行四列，仍然是一个4阶幻方，任意行、列、对角线的4个数字相加都是74。更难得的是这个4阶幻方各条泛对角线上的4个数之和也都是74，这种情况在数学上叫完美幻方。

对回族人来说，念清真言是基本功课，这件玉器可能正是陆深一家念清真言的证据。

其次，如果陆深不是回族，那么这件玉器也有可能是他人赠送。他有个同年的进士（1505）好友名叫丁仪，此人是泉州丁氏出身，而泉州丁氏正是回族。据一些文献记载，两人同为诗文名家，又是同年进士，陆深还为丁氏所修的家谱写过序，关系非常好。所以，这件刻有清真言的玉器可能是丁仪送给陆深的。

此外，陆深开始做官是在明武宗时期，而这位明武宗与伊斯兰教的关系十分密切。据傅维麟《明书》记载，武宗可能信奉伊斯兰教，甚至还曾写过赞美伊斯兰教的诗《尊真主事诗》：

一教玄玄诸教迷，其中奥妙少人知。
佛是人修人是佛，不尊真主却尊谁？

陆深中进士之后，从翰林院编修开始做官，与武宗关系比较亲近。大宦官刘瑾倒台后，陆深还得到了武宗的重用。他随身佩戴这样的玉器，未必没有讨好皇帝的意思，甚至是武宗赏赐也有可能。

总的来看，这件玉器确实是一件伊斯兰教信仰的实物，证明在明代中期，伊斯兰教的信仰存在于官宦阶层。阿拉伯数字和伊斯兰教的信仰铭刻在幻方上，也证明了明代的中外交流和宗教融合。

第六十讲○ 玛瑙李白像：诗酒人生奇玉藏

唐玄宗在位时期是大唐皇朝最为鼎盛的时代，也因安史之乱而由盛转衰，伟大的浪漫主义诗人李白正是生活在这个时期。他的一生以酒为伴，因酒成诗，留下了无数与诗和酒相关的故事。天津博物馆藏有一件玛瑙李白像，以高超的工艺将李白的诗酒人生真切地刻画了出来。

这件玉器高5.8厘米，宽10.5厘米，以侧卧的李白为主体，包含了在一旁侍奉的书童，左手依靠的书册以及背后的酒瓮，其中人物的巾帽、酒瓮等部位是红色，而身体则是白色，使用了俏雕工艺。此外，这件玉器的材质和构思也值得称赞。7-35

材质是玛瑙。玛瑙是二氧化硅类的玉石，在全世界都是常见的贵重器物材料。在中国古代玉器史上，玛瑙也是常见的原材料，从新石器时代开始，人们就使用玛瑙制作各种各样的装饰品，很多成套的饰物上常见玛瑙珠，甚至连较大的玛瑙器也能见到，如唐代的镶金兽首玛瑙杯。佛教传入后，玛瑙成为佛教七宝之一。篡汉的魏文帝曹丕曾写过一篇名为《玛瑙勒赋》的文章，是因为曹操在征讨乌桓时当地人赠送了一只玛瑙杯，曹丕却说这种材料是玉料的一种，出自西域地区（可能因为本土开采有限），因为纹理交错，有点像是马的脑子，这可能是玛瑙中文名的来源之一。今天的地质工作者已经在我国西北、华北、东北、西南、华南的许多地区发现了玛瑙矿藏，产地众多。玛瑙往往颜色十分丰富，有“千种玛瑙万种玉”的说法。这件李白像只有红白两色，还算是颜色较少的。

构思也相当巧妙。李白是唐代的大诗人，他有“诗仙”之称，但写诗又离不开酒，也可以称作“酒仙”，这件玉器雕琢出来的似乎就是醉醺醺的李白斜倚于书册之上即将出口成章的场景。

据《新唐书》记载，李白字太白，其实算是李唐宗室，比玄宗还高两辈，不过已经是远亲了。他出生之时，母亲梦见了长庚星（即太白金星），所以取名为白。

从唐诗的角度来说，李白可以说是其中最为璀璨的明星，被称为伟大的浪漫主义诗人。他生活在大唐皇朝最为鼎盛和由盛转衰的唐玄宗时期，经历了开元盛世与安史之乱，与贺知章、杜甫、高适、孟浩然等许多同时代的诗人都有交往。唐文宗在位时期，曾下诏将李白的诗歌与裴旻的剑舞、张旭的草书并称为三绝。

李白一生基本没怎么做过官，唯一的仕宦经历也就是以翰林的身份为玄宗草拟诏书。这或许与他的出身（李唐宗室）有关，或许也因为他本人并不适合从政。不管怎样，他一生不能缺少的就是两样：诗和酒，而这两者又不是截然分开的，好诗缺不了好酒的浇灌，好酒也得搭配好诗才能尽兴，《将进酒》可说是典型了：

君不见黄河之水天上来，奔流到海不复回。
君不见高堂明镜悲白发，朝如青丝暮成雪。
人生得意须尽欢，莫使金樽空对月。
天生我材必有用，千金散尽还复来。
烹羊宰牛且为乐，会须一饮三百杯。
岑夫子，丹丘生，将进酒，杯莫停。
与君歌一曲，请君为我倾耳听。
钟鼓馔玉不足贵，但愿长醉不愿醒。
古来圣贤皆寂寞，惟有饮者留其名。
陈王昔时宴平乐，斗酒十千恣欢谑。
主人何为言少钱，径须沽取对君酌。

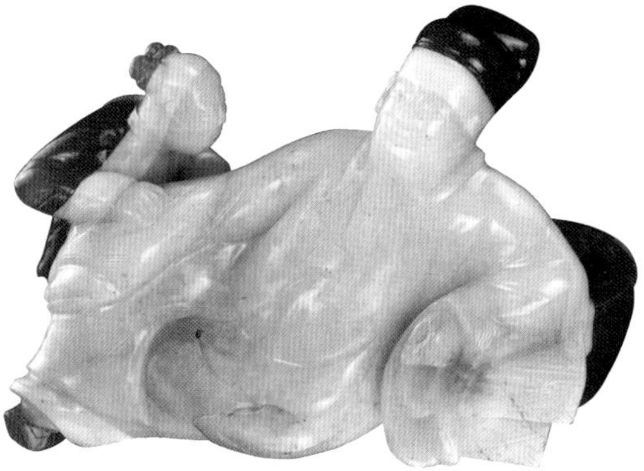

7-35　玛瑙李白像·明
天津博物馆藏。

五花马、千金裘，呼儿将出换美酒，与尔同销万古愁。

在李白那里，诗酒就是人生，除此之外再无其他。他在诗酒中度日，因诗酒而留下了蔑视权贵的名声。《新唐书》记载，李白为玄宗做翰林之时，玄宗因为他诗文写得好，不仅赐予饮食，还亲自给他调羹（将汤搅拌均匀），下诏封他做了翰林，他却喜欢在市井之中跟一些酒徒为伍。有一次，玄宗在宫中的沉香亭忽然来了兴致，连忙派人去找李白，让李白为他写歌词，可李白已经醉得不省人事。大家只好用水泼面，唤醒李白，就在这种宿醉的情况下，李白也是下笔成章，字字珠玑，令人赞叹。还有一次，李白陪玄宗喝酒喝醉了，当场让高力士给他脱鞋。高力士是玄宗身边的大宦官，很得玄宗宠信，却不得不忍着脾气给他脱了鞋，事后却想方设法找李白诗中的毛病，刻意挑拨李白和杨贵妃之间的关系。在杨贵妃的影响下，玄宗终于还是没有重用李白。

李白和杜甫这两位唐诗中的“诗仙”“诗圣”之间的交往尤其值得一说。李白比杜甫大11岁，两人一生可能也就见了三次面，但杜甫也是一个爱酒之人，凭着诗和酒的共同爱好，两人一见如故，留下了许多诗篇。杜甫说李白写诗“笔落惊风雨，诗成泣鬼神”，又说他“李白斗酒诗百篇，长安市上酒家眠。天子呼来不上船，自称臣是酒中仙”，真可谓是李白一生中最重要的知己了。

安史之乱以后，李白在各地辗转流离，还曾与平定安史之乱的郭子仪有过交往，最终可能是在困窘之中去世，享年60多岁。《旧唐书》说他因为饮酒过度而死，但也有传说李白一次坐船在江上喝醉了酒，试图跳入水中抓月亮，结果溺死在江中，正是体现了他浪漫主义的色彩。

这件玉器雕琢出来的李白正是醉酒后的姿态，略有些憨态，似乎衣衫不整，随意地斜倚在书册之上，旁边的书童似乎在小心地观看，好像在打量李白是不是真的醉了，无疑是对李白诗酒人生的真切刻画。

第六十一讲　白玉鹰熊合卺杯：皇帝是怎么大婚的？

天津博物馆藏有一件清代宫廷御用的精品玉器——白玉鹰熊合卺杯，玉质上佳、纹饰精美，寓意阴阳协调、百年好合，它很有可能是清代皇帝大婚时使用的一件饮酒的礼器。让人好奇的是，作为清代等级最高的婚礼，皇帝的大婚是怎样的程序呢？这件白玉鹰熊合卺杯又是在什么时候使用呢？

这件玉杯高8.6厘米、宽7.5厘米，玉质纯白，几乎没有瑕疵。它是两个玉杯并联而成，器身外壁布满纹饰，主要是龙纹、卷云纹和如意云纹，似乎在描绘龙翱翔嬉戏于云间的场景。玉杯连接处的一侧雕琢出鹰踏熊的组合造型，另一侧则是鹰的尾部与熊的臀部相连，组合成整件器物的柄部，柄部上方则雕琢了兽头。另外，两只玉杯的连接处还刻意雕琢了四个篆文“子孙宝之”，字面意思应该是要将这件玉杯作为传家之宝由子孙代代相传。7-36

鹰熊组合应该是这件玉器上内涵最突出的一个方面。其实，鹰熊组合出现得很早，新石器时代就已经有了。那个时期，鹰和熊都是以凶猛著称的野兽，会给人造成恐惧的心理，所以，在新石器时代的玉器上，鹰和熊的纹饰非常多，大多数都是单独出现，组合在一起的比较少，但也有典型的器物。比如最典型的就是凌家滩文化遗址中出土的一件鹰熊玉佩，整件器物是鹰展翅的形象，但展开的两翅则雕琢成了熊首，这就变成了鹰熊的组合。这件玉器出土的墓葬是一座大墓，应该是凌家滩社会中高级贵族的墓葬。玉佩出土时位于人体的中部，应该是一件主要的佩饰品，很有可能是这位高级贵族的身份象征。由于鹰和熊都很凶猛，一个掌控着天空，一个统治着大地，所以，这件玉佩或许就能够显示佩戴者在天上地下独一无二的身份。专家们认为，鹰熊组合发展到后来，特别是文字体系成熟以后，便具有了拟音“英雄”的寓意，比如《三国志》中有个著名的情节，描述曹操和刘备煮酒论英雄的场景，当时曹操说：“今天下英雄，唯使君与操耳，本初（即袁绍）之徒，不足数也。”当然，用鹰熊来象征英雄，不是三国时代才有的，很有可能在原始社会时期就已经有了这种观念。确实，原始社会时期似乎恰恰就是英雄辈出的时期，黄帝、炎帝、尧舜禹等等，都是传说中的部落英雄，自然足以佩戴鹰熊玉佩。

古代玉器发展到宋代以后，渐渐变得平民化，融入了相当丰富的民俗和日常生活内涵，一些普通人喜闻乐见的爱好、习俗都体现到了玉器上，所以，我们看到宋代以后，特别是明清时期，有大量的通过拟音来表现民俗的玉器，比如蝙蝠、鹿和桃组合成福禄寿，莲叶和鱼组合成连年有余，马上坐一只猴子是马上封侯，大象背上驮一只瓶子象征太平有象，等等。鹰和熊的组合因而也具有了新的寓意，鹰谐音“阴”，代表女性；熊谐音“雄”，代表男性，鹰熊组合因而代表了男女的结合，往往会出现在婚礼上，成为夫妇和谐的象征，甚至连明清时期的皇室也有了这种习俗。鹰熊的组合固然表示它可能是男女结合的象征，合卺杯更进一步说明，它可能就是婚礼上的用品。而且，这件器物不是孤品，故宫博物院也藏有一件明代的鹰熊合卺杯，应该具有类似的功用。

另外，这件白玉鹰熊合卺杯其实是清宫旧藏，使用地点是清代宫廷；上面雕琢的四个字

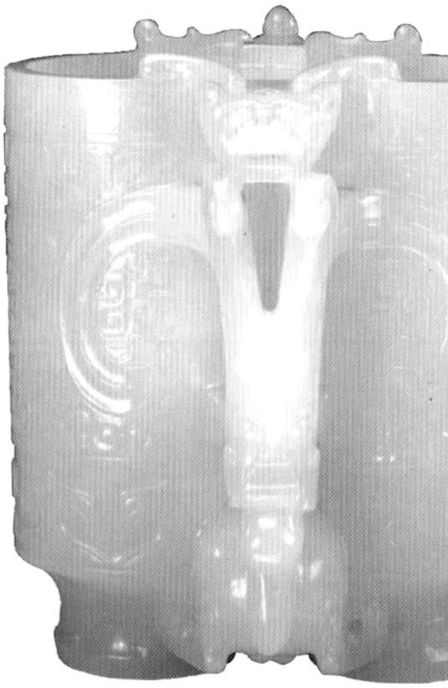

7-36 白玉鹰熊合卺杯·清
天津博物馆藏。

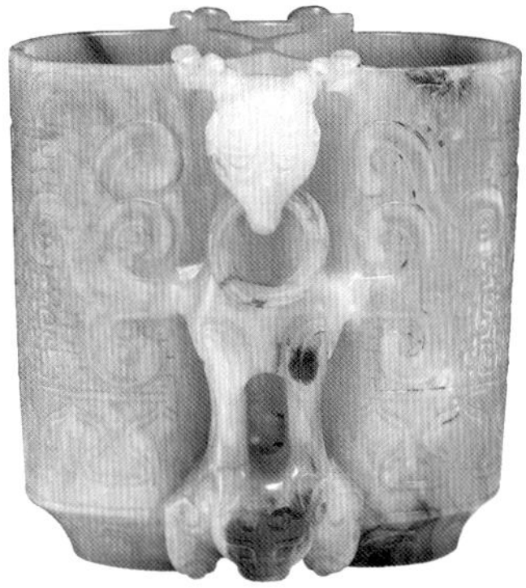

7-36 | 7-37 7-38

7-37 白玉雕鹰熊合卺杯·清乾隆

台北故宫博物院藏。玉质。带盖之圆柱状瓶一对。盖上停踞一螭，长身伸展跨越将两盖合而为一。瓶与瓶间，正面饰一衔环飞禽踩踏于异兽之上，飞禽双翅开展贴浮于两侧瓶壁。背面则附錾把，錾顶饰一兽首。兽腹部阴刻单行隶款『大清乾隆仿古』。器形为双联式，并以飞禽踩踏异兽为装饰主体，俗称鹰熊合卺杯。

7-38 鹰熊合卺杯·清

台北故宫博物院藏。青玉质。左右并联的圆柱状瓶，瓶身满饰云纹。正面设计衔环展翅的猛禽，以中轴对称的形式雄赳赳地站立于昂首神兽上，背面附錾把，錾顶饰咧嘴兽首。

“子孙宝之”，清宫中一般人不敢这么说，必须是皇帝、太后、皇后这类人才可以；再加上它上面雕琢有龙纹，基本就可以做这么一个猜测：它可能是清代皇帝大婚时使用的一件饮酒的礼器。7-37

中国古代的婚姻程序是比较固定的，大约从西周以来，就形成了纳采、问名、纳吉、纳征、请期、亲迎六个基本步骤。其中，纳采是指男方向女方提出缔结婚姻的请求，类似于提亲；问名是介绍彼此的基本情况，以判断是否合适；纳吉是双方认可后男方通知女方占卜的结果是吉兆，表示可以订婚；纳征是男方送出聘礼；请期是约定成婚日期；亲迎就是迎亲，是正式的婚礼。当然，正式的婚礼本身还是一个十分复杂的过程，男方如何去迎接、女方如何应对、如何进门等等，周代以后的历朝历代都有些细微的差别，有的时候因为各地风俗不同也会略有不同，即便是今天也是如此。但这其中有一个仪式是合卺礼，也就是新郎、新娘饮合卺酒，应该是都具备的。7-38

卺本来指的就是古代结婚时使用的一种瓢，这种瓢其实是将成熟的匏瓜（个头比较大的葫芦）剖成两半而成，新郎新娘各拿一半饮酒，这就是合卺酒。由于两个瓢本就是一体，所以，共饮合卺酒也就寓意着双方从此成为一家人。从字义上来看，早期的合卺礼可能就是用这种葫芦做成的瓢，后来材质才变得多了起来，金、银等各种贵重材料都可以用来制作合卺杯。

这一件白玉鹰熊合卺杯可能是顺治、康熙、同治、光绪四个皇帝大婚时使用的。因为清代的其他皇帝（入关后），雍正、乾隆、嘉庆、道光、咸丰这五位在继位之前就已经成婚，继位后直接将原配册立为皇后，不需要再举行大婚了。末代皇帝溥仪在清朝灭亡时还不满6岁，不能成婚。只有前面四位在位期间需要举办大婚，共有5次，顺治举办了2次，其他人各有1次。

这几位皇帝大婚是有记录的。中国第一历史档案馆保存了同治、光绪两朝的《大婚典礼红档》，另外，故宫博物院还藏有光绪皇帝《大婚典礼全图册》（清代宫廷画师庆宽等绘），这些资料保存了清代皇帝大婚的详细情况，足以帮助我们了解其中的程序。

皇帝大婚，皇后一般由太后和一些亲近的王公大臣议定，其中，太后的意见具有决定性，比如光绪皇帝大婚的孝定景皇后，就是由慈禧太后指定的，是她的侄女。皇后确定后，要经过纳采礼、大征礼、册立礼、奉迎礼、合卺礼、庆贺礼、赐宴礼等多道程序。

纳采礼相当于古代婚姻程序中的纳征，也就是皇帝向皇后家赠送具有订婚意义的彩礼，礼物包括金茶筒、银盆、马匹、甲胄、布帛等，由皇帝派出使团，在太和殿群臣面前正式宣布旨意，然后从太和殿的中门出发，将礼物送到皇后家里。皇后的父亲穿着朝服在大门外跪迎，在家里大厅中门外跪受礼物，再率领家人向皇宫方向三跪九叩谢恩。之后，皇后家里还要举办纳采宴。

大征礼紧接着纳彩礼，是向皇后家里送去大婚的礼物，除

7-39 **镀金镶白玉双囍如意·清**

台北故宫博物院藏。『X』形三镶如意，云叶式双首，中为圆八瓣花形，长八瓣花形双趾，均镶浅浮雕囍白玉，镶座二阶式，镌刻转枝花、葫芦纹及子孙万代、荣华富贵、富贵吉祥等楷书字样；柄中央隆起，柄面镌铸卍字不断纹锦地，镶饰五彩珐琅之双龙、双凤及灵芝。从如意的形制、装饰风格及柄上镶饰五彩珐琅之双龙、双凤纹样看来，此柄如意应系光绪皇帝大婚时应用的如意。

了一定数量的马匹外，还有黄金一百两、白银一万两、锦缎一千匹以及金银茶具和银盆等物品。迎受仪式与纳采礼相同。

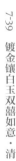

册立礼是大婚最隆重的环节，是大婚的正日，全国都要张灯结彩，宫里自然也要进行隆重的装饰。在册立礼的前一天，皇帝要派遣官员去祭祀天地和太庙。册立礼当天，在各种准备后，吉时一到，皇帝先去慈宁宫向太后行礼，再到太和殿检查册立皇后的册书、宝玺。之后，由使者将册宝送到皇后府邸。皇后家里隆重行礼，表示接受册立。7-39

合卺礼就是在坤宁宫完成的。钟粹宫是东六宫之一，是光绪皇后平时居住的地方。而坤宁宫在明朝是皇后居住的中宫，清代虽改为祭神的场所（西部大部分），但保留了冬暖阁作为皇帝的洞房，只住几天。据记载，光绪皇帝行合卺礼之时，先由福晋四人服侍皇后净面穿戴整齐，乘着轿子到坤宁宫洞房等候。皇帝穿着吉服进来，坐在宝座床的左边，皇后坐在后边，两人相对。四位福晋在旁边服侍。皇帝、皇后在此时共饮合卺酒，同时还有已成婚的侍卫夫妇在宫外唱念《交祝歌》。合卺酒喝完，合卺礼就算完成。

合卺礼之后，皇帝、皇后还要去慈宁宫朝见太后。皇帝还要在太和殿举办庆贺礼，文武百官、外国使节都要上表庆贺。庆贺礼之后，皇帝在太和殿、太后在慈宁宫还要分别设宴款待皇后的父母以及群臣、命妇，这是赐宴礼。

这就是清代皇帝大婚的基本过程，细节其实非常烦琐，耗费也十分巨大，像同治皇帝大婚，仅仅宫中各殿以及皇后府邸所用的毡片（用于铺设地面）一项，就花费了白银9万多两；景德镇御窑为大婚专门烧制的瓷器，大婚用瓷耗费18000多两，皇后用瓷耗费25000多两……这都是极小极小的一部分，总花费更是难以想象，无法统计。

作为古代最高等级的婚礼，皇帝的大婚当然要使用最高等级的物品，用于行合卺礼的酒杯自然不可能使用匏瓜，这件白玉鹰熊合卺杯可能就是大婚专用。它见证的虽然只是大婚中的一个极小的细节，却也反映了大婚的奢华与浪费。

第六十二讲○

和田白玉错金嵌宝石碗：这就是痕都斯坦

作为中国古代历史上最痴迷玉器的皇帝，乾隆不仅收藏和制作传统风格的玉器，还将视野拓展到域外，鉴赏和仿制异域风格的痕都斯坦玉器，甚至在典礼场合用以赐茶酒。藏于北京故宫博物院的和田白玉错金嵌宝石碗具有精湛卓绝的雕工，奢华富丽的装饰，正是典型的痕都斯坦玉器。

这个和田白玉错金嵌宝石碗高4.8厘米，口径14.1厘米，足径7厘米，现藏于北京故宫博物院。从外形来看，桃形的双耳，碗壁极薄，碗内底刻有“乾隆御用”四字，内壁刻有乾隆御题五言诗一首（并有“乾隆丙午新正月”“御题”款识及“比德”印）。外壁嵌入金丝形成花叶纹饰，枝叶均为金丝，花朵的外框为金丝，金丝框内镶嵌4或6颗红宝石组成花蕾，一共使用了108颗红宝石。乾隆丙午年就是1786年，乾隆五十一年，这件玉器应该就是这一年制作的。7-40

碗内壁所题的五言律诗是这样的：

酪浆煮牛乳，玉碗拟羊脂。御殿威仪赞，赐茶恩惠施。
子雍曾有誉，鸿渐未容知。论彼虽清矣，方斯不中之。
巨材实艰致，良匠命精追。读史浮大白，戒甘我弗为。

乾隆皇帝在这首诗里讲到了上等玉材的难得，精品玉器雕琢十分费功夫，从这件玉器来看，确实有这两个方面的困难。因为这件玉器的材质是和田羊脂玉，在和田玉中极其稀少；器

7-40 和田白玉错金嵌宝石碗·清乾隆
故宫博物院藏。

壁十分薄，可能还不足一毫米。要雕琢出这种效果太难了，稍不注意，可能就会有损伤。

需要注意的是，乾隆皇帝使用了王肃与陆羽的典故，用以比较使用玉碗喝奶茶与喝茗茶的区别。陆羽是唐代著名的茶文化专家，字鸿渐，著有《茶经》一部，是古代茶文化最重要的文献。茗茶就是我们今天一般意义上说的茶叶，到唐代陆羽的时代，已经抛弃了汉魏时期的粥茶法，开始施行煎茶法，茶水比之前清澈，所以对茶具要求非常高，像邢窑的白瓷、越窑的青瓷就是较好的茶具。当然，到乾隆皇帝这里，上等和田羊脂白玉做成的玉碗也是极好的茶具，同样能够显示出茗茶的清澈。

不过，乾隆皇帝认为，这个白玉碗用来盛奶茶更合适。为此，他还举了王肃的典故来说明。王肃是魏晋南北朝时期北魏的大臣，本来是南齐人，琅琊王氏出身，因为他的父（王奂）兄被齐武帝所杀，所以跑到北魏投靠了孝文帝。后来，他还奉命领兵征讨南齐，又多次驻守边境，功勋卓著，很受孝文帝器重。有一次，孝文帝赐宴王肃，发现王肃吃羊肉、喝奶茶挺多，觉得很奇怪，就问他：你是南朝人，怎么饮食习惯反而像北方？你觉得羊肉和鱼肉、茗饮和奶茶相比如何？王肃回答说，羊肉是陆产之最，鱼肉是水产之最，各有优劣。但茗茶就不如奶茶了。孝文帝听了大笑。其实，那个时期，包括北魏在内的北方政权大多是从草原上过来的民族建立的，饮食习惯当然是吃牛羊肉、喝奶制品，而南方政权则是中原民族，习惯喝茗茶，并没有高下之分，只是地域风俗习惯的不同。王肃这个回答其实有迎合孝文帝之嫌，因为孝文帝本就是鲜卑人，肯定是习惯喝奶茶的。

有趣的是，魏晋南北朝时期有两个叫王肃的人。一个是三国时期的人（195—256），字子雍，是王朗之子，司马昭的岳父。他是东海王氏出身，是中国古代著名的经学家。他综合汉代的今古文经学，对许多儒家典籍都作了注释，影响极大，后人将他的学问称作“王学”，以至于唐代人还把他列入“二十二贤”中配享孔庙，说明其确实在儒学史上地位很高。另外一个就是乾隆题诗中跟孝文帝讨论饮食问题的王肃（464—501），字恭懿。乾隆皇帝写诗的时候把这两人弄混了，用了第一个王肃的字，但典故却是第二个王肃的。

尽管他弄混了王肃，但诗文却表明，他当时命人做出这个碗以后，还真的拿来盛奶茶之类的奶制品，而不是茗茶。在赐宴群臣的时候就用这个碗来分，可证明这个碗确实是他的心爱之物。

但这件和田白玉错金嵌宝石碗可不是传统玉器，而是仿制的域外风格作品，即痕都斯坦玉器。

“痕都斯坦”是个地名，最早出现在元代的记载中。元代是个特殊的朝代，名义上的疆域极为广阔，除了东亚之外，还包括南亚、中亚的广大地区，痕都斯坦就在元朝的疆域范围内，与克什米尔记录在一起，大约在今天巴基斯坦境内。据记载，痕都斯坦物产丰富，“黄金、宝石、珊瑚、象、马、牛、米、谷、蔬、果、竹、木和名花异草”种类繁多，而且当地人还喜欢将本地特产运输到其他地方出售。

痕都斯坦元朝之后的明代没有记载，清代再次记载已经到了乾隆皇帝平定大小和卓叛乱之后。当时，清朝借平叛之机打通了中原到西域的通道，不仅和田地区的玉料能够顺利地运输到中原，而且也打开了清代人的视野，知道越过葱岭有痕都斯坦这个地方。当时，由于从痕都斯坦到新疆道路通畅，有商人带着一些特殊的玉器入境售卖。新疆地区的官员知道乾隆喜欢玉器，便购买这些特殊玉器进献给乾隆。乾隆对这种玉器是“一见钟情”，收藏了不少，为此还写了数十首诗来描绘，极尽赞美之情。为此，他还下令在宫中专门设置了仿制痕都斯坦玉器的部门，叫作“西番作”。这个部门的设置很重要，最初可能就是研究痕都斯坦玉器，学习它的风格和雕工，接着进行仿制，后来还将痕都斯坦玉器的风格融入中国古代玉器技艺当中，所以，今天清宫中的仿痕都斯坦玉器可以说是中外交流的产物。

那么，到底痕都斯坦玉器有什么特点呢?

第一，材质均为软玉，常见青玉，也有白玉。

第二，物品种类常见日常生活用品，尤其是碗、盘、壶、杯等饮器居多，也有刀柄、镜架之类的其他物品。

第三，纹饰以痕都斯坦当地的花草树木为主，常见蕃莲、菊花、莲花等。

第四，轻薄。尤其是一些饮器，器壁大多雕琢得非常薄，厚度往往不超过一毫米，以至于被形容为“薄如纸更轻于铢”。因为太薄，所以透明度也较高，“抚外能瞻内”。

第五，喜欢镶嵌宝石。巴基斯坦出产各种宝石，特别是红宝石、蓝宝石等，这是中国境内没有的。这些宝石镶嵌到青玉、白玉之上，对比鲜明，显得十分奢华。乾隆在位时期是清代的鼎盛时期，也是中国古代最后一个盛世，那个时代的人们从上到下都喜欢奢华，乾隆也不例外，镶嵌宝石的痕都斯坦玉器恰好符合了他的审美。

正是因为有这些特点，且与中原地区制作的玉器风格迥异，所以乾隆一见倾心。乾隆三十三年（1768），叶尔羌办事大臣旌额理进献了一对莲花纹玉盘，乾隆到手后异常欢喜，专门写了一首诗《题痕都斯坦双玉盘得十韵》。这个时候距离平定叛乱不到10年，痕都斯坦这个地名还很陌生，为此，他又写了一篇800多字的学术文章《天竺五印度考讹》，试图考证痕都斯坦这个地方到底在哪里，最终得出结论说，“其地盖北印度交界”，大概与今天专家们的认识差不多，说明乾隆皇帝还是认真做了一番学问，足以证明他对痕都斯坦玉器的喜爱。

第六十三讲 嵌莲荷纹白玉扁方：大拉翅中藏珍玉

故宫博物院中藏有大量清代宫廷生活的实物，其中有一种名叫扁方，是清代贵族妇女头饰“大拉翅”的重要组成部分，数量众多，材质五花八门，无一不是精品，特别是一件嵌莲荷纹白玉扁方，使用了羊脂白玉、翡翠、红宝石、蓝宝石、粉色碧玺、珍珠等诸多珍贵材料制成，堪称扁方中的极品。

这件白玉扁方并不复杂，长31.5厘米，宽3.1厘米，整体呈长方片形，一端圆，一端方。方的一端还特意做成画轴的样式，实际上是雕琢而成，镶嵌两朵粉红色的碧玺花，在碧玺花上再镶嵌珍珠。器物上的图案是对称的莲荷纹，全部是镶嵌上去的。绿色的荷叶、荷梗、莲蓬是翡翠，盛开的荷花、荷叶上的青蛙是粉红色的碧玺，还有两个花蕾，是红宝石和蓝宝石。左边莲荷纹的一朵蓝宝石花苞应该是流传过程中丢失了。至于扁方的主体，则是纯白无瑕的和田白玉。鲜艳的翡翠和各种宝石镶嵌在纯白的玉石上，使得这件玉器倍添光彩。7-41

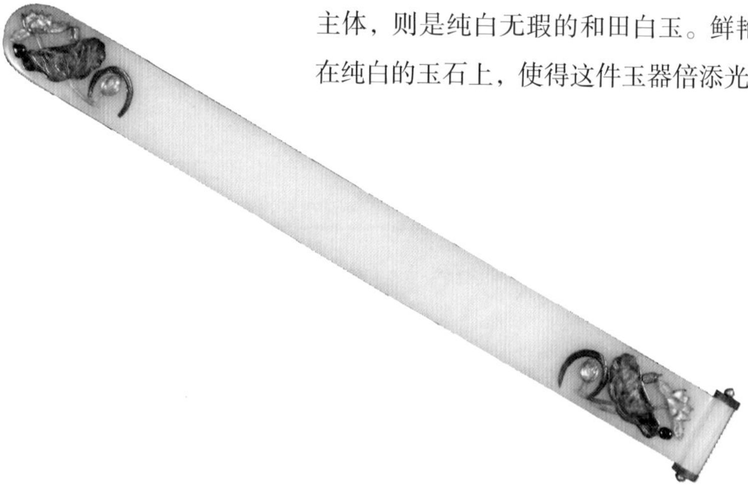

7-41 嵌莲荷纹白玉扁方·清
故宫博物院藏。

7-42 嵌牡丹纹白玉扁方·清

台北故宫博物院藏。扁方为扁长形发簪，是满族贵族妇女梳两把式旗头，用以盘绕固定发髻之物。制作材质多元，包括金银、珠玉、香木、玳瑁等，大多造型简约，融入各式吉祥装饰纹样。此作两端嵌粉碧玺牡丹花，翠玉为枝叶；轴上下嵌粉碧玺粉花，花心嵌珠一，轴身嵌翠玉蝙蝠一。

这件扁方的主材是和田白玉中最上等的羊脂白玉，碧玺、翡翠、红宝石、蓝宝石的颜色也非常纯正，十分珍稀，它又收藏在北京故宫博物院，必然与清代宫廷生活有关。

事实上，扁方是清代满族妇女头饰中的重要部件。满族原本生活在东北地区，从小就有骑射的传统，所以，女子的发饰与男子没什么区别，都是剃去四周的头发，只保留脑后，编成辫子垂下来；到成年待嫁之时，才开始蓄发，绾起发髻分别列在前额两侧或者只梳一根单辫垂在背后。这可能是女真人的旧习俗。到出嫁之时，便将发髻绾至头顶，形成一种特殊的发髻样式，在清代可能经历了“两把头”“架子头”和“大拉翅”三个演变阶段。7-42

第一个阶段叫“两把头”，方法是这样：先将所有头发束于头顶，再用一根又扁又方（即扁方）的长条作为基座，将头顶的束发分成两绺，两侧用悬臂制成，在头顶形成一个宝盖样式，后面的余发在脑后梳成“燕尾”式的扁髻（但不明显），再用红绳（丝线或棉线）扎住发根，最后用簪子横向固定起来。“两把头”完全是用真的头发梳成的，自己弄不了，需要他人帮忙，要花费很多时间。

第二个阶段叫“架子头”。大约到了晚清时期，两把头越梳越高，真发不够用，开始使用假发，梳发的方法也变了，往往用铁丝编成一个圆形的架子，在架子顶端横插一根扁方，再将头发缠绕在架子上面。因为用的是假发，“燕尾”也变得更长更明显。相对于“两把头”，“架子头”可以说在纵横两方面都有

增长，面积增大了，梳理过程也更加烦琐。7-43

第三个阶段叫“大拉翅”，大约盛行于慈禧太后时期，一直流行到民国初年。据说当时由于发髻越来越高，连假发也不太够用，便干脆以面料取代。“大拉翅”可以摆脱烦琐的梳理过程，直接先行制作好，然后戴在头上即可。不过，脑后的“燕尾”是满族妇女不可缺少的部件，所以，还会额外加上假发制成的“燕尾”，而且“燕尾”越宽越厚实，佩戴者的身份就越尊贵。这导致整个“大拉翅”非常厚重，限制了脖子的扭动，因此显得庄重典雅。为了装饰得更加华丽，“大拉翅”还吸收了汉族女子头饰的特点，在上面可以插戴许多精美的小饰品。正面比较典型的是戴一朵彩色大绢花（常见大红花），两侧有时候还会加流苏的装饰。

《旧京人物与风情》记载：慈禧当权时对两把头作了彻底改革，最后以面料替代真发，称为大拉翅。由于慈禧掌权者的地位，她的爱好波及了宫内外，许多满族贵族妇女都仿制和使用“大拉翅”。这就使得满族贵妇的发饰经历了从“两把头”到“架子头”再到“大拉翅”的变化过程，越来越繁复，越来

7-43　翠玉福寿纹扁方·清

台北故宫博物院。翠玉扁方，扁长形，一端弧角，一端下折后卷起。主体纹饰为桃、石榴、蝙蝠、寿字，桃实饱满，附有蝙蝠，外框以万字为锦地，整体充满福、寿等吉祥意涵。

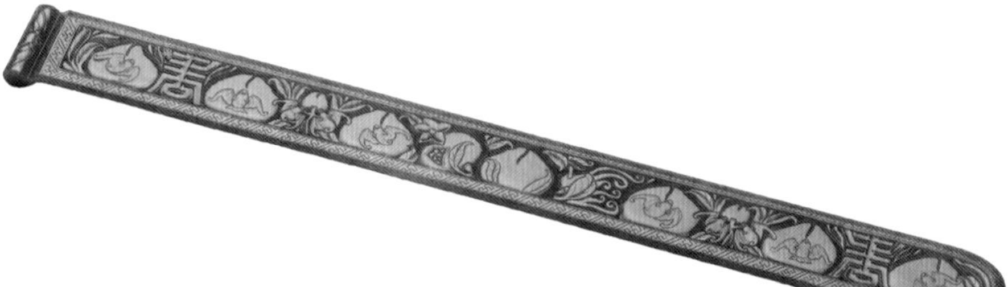

7-43

7-44

越精致，但与此同时，清代的国力也是江河日下，所以，当时有人写诗讽刺这种现象说：“头名架子太荒唐，脑后双垂一尺长。”7-44

这种特殊发饰是满族贵族妇女的装饰，宫中的女子尤其讲究，所以，今天的北京故宫博物院中藏有不少扁方，材质五花八门，有白玉、翡翠、黄金、玳瑁、沉香木等等，大多都雕琢了精美的花纹，镶嵌了各色宝石珍珠。但在所有这些扁方中，这件嵌莲荷纹白玉扁方应该是最为珍贵的，是扁方这类文物的代表，也是清代满族宫廷发饰的实物见证。

7-44 金镶玉福寿万年扁方·清

台北故宫博物院藏。一字形扁长发簪，满族妇女梳横长式旗头时，用以盘绕发丝固定发髻，又名扁方，整体造型如横向展开之书画手卷，簪首如卷轴，两端嵌以翠玉及碧玺搭配而成之花朵。首身镀金为底，镶饰珍珠组成的团寿字，簪铤为捶揲之金片，中段錾刻扁蝙蝠及如意云纹，两侧镂空镶嵌翠玉连绵卍字各四组，字之首尾并缀饰珍珠，周缘窄框刻饰重叠山形纹，寓意福寿绵长、万福如意，吉祥纹样加以金翠珍珠色泽交映出华贵的发际装饰。

第六十四讲◎ 翡翠蝈蝈白菜：玉中白菜知多少

翡翠是玉石行业中的宠儿，在中国古代早有使用，但真正大规模地使用还是在清代。天津博物馆藏有一件清代的翡翠蝈蝈白菜，材质虽然一般，但构思奇特、巧夺天工，与北京故宫博物院、台北故宫博物院所藏的玉雕白菜并称，堪为玉器中的精品。

这棵白菜高19.4厘米、宽14厘米，材质最好的翠绿色部分雕成了一对大肚子蝈蝈和一只好像在啃菜叶的螳螂。其他地方的材质较差，甚至有不少地方有明显的灰黄色以及褐色斑。但玉匠并没有抛弃这些材质较差的部分，而是使用巧雕的方法，恰到好处地将这些部分雕成了白菜的菜叶，看起来好像是放置时间过长，白菜叶出现了发黄、发腐的现象，形象十分逼真，令人叹为观止。7-45

这颗白菜发现得也比较巧。20世纪50年代，天津市文化局的专家在当时财政局的库房里发现了它，觉得不简单，经鉴定是清代玉器，便收藏到天津历史博物馆（天津博物馆前身），成为重要的翡翠藏品。由于它形象特别逼真，还有观众直接叫它"冻白菜"。

白菜是中国传统蔬菜，汉代就已经有种植，但品质较差。到魏晋南北朝时期，白菜应该已经被培育成人们日常生活中的一种不可缺少的蔬菜了。南齐时期的人就说，人们日常食用的主要蔬菜，春天主要是韭菜，到秋天就是白菜了。可能在宋代的时候，白菜培育出了优良品种，著名的"吃货"苏轼就特别喜

▶ 7-45 翡翠蝈蝈白菜·清
天津博物馆藏。

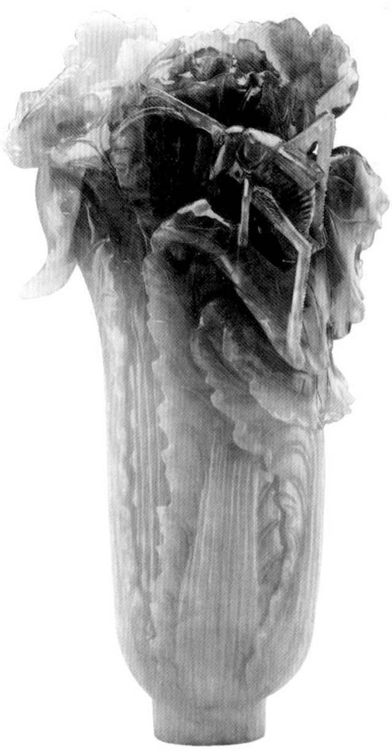

7-46 翠玉白菜·清

台北故宫博物院藏。工匠顺应翠玉天然的色泽，以浓重的深绿色表现层层包覆的菜叶；白色部分虽有裂痕及杂质，但在巧妙的安排下，转化为新鲜、饱含水分的白菜茎部。菜叶顶端的蝈蝈和蝗虫，瞬间带进了鲜活的田园气息。

欢白菜，他还专门写了一首诗《雨后行菜圃》，将白菜比喻成羊肉和熊掌（“白菘”即白菜）：7-46

梦回闻雨声，喜我菜甲长。
平明江路湿，并岸飞两桨。
天公真富有，乳膏泻黄壤。
霜根一蕃滋，风叶渐俯仰。
未任筐筥载，已作杯案想。
艰难生理窄，一味敢专飨。
小摘饭山僧，清安寄真赏。
芥蓝如菌蕈，脆美牙颊响。
白菘类羔豚，冒土出蹯掌。
谁能视火候，小灶当自养。

白菜不仅是不可或缺的蔬菜，也具有非常好的寓意。“白”与“百”、“菜”与“财”谐音，“白菜”在古代就寓意“百财”，代表着人们对美好生活的向往。因此，白菜作为一种主题纹饰，经常会出现在很多器物上。而翡翠这种玉材常见绿色、白色，与一般大白菜的主要颜色一致，因而时常会用来雕琢白菜，作为一种重要的陈设品。今天，北京故宫博物院和台北故宫博物院还藏有一些玉雕的白菜，说明哪怕是清代的皇帝，也会喜爱白菜、食用白菜。

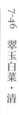

后记

在本书行将付梓之际，我的心情亦喜亦忧。喜者，自然是因为此书得诸位前辈、好友、专家相助，终于要面世了；忧者，盖因学识有限，深感中国玉文化博大精深，书中所述，未及万一，道阻且长，惟待将来。

玉文化是中国文化中最具特色和代表性的文化之一，且仍存留有巨大的探索余地。史前时期，一些代表性的文物种类（如青铜器、瓷器、丝绸等）尚未出现或并不突出，玉器便已有了五千年的发展史。从今天的考古发掘成果来看，玉器是史前祭祀礼仪中最主要的象征物，甚至是史前中华文明探源不可或缺的可移动文物。三代及以后的历史时期，玉器的发展从未断绝，它与中华文明的进程息息相关，是阐释中华文明突出特性的最好物证。鸦片战争以后，西学东渐的大潮兴起，中国的玉器和玉文化竟逆势西传（当然不可忽视其中的劫掠与文物倒卖活动），在西方社会面前揭开了神秘的面纱，吸引了大量西方学者、艺术家、收藏家以及考古界的关注，至今方兴未艾。不过，长期以来，在考古发掘活动中，玉器只是被列为杂器的一部分；新世纪以来渐有改善，玉器的发掘和研究得到了越来越多的重视，相信将来会有更多的阐释和研究之作。

本书很大一部分内容是笔者在天津文艺广播普及讲解文博（尤其是古代玉器）知识的讲稿，经抉择、编排、增修后形成，内容上兼顾了研究性与普及性。玉文化是刻在中国人骨子里的气质与特征，如果这本书能够在阐释中华文明、普及玉文化方面作出一点贡献，那便是最大的收获了。

在这里，我真诚地感谢为本书的撰写和出版提供帮助的诸位师友：

感谢四川人民出版社原副总编辑、现四川教育出版社总编辑章涛先生和天津师范大学图书馆馆长、历史文化学院原院长孙立田教授。正是两位的耳提面命与牵线搭桥，才使得本书的撰写计划提上日程。他们二位的指点和督促，也推动了本书的早日完成。

特别感谢已故的天津师范大学历史文化学院文物与博物馆系原系主任杨效雷教授。杨老师是我的同事，更是我的老师，是一位深具仁者风范的谦谦君子，在教学与研究方面曾给予我多方面的帮助。每当回忆起与杨老师共事、向杨老师请教的点点滴滴，禁不住悲从心起，难以自持！在本书的立项和撰写过程中，杨老师亦曾多次予以指点。愿本书的出版送去这份未曾忘却的纪念，了却这桩未曾了结的心愿！

感谢我的老朋友、北京日知图书公司总编辑助理樊文龙。文龙不仅在撰写过程中多次与我商讨，还为本书配上了精美的图片，使得本书焕然一新！

感谢四川人民出版社社长助理兼文史与文献出版中心主任邹近，营销中心副主任段瑞清，本书责任编辑王卓熙、唐虎。正是这个优秀的团队负责本书的编校、设计等工作，使本书增光添彩，得以顺利出版。

感谢天津文艺广播的编辑温光怡、游晓菲女士，以及田翔、赵敏两位节目主持人，他们为本书的部分内容提供了良好的建议。

这里还要感谢我的同事，天津师范大学历史文化学院文物与博物馆系杨彤、鲁鑫、郝园林、戴玥等诸位老师，在本书的撰写过程中时有砥砺，使我收获颇丰！

当然，本书难免还有诸多问题，参考文献亦有未尽之处。若蒙指出，不胜感激！

石洪波

2024年8月于天津师范大学

主要参考文献

杨伯达：《古玉史论》，北京：紫禁城出版社，1998年。

邓聪主编：《东亚玉器》，香港：香港中文大学中国考古艺术研究中心，1998年。

尤仁德：《古代玉器通论》，北京：紫禁城出版社，2002年。

杨伯达主编：《中国玉器全集》，石家庄：河北美术出版社，2005年。

古方主编：《中国古玉器图典》，北京：文物出版社，2007年。

周南泉主讲：《中国玉器》，北京：中国编译出版社，2008年。

常素霞：《中国玉器发展史》，北京：科学出版社，2009年。

卢兆荫：《古玉史话》，北京：社会科学文献出版社，2011年。

陆建芳主编：《中国玉器通史》，深圳：海天出版社，2014年。

方泽编著：《中国玉器》，北京：清华大学出版社，2014年。

中国科学院考古研究所编著：《新中国的考古收获》，北京：文物出版社，1961年。

中国社会科学院考古研究所编：《新中国的考古发现和研究》，北京：文物出版社，1984年。

宿白主编：《中华人民共和国重大考古发现》，北京：文物出版社，1999年。

刘庆柱主编：《中国考古发现与研究（1949—2009）》，北京：人民出版社，2010年。

考古杂志社编著：《新世纪中国考古新发现（2001—2010）》，北京：中国社会科学出版社，2013年。

考古杂志社编著：《新世纪中国考古新发现（2011—2020）》，北京：社会科学文献出版社，2022年。